国家林业和草原局普通高等教育"十三五"规划教材

中国传统家具研究

强明礼 袁 哲 主编

中国林业出版社

编写人员名单

主　　编：强明礼　袁　哲

副主编：周雪冰　何燕丽　李　军　苏艳炜

　　　　徐俊华　薛　坤　赵建明

图书在版编目（CIP）数据

中国传统家具研究 / 强明礼，袁哲主编 . — 北京 : 中国林业出
版社，2021.10

国家林业和草原局普通高等教育"十三五"规划教材

ISBN 978-7-5219-1074-2

Ⅰ . ①中⋯ Ⅱ . ①强⋯ ②袁⋯ Ⅲ . ①家具—历史—中国—研究
生—教材 Ⅳ . ①TS666.20

中国版本图书馆 CIP 数据核字（2021）第 044648 号

策划编辑：杜　娟
责任编辑：樊　菲　李　鹏　杜　娟

出版　中国林业出版社（100009　北京市西城区德内大街刘海胡同 7 号）
　　　电话：（010）8314 3610
发行　中国林业出版社
印刷　北京中科印刷有限公司
版次　2021 年 10 月第 1 版
印次　2021 年 10 月第 1 次
开本　787mm×1092mm　1/16
印张　16.5
字数　377 千字
定价　80.00 元

序言

当前的研究生教育除了继续强调学科基础外，尤其重视学生科学研究能力的培养。因此，一部好的研究生教材，应该既是某一研究领域知识的经典集合，又是该领域研究的一种范式。家具学科（虽然在学科目录中没有反映，但越来越是一种客观存在）正处在构建初期，更需要这样的思考。

但凡任何学科的构建都少不了相关的治史。我对历史学的研究范式知之甚少，只是谈谈我的基本自觉。治史的基本要求是全面、准确地还原历史面貌。《中国传统家具研究》虽然以以往的中国传统家具研究成果为基础，但它将中国典型少数民族的家具文化纳入了视线，这既让中国传统家具的形象更加丰满，同时也拓展了研究的视域，尤其是家具文化在形成、发展、流变、融合中的现象和本质的探讨。治史也与单纯的史料搜集不同，它需要追溯思想方法。这样的观点与《中国传统家具研究》不谋而合。教材以传统家具的生成诱因与特征、发展流变、少数民族家具、家具装饰、家具结构和创新探索为主线，在提供大量研究案例的基础上，试图探索中国家具发展历史中的表象、内涵和动力。因此，《中国传统家具研究》

的出版为家具学科的构建立下了汗马功劳。

德国哲学家马丁·海德格尔曾经说过：历史发展并非是"过去—现在—未来"的一种线性模式，而是三者的互动模式。换句话说，研究历史的目的是便于超越自我、走向未来。虽然中国传统家具的创新与创新设计研究都是极其复杂的工作，但《中国传统家具研究》在这里就进行了积极的探索。我没有水平去评价相关的观点，但我为编者敢于与研究生们进行开诚布公的学术交流的态度而点赞！为这样的教学模式而点赞！

最后要说的是，我是家具学科的一位研究生导师，我真诚地感谢《中国传统家具研究》的编者为家具学科的研究生教育所付出的艰辛。真诚地感谢中国林业出版社为我国现代林业高等教育做出的贡献。

中南林业科技大学

2021 年 5 月

前言

　　进入21世纪后，科学技术的快速发展推动了知识生产模式的转变，人才和创新成为产业终端和高等教育的共同目标。在这种背景促使下，高等教育在各个层面发生着深刻变化，尤其是高等教育和科学研究的联系愈加密切。这些变化对新时期研究生教育的质量以及目标都提出了更高的要求。作为一门史论与技术并重的课程教材，编写团队希望在反映学科内涵和外延的基础上，通过教材建设引导研究生建立基本的学术方法，探索学科方向的范式。

　　中国家具要面向未来，但我们不能忘记她还有5000年中华文明的传承，我们更不能忘记她是由56个民族的兄弟姐妹共同构筑的。我们应认真汲取拥有强大生命力和包容性的中国传统家具的内涵，坚持以人为本的家具本源，既研究传统家具的"形"，更体悟传统家具的"神"；既发扬传统家具的主流，也不忘却传统家具的支流，以保持中国传统家具的完整性和可识别性。在此基础上，编写组努力从文化与民族、艺术与技术中体现中国传统家具的概念。

　　经过文献查阅和归纳后，笔者欣喜地发现，三代家具人的辛勤耕耘使得中国传统家具的外延和内涵，既有广度，也有深度。尤其在学术研究方面，涉及设计理论、结构与材料、工艺与装备及区域性家具研究；从研究支持来看，有国家艺术基金、国家社科基金的支撑，有省级艺术基金、省级社科基金的支撑，还有自然科学基金的支撑，硕果累累。笔者与诸多同行沟通后，获得了广泛的支持，他们欣然同意将自己近年的学术积累拿出来，一起为人才培养贡献力量。希望上述成果汇编为教材后，能成为学科建设的垫脚石。

　　编写组协商后，决定从中国传统家具的内涵因应与研究现状、发展流变、少数民族家具、装饰、结构、创新途径与实践6个方面来架构教材内容。在教材内容的组织上，第1章通过对概念诠释、意匠溯源、特征分析、研究概况的介绍，意欲界定课程对象的概念、研究进展、内涵和外延范畴。第2章通过对主流传统家具的介绍，突出中国属性，意欲建立课程对象的内涵发展主线。我国是个多民族的国家，少数民族家具文化多姿多彩。近20年来，大江南北的诸多学者对地域性民族家具开展了研究，学术积累颇多。故第3章以我国少数民族家具的研究内容为主，讲好中国的家具故事，意欲扩大课程对象的外延，引发学生的问题意识，也为教材的主要特色之一。在编写组的努力下，原本收集了9个民族的相关文献，由于民族属性的复杂性和教材的篇幅，故只遴选了5个民族的家具研究成果以飨读者。第4章是第2章和第3章的延续，主要介绍中国传统家具的装饰。装饰对传统家具的地域与民族属性、文化与艺术特色的形成具有极为重要的作用，赋予家具不同的"性格"与"身份"，既反映了中国家具的共性特征，也反映了个性特征。通过本章的介绍，意欲培养学生的观察能力、分析能力和方法意识。第5章以榫卯结构性能为目标，侧重于技术和科学内容的组织，意欲培养学生的学理意识。通过前述内容的铺垫，第6章以中国传统家具的设计创新为目标，通过对传统家具的创新历程、创新途径和创新实践的梳理总结，引导和塑造学生的创新思维。

本教材由西南林业大学的强明礼、袁哲任主编，内蒙古农业大学的李军，山东工艺美术学院的薛坤，河北农业大学的何燕丽，西南林业大学的徐俊华、周雪冰、苏艳炜，陕西省扶风县第二高级中学的赵建明任副主编。

第1章主要由强明礼、赵建明编写；第2章主要由何燕丽、强明礼编写；第3章主要由袁哲、苏艳炜、李军编写；第4章主要由李军、何燕丽编写；第5章主要由徐俊华、薛坤编写；第6章主要由周雪冰编写。另外，李正红先生为白族家具编写提供了宝贵的家具图片，毕珊珊、马泓宇、濮晓涵等同学为教材中的图片处理做了大量的工作。本教材由强明礼、袁哲统稿，由叶喜教授审定。

本教材的编写与出版，承蒙西南林业大学和中国林业出版社的筹划与指导。此外，教材编写过程中还参考了国内外相关教材和知网数据库中的文献资料，在此向文献作者和平台表示最诚挚的谢意。愿我们共同努力，一起为祖国的未来培养更多更优秀的人才。同时，也向所有关心、支持和帮助教材出版的单位和人士表示感谢。

由于中国传统家具涉及学科内容广泛，加之编者的积累与水平有限，书中难免存在许多不足，在此恳请读者提出宝贵意见，不吝斧正。

本书数字资源

2021 年 5 月

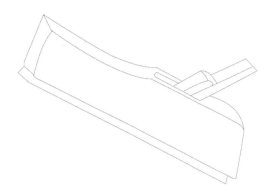

中国传统家具概述

　　中国是世界四大文明发源地之一。古代四大文明有的消失了，有的残缺了，有的转化了，唯有中华民族的文明能不断继承、发扬和创新，屹立于世界的东方。数千年来，中国传统家具反映了中华文明的发展轨迹，并以家具语言记录了中华文明发生、发展、融合、更新的全过程。

　　中国传统家具的发展是动态的，不是凝滞的；中国传统家具的发展是连续的，不是间断的；中国传统家具的发展是稳定的，不是跳跃的。这样的发展特征是由于中国传统文化的稳定性和包容性。儒、道是中国的本土哲学思想，佛教是来自域外的哲学思想。经历了上千年的融合，三者最终成为中国传统哲学思想的三驾马车，影响了中华造物数千年。其间，由于中国传统文化的先进性和包容性，文化自信背景下的中国传统家具在发展的同时还吸收了域外文化和少数民族家具的优点，不断地自我扬弃、自我更新。也由于中国传统文化的暂时性消沉，国家和民族受到西方列强的侵袭，中国传统家具不可避免地植入了西方文化的印记。这既是一种警示，也是一种国际化，但最终涵化为中国传统家具的一分子，是其发展过程中的又一次重要的扬弃，丰富了中国传统家具的内涵。改革开放四十余年来，中国家具行业已形成了产、学、研结合的门类齐全的现代工业体系，有力地促进了中国传统家具的继续发展。

　　本章主要从中国传统家具的概念诠释、意匠溯源、特征、研究现状与发展概要五个方面组织内容，阐释了中国传统家具的内涵、外延和现状。在本章的学习过程中，建议读者们多查阅与中国传统文化和设计史论相关的文献资料。

1.1 中国传统家具释义

"传统"是世代相传的、从过去延传至今的、与人有密切关联的因素，往往以物质文化、精神文化和制度文化的形式影响人类的行为。传统常被理解为封闭、复古、保守、因循守旧的代名词，实际上，传统是过去与现在在不断遭遇、冲突、融合、更新中产生的状态。它是动态的而非凝滞的，是一个属于过去、现在和未来的概念。传统也是一个开放和发展的概念，通过开放而吸纳，通过自身的涵化而选择性地发展，其本身蕴含着丰富的变化和生命力。事实上，传统并不意味着倒退，而现代也并不等同于新的文明。在某个历史节点，当时的时尚和新奇意味着现代，过往的事物经过时间的选择就成了传统。传统与现代并不相悖，古老的传统中亦有推进文明前行的现代因子，而现代也不等同于反传统，而是传统的自我筛选、转化、优化与升华。在人类生活的现实世界中，传统就像空气一样充斥在我们四周，影响塑造着我们每个人的精神和衣食住行。

传统也具有鲜明的阶级性、地域性和民族性。在社会生产关系发展的进程中，传统总是受阶级倾向的影响，并在相关联的社会因素中留下深深的阶级和等级烙印。不同的地域，由于主客观条件的差异，形成了不同的环境条件与心理状况，因而也就具有了地域性。也由于主客观条件的差异，形成了多元的民族心理诉求，这种心理诉求在吸纳、涵化和发展的动态过程中，由于文化认同、血缘等社会因素的影响，逐渐具有了民族性。

中国传统就是中华民族在上下五千年的发展演变过程中所形成的思想观念、宗教信仰、价值理想、社会伦理、国民道德、审美情趣、科学技术等的总和。她始终处于发展之中，共同的心理诉求和文化认同是其典型特征。从这

个意义来说，中国传统家具就是中国传统的一种物质载体，记录了中华民族发展演变过程中的物质状况和精神状况，并以家具的语言进行表达，在不同的历史发展阶段呈现出不同的时代特征，始终处于被制作和被创造的开放过程，永远指向无穷的可能性，反映了中华民族共同的物质精神诉求和审美心理。

1.2 中国传统家具的意匠溯源

中国传统家具的发展受到了多种因素的影响，但由于中国古代文化发展中的儒释道合流，以家具为代表的造物艺术得到了适度的调节和控制，使得中国传统家具稳定地延续了中国传统文化特征。中国传统家具的意匠可以理解为不同时期影响家具形成与发展的观念、方法、规范和技术等。

1.2.1 中华文明的文化区构成

家具具有物质使用功能、精神审美功能和社会性功能。不难想象，中国传统家具的生成与发展受到了诸如生活方式、生产生计方式、思想与宗教、自然资源、审美观念、技术与工具等因素的影响与作用。这些因素都属于社会物质和精神的范畴，也就是中国文化的范畴。早期，中华民族和文化起源于黄河中下游并向四周扩散的"单源说"，这一理论导致了研究者习惯把汉族文化看成是正史，其他的民族文化就位列正史之外，且一笔带过。经过民族学、人类学等领域的研究，多向论证了中华民族和文明的"多元起源说"。费孝通先生认为："它的主流是由于许许多多分散孤立存在的民族单位，经过接触、混杂、联合和融合，同时也有分裂和消亡，形成一个你来我去，我中有你，你中有我，而又各具个性的多元统一体。"目前，学术界颇多学者认同中华文化由三大主要的文化区构成：一是北方游牧文化区，二是

旱地农业文化区，三是水田稻作农业文化区。

1.2.1.1 北方游牧文化区

历史上，北方和西北草原游牧文化区生活着匈奴、鲜卑、乌孙、月氏、羌等民族，分布在从内蒙古至新疆的广大草原以及青海、河湟流域等地。由于环境与生产生计的特点，这些民族形成了逐水草而居、迁徙的游牧生活模式。那个时候，在中国大地上出现了两个政权，一个是长城以外的匈奴建立的以游牧为生产生计方式的奴隶制国家，一个是长城以内的汉民族建立的以农耕为主的封建制国家。这客观上形成了中华文化的早期格局：以长城为界的游牧与农耕两个文化区。在两种生产生计方式的冲突与融合下，经过数千年的调适，长城以外的游牧生活趋于定居，而长城以内的席地矮坐逐渐转型为垂足高坐。这是一次具有转折性意义的文化融合，只不过主动方是处于文化劣势的游牧民族、少数民族，而记录的方式也只不过是那个时期的家具罢了。中国传统家具活态地记录了中华民族的演变过程，忠实地记录了中国传统家具发展过程中多元融合的地域属性与民族属性。中国传统家具的成就不仅闪烁着汉族文化的光辉，也彰显着其他少数民族的荣耀。

1.2.1.2 旱地农业文化区

秦岭—淮河以北、秦长城以南的黄河流域旱地农业文化区，中游以仰韶文化、河南龙山文化、二里头文化为代表，后来发展成为夏文化；下游以青莲岗文化、大汶口文化以及山东龙山文化等为代表，后来发展成为商文化；周兴于夏、商之西的河曲渭水流域。夏、商、周三代文化是相对独立又有一定继承关系的文化，是形成华夏文明的三个主要来源，共同创造了中原地区的"礼乐文化"。从生活、生产、生计来看：夏尚难定论；商有说是游牧起家的东夷之人；周则是西戎的一部分羌人，传说其始祖是姜姬。也就是说，黄河流域旱地农业文化区的居住主体华夏族，事实上是由多民族流动、融合、混血而最终形成的。

1.2.1.3 水田稻作农业区

秦岭—淮河以南的长江流域水田稻作农业区，以河姆渡文化、马家浜文化、崧泽文化以及良渚文化为代表，发展成为百越文化。百越民族支系繁多，但由于南方地区的生态环境特点，客观促成了百越民族相近的生活生计形态，如渔猎为生、善种水稻、滨水而居、文身断发、龙蛇崇拜等。美国民族学家克娄伯曾把整个东南亚的古文化特质归纳为"刀耕火种、梯田、祭献用牲畜、嚼槟榔、高顶草屋、巢居、树皮衣、种棉、织彩线布、无边帽、戴梳、凿齿、文身、火绳、取火管、独柄风箱、贵重铜锣、竹弓、吹箭、少女房、重祭祀、猎头、人祭、竹祭坛、祖先崇拜、多灵魂"。1954年，中国台湾学者凌纯声又在此26种特质之外，加上"铜鼓、龙船、弩箭、毒矢、梭镖、长盾、涅齿、穿耳、穿鼻、鼻饮、鼻笛、贯头衣、衣著尾、坐月、父子连名、犬图腾、蛇图腾、长杵、楼居、点蜡、印花布、岩葬、罐葬、石板葬"24种文化特质。以相同或相似的物质文化、精神文化和制度文化所形成的稻作文化区，因生计方式、语言、宗教、战争等因素的作用，随着人口的流动逐渐向四周传播，而且影响到了东南亚和日本等周边地区。

三大文化区的不同发展是与其自然地理空间紧密相关的，从北到南干燥—湿润—多雨的气候形态是促成游牧、旱地农业和水田稻作的不同生产方式的最根本原因。这三大文化区虽互有影响，尤其是中原地区积极吸收了周边文化的影响，发展成为三者之中较为发达的文化区域。然而南北稻作与游牧两支文化却很少在彼此的区域中发现对方的文化影响，游牧区找不到稻作农业，越文化区也无游牧文化的特征，这是生态环境的差异使然。

1.2.2 儒家思想的影响

礼也者，合于天时，设于地财，顺于

鬼神，合于人心，理万物者也。——《礼记·礼器》

儒家思想是先秦诸子百家学说之一，由孔子创立，最初是从事丧葬行业的司仪，经过发展完善后逐渐形成了完整的思想体系，也称为"儒教"或"儒学"。儒家思想以"仁"为核心，对传统社会而言，"仁"的表现是"忠义"，对传统家庭而言，"仁"的表现是"孝悌"。在以"忠义、孝悌"为代表的"仁、爱"思想的宣扬中，孝亲、尊长有了理性、等级的观念，甚至有了行为意识上的专制。自春秋末期形成以来，儒家思想历经了先秦儒学、汉唐经学、宋明理学、清初朴学、近代新经学和现代新儒学，延续了两千多年，逐渐内化为一种人文品格，深深地积淀在中华民族的精神血脉中，影响了华夏造物艺术数千年。在中国传统家具的发展过程中，家具语言记录并反映着儒家文化的内核。

1.2.2.1 等级与秩序——器以藏礼

古代文献记载，夏、商、周三代各有其礼制，夏礼、殷礼、周礼三代之礼，因革相沿，到周公时代的周礼则为三代之礼集大成者，几近完备。关系到祭祀、婚丧、相见、迎送、宴饮等社会活动的礼制，逐渐完善，且形成了严格的行为秩序规范，成为维护统治阶级统治的工具。同时为严明身份等级，对不同身份者所拥有器物的质料、造型、颜色、尺寸、数量等均有所限定，以达到别尊卑、示贵贱的目的，礼在此得到条理化、规格化、形式化的表达，成为后世所依循的周礼。直至清末，经过不断的发展完善，中国形成一套复杂的礼法系统。以周礼为代表的礼文化，潜在性地影响了之后的社会文化、政治、经济、军事等各层面。

礼实际上是以伦理道德为本位形成的等级制度，在传统家具发展的初期阶段，家具其实就是礼器，意在把政治层面的等级制度生活化、艺术化，达到维护社会稳定的目的，所以家具作为生活用具也具有了礼的内涵。《周礼·春官宗伯·司几筵》中就明确规定："司几筵掌五几、五席之名物，辨其用与其位。凡大朝觐、大飨射，凡封国、命诸侯，王位设黼依，依前南乡，设莞筵、纷纯，加缫席、画纯，加次席、黼纯。左右玉几，祀先王昨席，亦如之。诸侯祭祀席，蒲筵、缋纯，加莞席、纷纯，右雕几。昨席，莞筵纷纯，加缫席、画纯。筵国宾于牖前，亦如之，右彤几。甸役，则设熊席，右漆几。凡丧事，设苇席，右素几。其柏席用萑，黼纯，诸侯则纷纯，每敦一几。"从这个制度中可以得知，"五席"的种类有：缫席（丝席）、次席（簟席）、莞席、蒲席和熊席，另外还有丧葬用席"苇席"和"萑席"。具体铺设方式为：天子之席三重，下为粉边莞席，中为黼纹花边的次席，上为花边丝席；诸侯之席二重，下为粉边莞席，上为花边丝席；诸侯祭祀席，下为花边蒲席，上为粉边莞席；天子款待国宾之席与诸侯用席相同；天子甸役时另设熊席；凡遇丧事，天子用苇席；诸侯以下，所用席重数递减以至不用"五席"。

1.2.2.2 天人合一，物以载道——自然观

儒家观点认为人与自然是"浑然一体"的，人生态度是"重心在内"的，也认为宇宙的终极本体与人的道德原则是统一的，达到天人合一境界才是理想人格。儒家的理想人格既是天人关系的中枢，又是天人合一的化身。儒家的"天道"和"人道"合一，是儒家思想中的代表性哲学观点，"天道"指自然界中的现象及规律，"人道"指人应遵守的社会规范。儒家学说认为不仅要实现社会内部的协调，而且社会应与自然相和谐。儒家的"天人合一"说，对中国传统家具的影响十分深刻持久。它强调人与自然的和谐，强调二者处于一个有机整体中，在家具中追求人、家具、自然的统一，力求家具与天人融为一体，以家具表达内心，以家具展示对自然的理解，以器载道。

顺应自然，由天到人，单向转化。成书于战国时期的《考工记》是中国首部手工业专

著，记述了长期以来手工业生产积累的经验。其中描述到"天有时、地有气、材有美、工有巧，合此四者，然后可以为良"，既是强调器物设计制作必须遵循的原则，也是一种朴素的辩证唯物主义思想。这句话中，"天时"和"地气"是指自然界的客观条件，"材美"和"工巧"则是强调主体方面的主观因素，只有满足了这两个方面四个条件才能制造出精良的器物。书中进一步解释道："天有时以生，有时以杀；草木有时以生，有时以死；石有时以泐；水有时以凝，有时以泽；此天时也。"在这几句话中提到，草木有生死的变化，石头有热胀冷缩的变化，水有固态和液态的变化，以提示造物者遵循自然界万物随着时间而发生形态变化的规律。木材具有热胀冷缩的性质，为了避免开裂变形，古代工匠发明了"攒边打槽装板"结构和伸缩缝的做法，嵌板端头的榫头，往往做成楔形，与伸缩缝相配合，解决了因水分变化而引起的大幅面板件变形甚至开裂的材料性能缺点。

师法自然，由人到天，逆向转化。7000年前，我们的先人将榫卯技术广泛地应用于木构连接。自然界中树的枝杈生于树干，树干、树枝通过节子有机地"连接"为整体，形成可以承重的结构。观察含木节的树干纵剖面，就会发现节孔恰似卯眼，枝根恰似榫头插入节孔，形成天作之合的"榫卯"连接。这种基于自然现象，能动地认识自然，主动地效法自然、为人所用，实施于家具结构之中。

天圆地方，物以载道。我国古代很早就有"天圆地方"的宇宙观念，由于迎合了统治阶级的需求，逐渐与儒家学说融合，成为"天人合一"思想的哲学观点之一。"天圆地方"既表达了儒家思想中的时空观念，具有几何造型特点；也表达了儒家思想中的"修身"要求，这里的"方圆"不是局限的几何造型，而是一种性质和状态的抽象。这两方面的要求均体现于中国传统的造物艺术中，既是形式意匠，也

是审美的要求之一。从秦汉皇陵"方土"陵台到明代皇陵地宫上的圆形宝顶，从建筑的方砖圆瓦到方梁圆柱，从民间的四合院到皇家的宫殿、庙坛，无不讲究"天圆地方"。天坛和地坛是古代皇帝用来拜天地的祭坛。天坛祭天，造型为圆形；地坛拜地，造型为方形。中国古典园林中常用方形的亭子与环形的回廊、方形的门与圆形的窗，或方形的窗与圆形的门、方形的庭院与圆形的水塘做组合，以方与圆的组合及运用来表达"天圆地方"的思想观念。受"天圆地方"思想的影响，古人很早就在礼器、食器、生活用具等器物中融入了"尚圆""尚方"的造物观念。商周时期的青铜器主要以方形和圆形为主，如司母戊大方鼎、虎耳方鼎、人面纹方鼎等属方形鼎；大克鼎、大盂鼎等属圆形鼎。秦代半两钱为外圆内方的方孔铜钱，这种钱币形式一经推出便在中国流通了2000多年时间，除了方便因素外，还因方孔钱形象直观地表达了古人"天圆地方"的宇宙观和外圆内方的"修身"准则而深受喜爱。在中国传统家具中，方圆的应用更多。如：上圆下方的圈椅和墩、内圆外方的架子床，椅类靠背施以圆形的装饰，家具表面使用圆形的金属饰件。各种方圆造型的装饰图案，如团花纹、寿字纹、八吉祥纹等纹样为圆形构图，方胜纹、万字纹、回纹等纹样为方形构图，福禄寿喜纹为方圆结合构图。在这些造物艺术之中，古人通过方与圆的造物形式表达了对宇宙的认识，做人的准则，静动与曲直的形式美感，展现了中华民族法天象地、承天纳地的胸襟和气魄。

1.2.2.3 和谐有序，文质彬彬——中庸思想

在儒家的观念中，"中"就是指"无过与不及"的适度、合宜的状态，有"中和""折中""和谐"等意。《朱子全书》阐述为："中者，天下之正道；庸者，天下之定理。"可以看出，儒家思想经过发展，将中庸提升到"道"的层次。在中华民族的社会发展历程中，

中庸思想既是国家治理的方法指导，又是和谐社会秩序的道德准则，还是个体情感心理适度与否的判断标准。

反映到美学观上，则追求和谐、协调、敦厚、温良、安定的美，不是大起大落充满突变和激荡的美。这也可以说是一种"中庸"之美，"无过无不及"之美，内蕴丰富、藏而不露、温和敦厚、含蓄耐看、余音绕梁、引人遐想，这是中国艺术风格的一个重要特点。"中和"等观念表现在家具上则是材料、造型、装饰、比例关系等都能相互协调，相互衬托，渐变多于突变，联系多于对立。中国传统家具历经诸代的发展积累，在宋、明、清前期所形成的家具形态，可以说是"中和"的造物美学观的杰出代表，很好地解释了中庸思想在传统家具中的应用。从整体造型来看，这三个时期的家具造型均以线取胜，曲直相宜，严肃而不死板，活泼而不外向，其内敛的文人性格与欧式传统家具张扬的性格特点形成了鲜明的对比。在整体和局部比例关系上，协调而有对比，挺拔向上，文质彬彬，从而以器载道，修身养性。从装饰来看，结构装饰手法的大量应用，融装饰于结构，增加了家具装饰的逻辑需求，减少了烦冗的心理感受。尤其是明式家具，即使应用纯粹装饰，也多以点缀为主，点到为止。

1.2.2.4 不偏不倚，对称之美——尚中思想

儒家思想强调"正心""正名""正位""正物"，提倡方正、正直、不阿、不曲，这是一种优良的道德品质。求"正"的思想和情绪反映在家具构图上，表现为对方正、规则、对称、直线、轴线的追求，而摒弃歪斜不正、弯曲不直的图像和方位，从而形成一种极为庄严肃穆的形式特征，这一点在中国历代的传统家具中均有体现，只不过以时代特征作以区别罢了，如在对称的基础上，周朝的家具多了些许孔武和狞厉，春秋时期的家具多了些许

浪漫与生动，唐朝的家具多了些许厚重与华丽，宋朝的家具多了些许质朴与理性，明朝的家具多了些许雅致与士人气质，清朝的家具多了些许富贵繁缛与新奇奢华，民国时期的中西融合的家具多了些许植入性的"洋符号"。

1.2.2.5 一脉相承，因循守旧——缺新少变

在儒家"治国平天下"的思想影响下，中国古代崇尚社会管理，轻视劳动和技术，不注重科学发明，抑制了人们创造力的发挥。四大发明虽然是文明古国的标志，但这些发明与西方的工业革命等技术创新不可同日而语。客观地说，在以"中庸""守正"等观念为代表的儒家思想的影响下，对器物的重视没有导致精神信仰的缺失和迷惘，对家具形式的构思也没有产生纯抽象、完全颠覆的造型，除家具的功能拓展引发的需求外，其他的一切都得到适度的调节和控制。纵向稳定相传的儒家思想造成了中国传统家具发展过程中的实质创新不足，与西方传统家具跌宕起伏的发展历程形成了鲜明的对比。纵观西方家具的发展历程，黑暗的中世纪宗教否定了古埃及、古希腊及古罗马的西方家具起源的成果，促成了哥特式风格；科学社会主义思想又打破了中世纪的黑暗与蒙昧，形成了文艺复兴风格；由于精神缺失、追求新生活，在文艺复兴风格的基础上形成了浪漫的巴洛克风格；出于对人的尊崇和女性地位的提高，男性化的巴洛克风格转向了女性化色彩，形成了花俏奢靡的洛可可风格。经过多次的尝试后，西方文化的传统本源还是引起了人们内心深处的共鸣，新古典主义又一次向简洁、典雅的西方古代传统回归。就这样，西方传统家具在不断的否定之否定中螺旋式上升发展，比中国传统家具更早地迈向了现代文明。

1.2.3 道家思想的影响

"道可道，非常道；名可名，非常名。无名，天地之始；有名，万物之母。故常无欲，

以观其妙；常有欲，以观其徼。"——《老子》

在道家的心目中，道是天地万物的本源，决定万物存在的终极原因，有着哲学本体的意味。美学专家叶朗先生认为，道家老子提出的一系列范畴，如"道""气""有""无""虚""实""味""妙""虚静""自然"等，对中国古典美学体系和特点的形成，有巨大的影响，老子的美学观点是中国美学史的起点。

从现代设计学的角度来分析，早于儒家思想的道家学说为中国传统造物艺术提供了一种形式构成与审美准则，并与正统的儒家思想构成了一种互补关系，也影响了中华造物数千年。如果说儒家思想使中国传统家具有了秩序，那么道家思想则使中国传统家具更加自然和谐；而在儒、道思想观念的综合作用下，中国传统家具形成了其特有的性格气质——"含蓄内敛"。

1.2.3.1 "有""无""虚""实"——形式上的虚实结合和审美中的意境

老子认为，天地万物都是"无"和"有""虚"和"实"的统一。有了这种统一，天地万物才能流动、运化，才能生生不息。《老子》第十一章记载："三十辐共一毂，当其无，有车之用。埏埴以为器，当其无，有器之用。凿户牖以为室，当其无，有室之用。故有之以为利，无之以为用。"这句话意思是说，车轮中心圆孔是空的，所以轮子能转动。器皿中间是空的，所以器皿能盛东西。房子中间和门窗是空的，所以能住人。任何事物都不能只有"实"而没有"虚"，不能只有"有"而没有"无"，否则，这个事物就失去它的作用和本质。

中国传统家具在造型、装饰、结构等方面均表现出"有无相生""虚实相生"的形式与审美特征。具体来说，是在中国传统家具形式和审美上表现出对家具构成的虚实关系、空间感、体量感、均衡感、稳定感、尺度感的把

握。这种特征与现代工业设计形式构成法则的要求是一致的。矮型家具发展阶段是中国传统文化未受外来文化冲击的时期，也是儒道各领风骚、相互融合的阶段。这一阶段，中国传统家具中的箱形壸门结构就是虚实关系的典型做法。由于外来文化的冲击，中国传统家具转入了高型家具阶段，梁柱式框架结构代替了箱形壸门结构。此时，虚实关系、有无关系渐入佳境，如牙子的做法、枨子的做法、矮老和卡子花的做法、券口和圈口的做法、束腰的做法、绦环板的做法、开光的做法、亮脚的做法、各种腿型和线脚的做法、线状构件的应用、小面积雕刻的应用、金属饰件的应用等。这样的家具构成和审美追求与文学艺术中的"七八个星天外，两三点雨山前"，绘画艺术中的"计白当黑"，戏曲艺术中的"三五步行遍天下，六七人雄会万师"，古典园林造景中的"一拳代山""一勺代水"，兵法中的"以一当十""以不变应万变"，有异曲同工之妙。中国传统家具的形式与审美上升到了意境的层次——境由象生、气韵生动。中国传统家具的这两个阶段与同时期的西方家具相比，两者都应用了"虚实关系"，都做到了"虚实结合"，但西方家具更追求物质性的实体、坚实高大的外形和新奇的个性，而中国传统家具追求的是气韵生动、流动空灵的意境和血脉相承的共性。

1.2.3.2 "味""淡""自然""妙"——审美心理对家具形式的要求

老子提出了一条审美标准"淡乎其无味"，又提出"恬淡为上，胜而不美"。此处的"无味"也是一种"味"，而且是最高层次的"味"，提倡一种特殊的美感，一种平淡的趣味。此处的"淡"是一种朴素的风尚，代表了一种天然无饰的感受，体现了一种最高的真实境界。这种平淡的趣味对家具构成中的形、色、质提出了具体的要求。道家思想主张"道法自然"，崇尚自然、含蓄、质朴的天然美，提倡人与自然的融合无间，只要创造的艺术形

式在精神境界上与自然合一，那么这种艺术就是取法自然。随着道家思想的发展，儒释的兼蓄并举，家具中的美——取材于自然而不做作，展现木材等天然材料的自然美；装饰彩绘从春秋时期艳丽浮华的视觉感受过渡到明清时期隐艳质朴的审美感受；装饰题材从抽象、狞厉的纹样过渡到具体、写实的纹样，纹样取材于自然界中的动物、植物、人物、器物、景物、生活工作场景等，以寄寓自然、表现乐山乐水的意境。而"妙"与"道""无""自然"等有密切的联系，通过对家具形、色、质的体会而达到的精神状态，就是精神的愉悦和享受。这就要求中国传统家具从思想上放弃与自然对立的状态，转向对自然的感悟和沉思。由此，可以解释王世襄先生对明式家具十六品中的"简练""淳朴""沉穆""清新"评价的缘由。

1.2.4 佛教的影响

佛教在两汉之际，自印度传入我国，魏晋时期得到了发展，唐宋时期深度融合，形成了诸多流派。以大乘佛教为主的北传佛教逐渐分化为汉传佛教和藏传佛教，汉传佛教主要流传于以汉族为主体的中原地区及毗邻区，藏传佛教主要流传于我国的藏族地区和蒙古族地区；以南传上座部佛教为主的南传佛教主要流传于我国的傣族地区。上述佛教教派分别在汉族地区形成了汉传佛教文化圈，在藏族地区和蒙古族地区形成了藏传佛教文化圈，在傣族地区形成了南传佛教文化圈。佛教东渐是中国传统文化发展过程中的第一次外来文化输入，中国传统文化开始了与异质文化的对接。佛教的发展，正值中国封建社会的兴盛时期，由于文化自信，中华文化并不拒绝佛教，而是接纳、吸收、改造和消化佛教。一是通过糅合一些中国道、儒的思想观点，创造性地推动了佛教的中国化；二是中国封建正统的儒家思想在与佛教的冲突中，吸纳了佛教的一些观点，结合道家学说，促使了儒学的转型升级，开启了儒学的

新阶段——理学时代。这是中国本土文化吸纳与融合域外文化以创新发展本土文化的范例，对我国传统的生活习俗、儒道思想、文化艺术和政治经济等方面产生了很大的影响。

佛教传入内地后，与北方游牧部落的生活习俗共同推动了高型家具的出现。并在佛教器具、佛教建筑、佛教装饰、佛教造像与壁画的影响下，家具中出现了佛教色彩的做法。这些做法，经过后世的选择与发展，逐渐固化为中国传统家具的一分子。

1.2.4.1 佛教输入推动了中国传统家具中高型坐具的发展

椅凳的早期形态多是由"胡人"以及佛教僧侣传入的。我国最早的"椅子"实物出现于汉代的新疆地区，新疆和田的尼雅古城曾发掘出一把保存较好的高型坐具——"木椅"，如图1-1（a）所示。《中国家具史图说》作者李宗山先生分析认为，这把木椅与僧侣有关。当时的新疆称"西域"，是中西文化交流的纽带。至于椅子在中原地区的出现，也同佛教传播有关。南北朝至隋唐时期，椅子造型不断演化，由最初纯西式的佛教用椅逐渐发展为适合汉人习惯的中式椅，椅子的使用范围从僧侣阶层扩大到城市贵族并进一步影响到民间。

佛教造像中早期的椅子形象见于十六国时期的敦煌雕塑，有的靠背为金翅鸟状，有的座下有固定的须弥台，有的靠背为光背做法，如图1-1（b）~（d）所示。随后，这种外来文化影响下的家具形式逐渐被汉化。此外，高型坐具凳、墩在中国传统家具门类中的出现，也与佛教有密切的关系。早期的佛教造像和壁画上常见一种细腰鼓墩，这种墩自十六国时期至隋唐，皆为佛教中上层人物的主要坐具。后来，墩逐渐世俗化，成为中国传统家具中的一类主要坐具。

1.2.4.2 佛教装饰丰富了中国传统家具装饰的内容

中国的装饰艺术主题，在南北朝之前主要

（a）尼雅遗址中的木椅

（b）靠背椅（十六国）

（c）靠背椅（西魏）

（d）靠背椅（北魏）

图1-1　佛教传播与椅子的发展

是动物和几何形题材，只有先秦时期楚文化的装饰中有一些植物花卉题材。自佛教在中国发展后，植物花卉题材的装饰在中华大地绽放。这也说明佛教装饰的发展在中国不是一个孤立的封闭领域，它对中国整个装饰艺术的发展乃至整体审美意向的发展变化，有着深远的影响。除了个别作为教义象征物的植物花卉（如莲花）外，大量的植物花卉题材本身与佛教教义的思想并没有直接关系，仅仅是为纯粹的美化所做的装饰，为营造繁花似锦的佛国气氛所做的点缀，这种现象也存在于西方的宗教装饰中。究其原因，植物花卉不仅是大自然生命力的折射，也是人类想留住自然美好的愿望。在众多的植物题材中，忍冬纹是一种典型的外来装饰题材，主要用于各种边框和宽楣装饰。忍冬纹在中国的应用，与传统的云纹一起丰富了波曲线结构的装饰图案，直接影响了卷草纹的

发展。除了植物花卉题材外，佛教教义的宣扬，还带来了佛像题材、佛经故事题材、经变题材和佛教史迹题材。宋代以后，佛教装饰走向衰弱，但它对中国装饰艺术发展的影响历久弥新。

在佛教传播的过程中，家具与其他佛教艺术手段一道均起到了宣传佛教的视觉体现作用。中国传统家具结构装饰中的壸门做法、束腰做法、托泥做法，纯粹装饰中的莲花纹、忍冬纹、缠枝纹、葡萄纹、象纹、狮纹、八宝纹、宝相花纹、卷草纹等，均为家具装饰中的佛教印记。藏传佛教用色——金、黑、红、绿、蓝、紫、白等，是藏族、蒙古族家具色彩浓重、装饰艳丽华贵的主要原因之一。此外，藏族、蒙古族家具装饰题材也多来源于佛教教义题材。由于佛教教义题材画可以形象地传播佛教教义，也可以供佛教徒礼拜敬奉，还可用作建筑堂舍装饰，这或许是今天我国藏区佛教

气息浓郁的原因之一。

1.2.5　西方家具艺术的影响

15世纪末，欧洲资本主义扩张、地理大发现后，东西方直通航道被开辟，西方老牌殖民主义者葡萄牙、西班牙、荷兰、英国等国家纷纷向东方入侵，开始了世界近代史上的早期殖民活动。明朝嘉靖三十二年（1553年），葡萄牙殖民者在澳门登陆，成为西方殖民者进入中国的开始。在这以后，不断有西方的传教士来华进行传教活动，他们在传教的同时，也把一些西方的思想学术带进了中国，这一现象史学家又称为"西学东渐"。

1.2.5.1　影响清式家具风格的形成

17世纪末至18世纪，西方的科学文化、奇珍异器传入中国的同时，西方传教士和使节们也将欧洲的巴洛克、洛可可艺术风格带入了中国。这两种艺术风格为方正、端庄、沉稳的中国传统家具融入了动感、华丽的造型形式，盛世王朝的审美与巴洛克、洛可可风格的荣华繁缛、绚丽纤巧不谋而合。清造办处专门设立了"广木作"，聘请广东工匠制作广式风格的家具以迎合皇室的需求，促使了清式家具富丽繁缛特征的形成。

明清时期，广州是合法的进出口贸易口岸，也是中西方文化交流的前沿阵地，逐渐发展成为重要的出口生产基地。在商业目的与西方文化冲击的双重影响下，西洋艺术风格和中国的传统风格融合后，到清朝末年逐渐演变成为一种潮流——"广式"风格。这种地域性风格在造型、题材和装饰手法等方面迎合了市场需求，形成了富丽、豪华和雕刻装饰的格调。广式风格为了突出巴洛克和洛可可风格的艺术效果，还使用了种类繁多的装饰材料，并融合了多种艺术表现形式和手法，呈现出强烈的中西合璧艺术特征，成为"清式"风格的代表。作为中西合璧的家具，在特定的历史条件下，广式家具反映了中国传统家具借鉴与吸收西方

文化艺术的过程。

1.2.5.2　中西交融的海派家具

进入20世纪后，随着上海的开埠，欧、美、日诸国陆续在上海划定租界。西方政商与其家属纷纷进入上海，带来了大量西式家具与西式生活方式，也有所谓的"东洋"家具。随之，与这种新式的生活方式相适应，海派家具出现了。

海派家具在风格上主要仿效17世纪以来西方的一些家具设计艺术。海派家具改良了传统家具中以床榻、几案、箱柜、椅凳为主要序列的模式，引进了沙发、床垫、软包椅、衣柜、梳妆台、陈列柜等新型的西方家具，丰富了中国家具的种类。同时，在继承传统的基础上，海派家具尝试与现代生活方式相适应，出现了从太师椅到沙发、从架子床到屏板床、从存衣箱笼到大衣柜、从"格子"柜到玻璃门柜等家具功能上的拓展与转变。这种拓展与转变是中国现代家具的萌芽，中国家具自此开始与世界接轨。海派家具在继续使用深色名贵硬木的同时，也使用一般的硬杂木和现代材料——胶合板、玻璃、薄木、油漆、暗铰链、钉子等，拓展了中国家具行业的新门类。由于西洋风格的需要，如旋木构件，中国引进了木工机械设备，传统家具从手工制作开始向机械制造过渡。

20世纪上半叶，海派家具的出现是中国传统家具从古老走向现代的起点。海派家具一方面表现为对外来家具文化的包容，选择性地吸取了西方家具中的合理成分，使家具适应当时的生活方式；另一方面，海派家具则表现为对中国传统家具文化的传承，其虽然吸取了许多西方家具的工艺技术和装饰特征，但与传统的西方家具仍有较大的差异，因此，可以将海派家具看作中国传统家具国际化的一种尝试。海派家具的发展时期是中国家具史上的一个重要阶段，在短短的几十年里，中国的家具迅速转型，结合了中西文化，实现了中国传统家具向

现代家具的过渡。

在中国传统家具的发展过程中，除上述方面的思想和因素影响外，中国传统建筑的营造意匠和技术做法也对家具产生了直接的影响，在第2章和第5章中将进行相应的阐释。有关中国少数民族家具的意匠成因将在第3章中进行专门阐释。总的来说，影响中国传统家具意匠生成的因素极其多元复杂，有些因素随着传统家具的发展演变，存续了下来，我们还能加以分析、识别和归纳。而有些因素随着传统家具的发展演变，逐渐消失了。还有些因素有待其他学科的发展，来为中国传统家具的研究提供更多的资料。

1.3 中国传统家具的特征

1.3.1 文化的传承性——存续与融合

中国有5000年以上不间断的文明史，这主要归功于生命力极强的中国传统文化。中国传统家具既是传统文化在生活中的自在体现，又是传统文化自觉传承的载体之一。

原始社会时期的山顶洞人在"居家"生活中已经使用了象征原始宗教和原始崇拜的骨器、石器等居家装饰品。奴隶社会时期的家具在提供坐卧具、凭具、承具等功能的同时，又以狞厉、孔武、写实的装饰图案继续象征自然现象和原始崇拜，还以方正、对称、虚实的家具构图手法和编织、烘焙、铸造、材料组合等为代表的家具制作技术记录了器物形制上的"中庸""阴阳"及"礼"的观念。封建社会初期，随着以儒道学说为核心的传统文化思想的确立，礼制思想、天人合一、中庸思想、尚中思想、虚实审美、道法自然等儒道观点构成了中华造物最初的理论依据和审美标准。纵观传统家具的发展演变，无论是矮型家具序列，还是高型家具序列，它们在形、色、质中自然或不自然地以家具语言展现着传统文化。汉时的

佛教输入与魏晋时期的北方游牧部落南迁是中国传统文化发展中的大事记——异质文化和异族输入。其结果，一是儒道在吸收佛教理论的基础上形成了完整的传统文化体系；二是促使中华民族延续了数千年之久的席地起居向垂足起居的过渡与转变。反映在传统家具上，高型家具和家具中的佛教做法记录并延续了这一历史巨变。封建社会末期和近代，西方文化的输入，虽然迷乱了中国传统文化自在发展的康庄大道，但它使传统文化感受到了现代文明的气息，促使传统文化走上了自觉发展的道路。反映在传统家具上，一是促成了清式家具风格和以海派家具为代表的现代家具体系的形成；二是中国传统家具强烈地感受到了工业革命的气息，中国传统家具又一次记录并延续了这一历史巨变。在当代，随着传统文化的现代化、多元化、国际化发展，传统家具领域出现了"新中式""轻中式""泛中式"等设计思潮和家具新门类，它们在延续传统文化的同时，结合了现代设计理论和现代工业技术的成就，继续推动着中国传统家具向未来前进。

中国传统家具稳定地、不间断地、改良式地发展了2000余年，直至现在。这与跳跃式的、否定式的、间断式的西方家具艺术发展流变形成了鲜明的对比。可以说，中国传统家具与传统文化可以被超越，但从未被代替。

1.3.2 多元的民族性——主流与支流

2000多年来，中国一直是一个统一的多民族国家。自秦汉后，民族和文化融合促进了汉民族共同体的形成，以后又几经民族的迁徙、融合，才使汉民族成为我国的主体民族。现在，在我国960万 km² 的土地上，居住着56个民族，他们都是在历史长河中经过民族分化与融合后逐步形成的，都有着悠久的历史。薛明扬先生认为，汉民族通过屯垦移民和通商，在各非汉民族地区形成了一个点线结合的网络，把东亚这一片土地上的各民族串联在一起，共

同形成了多元一体的中华民族。

这样的民族多元特点，形成了中国民族文化的多样性特点，反映在中国传统家具上，既形成了以汉族文化为主体的中国传统家具的主流，又形成了以各少数民族文化为主体的中国传统家具的支流。由于地缘和交流渠道的原因，少数民族家具技艺与汉族家具技艺之间的互融程度有些高、有些低。于是，就形成了支流中也有主流的血脉，主流中也汇集了支流的先进性这种现象。这样的中国传统家具主次关系的形成，实质上是"民族串联"后文化交流与融合的结果。从各少数民族家具的现状来看，有的在发展过程中较完整地存续了民族文化，呈现出强烈的民族特色，如藏族家具的雄壮浓重、蒙古族家具的艳丽多彩、白族家具的尊贵典雅、傣族家具的随物赋形、彝族家具的神秘深沉、维吾尔族家具的华丽奔放……；有的在发展过程中，由于临近民族文化的影响，呈现出家具文化上的联系和相似；还有的在发展过程中与其他民族家具融为一体。

中国各民族家具都是中国传统家具必不可少的组成部分，也是中国传统家具发展历程中的丰富资源，更是新时代中国传统家具更新发展的营养源泉，共同见证了中华民族从自在到自觉的整个过程。

1.3.3 典型的地域性——共性与个性

我国幅员辽阔，我们的祖先很早就居住在西起帕米尔高原、东到太平洋西岸诸岛、北有广漠、东南临海、西南接山的这片土地上。在多样化的自然环境与人文条件的影响下，形成了差异化的生活方式、地域技术和地域审美。

北方气候寒冷、四季分明，形成了以炕为中心的起居空间，出现了兼具贮存、宴饮、办公等功能的配套家具，如种类繁多、易于搬动的炕桌、炕几、炕案。民间如此，宫廷也如此。南方气候炎热，盛产竹子和藤材，竹材导热性大于木材，藤编织构件多孔透气性好，形成了南方特有的竹藤家具和竹藤材应用习俗。由于竹材的天然雅致特征和人文属性，传统家具中出现了仿竹家具的做法，也促使了传统家具简练、劲挺、清新风格的形成。优质的棕榈藤材是良好的劈篾用料，常用于编织，传统家具中的藤屉座面做法就以藤篾编织而成。北方山雄地阔，北方人体格较大，家具表现为大尺度、重实体、端庄稳定；南方山清水秀，南方人体格较小、性格文静细腻，家具表现出精致柔美的特征。北方气候干燥，木材尺寸稳定性较好，家具构件尺度较大；南方潮湿多雨，为了解决因水分变化引发的构件变形，家具构件尺度较小且注重脚型变化；等等。经过长期的生产实践，工匠们顺其自然地将材料性能、风土人情、家具功能三者结合起来，形成了地域技术和地域审美，最终展现出极具个性的地域做法。明清时期，中国传统家具形成了三大硬木家具产地，以苏州为中心的轻巧、俊秀、素雅的苏作家具生产基地，以北京为中心的大气厚重的京作家具生产基地和以广州为中心的洋气华丽的广作家具生产基地。此时，它们代表着中国传统家具发展极盛时期的官方做法与流派。此外，还有宁波的骨嵌及金漆做法、山东的嵌银丝做法、山西的画彩与描金做法、云南的嵌石做法等个性鲜明的民间家具做法。

在近代，受资本主义经济和文化的影响，中国传统家具随着封建王朝的没落，逐渐走向民间，传统家具集约化经营的格局被打破，代之而起的是在开埠通商口岸形成了一批具有地方风格和民间特色的新型家具产地。这些家具立足于地域技术和资源条件，有些还吸收了外来家具艺术风格和生产技术，在功能、形式和材料上大胆创新，既反映地域审美情趣和生活气息，又紧跟时代风貌，家具种类较以往更为丰富多样。在当代，随着家具生产模式的转变，家具产品差异化逐渐缩小，发掘地域家具文化是寻求传统家具发展的有效途径之一。

1.3.4 朴素的科学性——低技术与精工艺

中国传统家具取材于天然材料，制作工具以墨斗、尺、锯、刨、钻、斧、凿、铲等各式手工工具为主，工艺环节主要包括放线、剖木、锯材、刨削、凿眼、钻孔、雕刻、磨光、漆饰或蜡饰等，结构连接历经了绳木、浇铸、绑扎、编织、搭接、榫卯的演变与选择。可以看出，中国传统家具是典型的手工艺制品，具有明显的低技术特征。在科学技术落后的古代，历代工匠们围绕"因材施艺"，通过一系列适宜性技术环节，弥补了低技术的不足。

在材性方面，不同的木材，干缩湿涨率不同，为了控制家具开裂变形，一件家具基本上使用同一种木料，甚至是用同一根木头；木材横纹方向干缩湿涨大于顺纹方向，为了防止横向开裂，家具构件多以小截面线状构件为主；硬木材质坚硬、性能稳定，适于施加复杂、精巧的雕刻，明清及以后，深色硬木家具中多见雕刻工艺。中国历代工匠日积月累，发明了数百种精巧的榫卯结构，总结了丰富的精度配合经验，有效地解决了节点连接的相关问题。备料时，为了满足长料、大料的需要，工匠们通过榫卯结构，对小料加以接长、对窄料加以拼宽，进行物理重组，解决工艺难点。结构装配时，应用多种精度极高的二维榫卯结构和三维榫卯结构，满足构件连接和结构稳定性的需要。为了保证结构的耐久性，既通过穿带、嵌板、伸缩缝、各种结构装饰加以辅助，还通过桐油、生漆、蜡等表面涂饰加以封闭，防腐防潮。通过较完备的备料、下料、构件加工、结构装配、防护与维护处理等一系列工序，中国传统家具呈现出了较高的工艺品质，形成了特殊的工艺美。

1.3.5 形式与功能的流变性——纳新与发展

中国传统家具的形式和功能是两个独立的

开放系统，处于不断地发展演变之中。它们又是相互作用的统一整体，共同发展。

在构成形态上，中国传统家具经历了矮型家具构成到高型家具构成的演化，最终形成了突出线条的虚实构成形态。在色彩形态上，中国传统家具经历了原生材料的本色系、漆木家具的鲜艳色系、明式家具的隐艳色系到清式家具的富丽肃穆色系，最终形成了突出材料本色的隐艳色系。在材料形态上，中国传统家具由天然的原生材料制品，到陶制家具和铜制家具，再到实木家具，最终形成了以深色硬木为典型特征的材料形态。在装饰技法上，从原始的击打到人为的雕刻、镶嵌；在装饰题材上，从原始崇拜题材，到动物、植物、花卉、铭文等题材；在装饰构图上，从单独纹样到四方连续纹样。中国传统家具的装饰也在不断地发展更新，并与形、色、质相结合，共同塑造中国传统家具的性格内涵。

在种类和功能上，新石器时代出现了矮型的坐卧类家具；到秦汉时期，形成了坐具、卧具、承具、庋具、屏具和架具六个功能序列，矮型家具发展完善。魏晋南北朝时期，佛教的传入带来了绳床、须弥座、筌蹄、凳等高型坐具，它们与少数民族家具一起促进了坐具与卧具的分离、矮型家具向高型家具的转化；隋唐时期，庋具的功能分化，高型家具普及，出现了桌、圈椅、花几等新型家具；到宋、明、清时期，中国传统家具形成了椅凳类、桌案类、床榻类、架格类及其他类共五类高型家具，基本构成了传统家具的功能种类。在近代，随着西方文化的强势植入，中国传统家具完成了发展历程中的第二次巨变，形成了现代意义上的家具序列和功能，开始了国际化进程。

从中国传统家具的发展链来看，传统家具的形式和功能在借鉴、学习和创新中获得了持续发展，并将随着社会需求、生活方式的变迁继续发展。

上述五个方面的特征，是中国传统家具的

显性特征。在文化、民族、地域、工艺、功能与形式的共同作用下，中国传统家具还呈现出了淳美浓郁的艺术性特征。

1.4 中国传统家具的研究现状与发展概要

1.4.1 中国传统家具的研究现状

中国传统家具的研究，始自对明代硬木家具的鉴赏。德国学者古斯塔夫·艾克（Gustav Ecke）从20世纪30年代起，开启了中国传统家具研究的先河，并陆续发表了相关论文和著作。如《中国硬木家具使用的木材》《中国花梨家具图考》《关于中国木器家具》《明式家具》《中国家具》等，从材料、样式、装饰等方面研究了中国明式家具，其中以1944年出版的著作《中国花梨家具图考》影响深远。王世襄、杨耀、朱家溍、李宗山等学者通过查阅古籍与寻访实测，对明清家具的分类及相关名词术语进行了界定与考证。美国学者乔治·纪慈（George Kates）于1948年出版了专著《中国家用家具》，其研究范围从硬木家具，扩展到漆木家具和柴木家具。

20世纪80年代至今，在复兴中国传统文化和家具工业迅猛发展的背景下，研究传统家具的学者和成果迅速增多，主要包括以下几个方面：一是中国传统家具的发展演变与风格特征，相关学者如王富瑞、胡文彦、刘森林、阮长江、林东阳、胡德生、李宗山、蒋绿荷、朱方诚、娄军委、唐开军等；二是中国明清家具文化艺术与工艺技术，相关学者如王世襄、杨耀、陈增弼、阎纪林、张帝树、许柏鸣、刘文金、余继明、刘曦卉、王叶、张炳晨、侯林辉、陈立未等；三是中国传统家具装饰图案与表现技法，相关学者如濮安国、吕九芳、林东阳、马涛、行淑敏、唐彩云、余肖红、周橙旻、杨玮娣等；四是中国少数民族及地域特色家具研究，相关学者如李德炳、叶喜、袁哲、李军、张远群、蒋绿荷、邹联付等；五是中国传统家具与建筑室内关系研究，相关学者如方海、胡文彦、周浩明、王美艳、郑绍江等；六是中国传统家具断代史研究，诸如唐代、宋代、民国时期家具文化艺术的研究，相关学者如刘显波、熊隽、邵晓锋、梁旻、陈于书等；七是中国传统家具现代设计与工艺改进，相关学者如林作新、薛坤、徐秋鹏、李爽、董华君等。除此之外，中国社会科学院的相关专家从考古的角度对中国传统家具的追踪溯源做了大量的基础性工作。随着科学技术的发展，针对中国传统家具的保护和新型制造工艺，也有学者开始了中国传统家具的数字化保护和三维打印技术的研究。

1.4.2 中国传统家具的发展概要

家具是人类改善居住环境的第一需要，可以推测家具一直伴随着人类的左右，人类学会"掘地穴处""栖巢居树"后，最早的家具就出现了，只不过那时的家具多以自然物和自然形态为主。随着先民们掌握了编织缝纫技术、制陶技术和冶金技术，真正意义上的家具出现了。魏晋时期是中国传统家具发展的分水岭。此前，以矮型家具的发展为主旋律；此后，以高型家具的发展为主旋律。从整个发展链来看，矮型时期的家具更具有启蒙的意味，并在汉代矮型家具功能种类发展至齐备，形成了以席（或床、榻）为中心，辅之以屏、几、案为模块的单一家具组合格局；而高型时期的家具代表了中国传统家具的发展方向，并在宋代发展至功能齐备，形成了多个功能空间的多种家具组合格局，并在近现代与国际接轨。结合上述因素，从中国传统家具发展流变的角度出发，可将整个发展链分为萌芽期、早期、中期、晚期和近现代五个阶段。

秦汉及以前是中国传统家具的萌芽期，以矮型家具为主，主要有席、床、几、案、俎、屏、榻，形成了席地起居的基本格局；青铜家具、漆木家具是此时期的两种主要形式。魏晋南北朝是中国传统家具的早期阶段，佛教东渐、游牧习俗传入带来了新的起居方式和新型家具，垂足起居成为一种时尚，外来的胡床、绳床、墩、凳代表了传统高型家具的最初形态。隋唐到宋元是中国传统家具的中期阶段，一方面传统哲学思想体系终于形成，另一方面垂足起居成为主流的生活方式，并在传统建筑技术的促进下，中国传统家具的性格特征初步形成，高型家具功能齐备，矮型家具逐渐淡出了历史的舞台。明代到清代是中国传统家具的晚期发展阶段，形成了明式家具风格和清式家具风格，是中国传统家具的辉煌时期。近现代是中国传统家具接受西方"工业文明"后的多元化发展时期，形成了以海派家具为先声的国际化探索直至当代的现代化、工业化发展。

思考题

1. 简述中国传统家具的概念。
2. 影响中国传统家具的古代哲学思想有哪些？请结合家具案例加以分析。
3. 简述中国传统家具的特征。

第 2 章

中国传统家具的发展流变

中国传统家具历史悠久，在各个历史时期，形成了各具特色的家具门类。中国家具的成就，对东西方都产生过不同程度的影响。对历代家具的研究，使我们从一个侧面了解当时的社会状况，从而更加全面地了解中国文化和中国传统艺术。随着起居方式的转变，中国传统家具经历了由低型向高型、由传统向现代的转变，这是中国传统家具发展历程中的大事记。

从新石器时代到秦汉时期，受生产力的限制，家具都很简陋，人们席地而坐，室内以席（或床榻）为主，逐渐衍生出了屏、俎、几、案、架、榻、床、柜等矮型家具序列，它们是商、周、秦、汉、魏晋各时期的主要家具。随着民族融合、佛教传播，高型家具渐多，垂足而坐开始流行。至唐代，桌、椅、凳等已被人们所接受，但席地而坐仍然是很多人的日常习惯，席地坐与垂足坐两种方式交替消长。真正开始垂足高坐是从宋代开始，各种配合高坐的家具也应运而生。此时，我国传统家具已经发展成为集科学性、艺术性、实用性于一体的生活用具，中国传统家具范式基本定型。此后，随着社会经济、文化的发展，中国传统家具在工艺、造型、结构、装饰等方面日臻成熟，在明清两代渐至巅峰。随着世界资本主义的扩张，近代的中国传统家具感受到了现代气息，开始了近一个世纪的现代化探索。中国传统家具的发展与思想文化、生活方式、经济状况、自然环境及科学技术是分不开的，它们共同促进了中国传统家具的发展流变。

本章主要从中国传统家具的萌芽期、早期、中期、晚期和近现代五个阶段来组织内容，阐释了各个发展阶段传统家具的主要特点。本章内容更偏向史论，为了培养学习过程中的探索精神，建议读者多查阅中国传统文化、中外家具史、中外建筑史和中国考古领域的相关文献资料以辅助学习。

2.1 萌芽期的中国传统家具

萌芽期的中国传统家具以矮型家具的发展为主。其中，夏、商、西周时期，青铜家具鼎盛；战国到两汉时期，漆木家具逐渐占据主导地位，且功能种类趋于完善，青铜家具式微，逐渐退出历史舞台。

2.1.1 先秦时期的中国传统家具（公元前221年以前）

原始社会晚期，人类造物工艺水平得到提高，人类的社会意识和审美取向开始投射到不同的器物上，逐步发展出实用型、实用与装饰结合型、礼器型、装饰型等器具，人的造物行为从生存需求演变为复杂的社会性活动。先秦时期的家具可以看作是以设计艺术的方式叙写当时的社会生活现状。当时的矮型家具主要有席、床、几、案、俎、禁、屏（扆）、衣箱等。当时，也出现了架类家具。冶金和铸造技术的发明为铜制家具和金属工具的出现提供了技术支持，这一时期的木工工具已有了斧、凿、尺、规、墨斗，还有校正木头歪直的檠括等。先秦时期形成了以席（或床）为中心，配套几、俎、屏、帐等的家具组合。如在王及诸侯临时工作与休憩的地方，使用上述组合并用"扆"隔出一个"尊位"来。这一阶段的家具轻便简洁、方便布置，既和当时建筑空间协调一致，又和琐细频繁的礼仪活动相适应，呈现出神秘狞厉、沉穆雄浑的审美特征。

2.1.1.1 席、床和座屏

席是坐卧类家具最早的形态，至少在7000年前，我们的祖先就已经使用席了。当时，席是室内活动的中心，"席地而坐"是日常的起居方式。从席的使用制度化可以看到，古人的造物活动不再局限于简单地使用自然物，而是有了预想策划的设计意识。

床的出现较早，传说神农氏发明了床，床兼具坐卧功能。图2-1所示为战国漆木床，（a）图为河南信阳长台关楚墓出土的彩绘木床，长218cm、宽139cm；床面为活铺屉板，四面装配围栏，前后各留一缺口；大床通体黑漆彩绘，床架朱绘方形云纹，床栏包饰铜镶角；床底6个卷云纹墩式足，用榫卯嵌插于床框架下，足高19cm，接近于席地。（b）图所示为楚墓出土的黑漆折叠床，长220.8cm、宽135.6cm、通高38.4cm；床身由两个完全相同的方形框架拼合而成，每半边各有床围、床枋和可以拆卸的活动木栅，直栅足；床栏高14.8cm，床屉高23.6cm，床栏中间留出57.6cm的缺口供上下。两张床的尺寸相仿，造型相似，木框结构，榫卯连接，均由床身、床围和床足三部分组成，是目前发现的早期古代活动折叠式床。这一时期的床不是专用于睡眠的，也有的与几案配合，满足读书和饮食使用之需；唐代之后，床才逐渐成为睡卧专用的家具。

扆是屏风的最早形态，屏风最早用于室外，周代出现在室内。在古籍中有"天子外屏，诸侯内屏，大夫以帘，士以帷。"的描述，礼仪等级森严。屏风最初与席、床配合使用，用于标识位置。设于王位之后的屏风，是王权威仪的象征，也有装饰之用。图2-2所示是战国楚墓漆木座屏，通高15cm、长51.8cm，雕刻出凤、雀、鹿、蛇等大小动物51只；座屏通体髹黑漆，主要用红、黄、金三色彩绘；通过动物彼此对应、穿插、错落，形成生动的画面，构图严谨，富于浪漫气息。

2.1.1.2 几、俎、禁、案

在桌子出现之前，几、俎、禁和案等是我国古代流行的家具。它们的使用具有同源性，随着社会生活的发展，使用功能不断分化，最终各有所指。它们演化的趋势是从无足到有足，由简单到复杂，由拙朴到精美，从素面到彩绘、雕刻和镶嵌。

几和俎是桌案类家具的最早形态。几有两

种形式，一种是"庋物几"，指放置器物的架子，最初用于祭祀礼仪；另一种是可供支承身体、依靠的"凭几"，最初供尊长使用。凭几的特点是面窄足高，大多腿足外张，呈现出"几"状。楚几在春秋晚期达到成熟，代表了当时漆木家具的最高水平，也是迄今发现数量较多的几，图2-3所示为战国时期的楚凭几。从功能上来说，凭几有凭倚和陈设的功能，多置于身前或身侧，与坐具配合使用，可缓解久坐的疲劳，也包含着礼仪的内容。《周礼》中规定的"五席"配"五几"，指的就是座席和凭几的组合配置。凭几在魏晋南北朝时期仍然很流行，随着唐代以后高足靠背家具的增多，凭几才逐渐淡出了人们的生活，但清初宫廷仍有三足凭几存在。

俎既用于宴饮也用于祭祀。宴饮场合用作切割食物的承具，祭祀场合用作礼仪陈设或呈置牲体的礼器。有文献记述，俎、匕和鼎配合使用，有时候鼎盖兼具俎的功能，鼎俎合二为一。

图2-4所示为周以前礼俎的形制演变，有虞氏时称"梡"，体型小且只有四足；夏后氏时称"嶡"，四足支撑且足间有横枨加固；商代时称"椇"，四足略有弯曲且外倾；周代称"房俎"，横枨下移至四足末端，相当于后世家具的托子。有一类式样特别的礼俎被称为"大房"，用于呈放较大牲体，如图2-5所示。该大房俎面板长80cm、宽40cm，用木板嵌接而成，俎面两端又榫接一对锥形立柱，立柱的外侧嵌石板，板式直栅足。礼俎和案同时陈设的

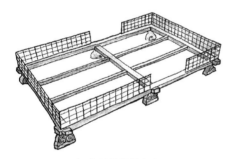

（a）楚墓彩绘木床

（b）楚墓黑漆折叠床

图2-1 战国漆木床

图2-2 战国楚墓漆木座屏

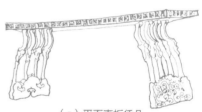

（a）平面直板凭几

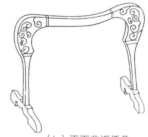

（b）平面曲板凭几

（c）凹面凭几

图2-3 战国楚凭几

情况在西周时期比较常见，于春秋战国时期也较为流行。秦汉以后，礼俎减少而祭案增多，后来祭案逐渐代替了礼俎，成为礼仪、祭祀场合的主要陈设用具。

图2-6所示为商代悬铃青铜俎，长33.5cm、宽16.9cm、高14.5cm，板壁厚0.2cm，板足高12.1cm，重2.5kg，在板足和俎面下两边各悬吊一个钟形铜铃，造型规整；俎面槽形，后世带拦水线的食案与此做法相似；这件青铜俎在前后板足中央留出壶门轮廓，是我国传统家具中较早的壶门造型实物；板足面饰饕餮纹，衬以云雷纹地。图2-7所示为商代饕餮纹蝉纹青铜俎，俎面狭长，两端翘起，中部略凹，周身刻以蝉纹、饕餮纹。图2-8所示为战国时期的青铜俎，俎面两端微微上扬，中间部分在云雷纹的地子上镂空作矩形纹，俎面端部上扬和俎面镂空的功能意义就是防止其上器物跌落和滤去汁液。图2-9所示为湖北赵巷4号楚墓出土的彩绘漆俎，通长24.5cm、宽19cm、高14.5cm；

俎面长方形，周边起沿，两端高高翘起，后世的翘头案类似此做法；俎面下是四个直角曲尺形足，足与俎面用暗榫连接；俎面和四足黑地彩绘数只鸟兽图案，有的地方使用金、黄彩点染，使得图案色彩醒目艳丽，富有层次感。

禁是箱柜类家具的最早形态，先秦时期，和"禁"类似的一种家具叫"椇"，均为置酒器。使用时，在台面上做出限定酒器摆放位置的台座，有时用图案来表示台座。在图2-10中，（a）图所示为湖北天星观2号墓出土的战国漆木禁，承置酒器的板面上均有标识位置的图案；（b）图是湖北曾侯乙墓出土的漆木禁，板面上也有标识位置的彩绘图案，从结构上看，更似案。

图2-11所示为河南淅川下寺出土的楚蟠虺纹铜禁，通高28.8cm、长103cm、宽46cm，重约90kg，呈长方形，四周以透雕的多层蟠虺纹装饰；禁周身攀附着12条龙形怪兽，怪兽曲腰卷尾，探首吐舌，前爪攀附禁沿，后爪紧抓禁的外壁，嘴巴伸向铜禁中心，大有群龙拱

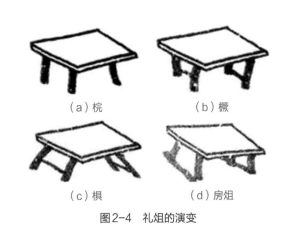

（a）椀　　　（b）橛

（c）棋　　　（d）房俎

图2-4　礼俎的演变

图2-5　大房俎

图2-6　商悬铃青铜俎

图2-7　商饕餮纹蝉纹青铜俎

图2-8　楚青铜俎

图2-9　楚彩绘漆俎

卫之意；禁身下是12个昂首前行的虎形足承托，虎尾做管状与禁下部用铆钉相接来承托禁身，虎足造型凹腰扬尾，与禁身龙的造型相呼应，使得整个铜禁动感十足。

案是一种承托家具，其前身就是盛放食品和杂物的陶盘或木板。中国社科院研究员扬之水先生认为："案式器具的出现很早，但案作为名称却出现得很晚，就目前所知，差不多要到战国。而案大概也可以视作从禁中分化出来的一支，初始的时候二者共存，一置酒器，一置食具，汉代才合二为一。"图2-12所示为河南信阳长台关7号楚墓出土的漆木案，长135cm、宽60cm；案下有4个铜质的兽蹄矮足，足上端处的案沿做出辅首衔环造型；案面四周用窄板条抹起，四角包铜，朱红地子上装

饰着21个排列规整的涡纹图案；案面上的涡纹行列既是陈放食具位置的符号，也兼具装饰之用。图2-13所示为湖南牛形山楚墓出土的云雷纹案，高仅10cm、长125cm、宽51cm；案面周边略微起棱，案面下有4个木制蹄形小足；案面黑地，红、黄漆绘24个涡纹图案，四边绘三角云雷纹。

图2-14所示为战国时期的错金银四龙四凤铜方案，案高37.4cm、长宽各48cm。漆木案面已朽，案座模拟龙、凤、鹿三种动物的自然形态与案座的实际功能相结合。底部是环形托泥，被两雄两雌跪卧的梅花鹿承托，托泥上有四条独首双角双尾的龙，尾巴向两侧环绕，向上勾住双角，相邻的两条龙中间的尾部在环绕过程中自然地形成圆环，每个圆环的里面又有一只

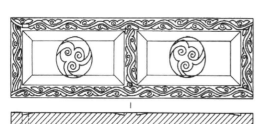
（a）湖北天星观2号墓出土漆木禁

（b）湖北曾侯乙墓出土漆木禁

图2-10　战国漆木禁

图2-11　楚蟠虺纹铜禁

图2-12　战国漆木案

图2-13　战国云雷纹案

展翅飞翔的凤鸟，四凤聚于中央连成半球形，凤头从龙尾纠结处引颈而出。每个龙头上架了一个斗拱结构，神龙上吻托住斗拱，斗拱承托案框，完成了从圆形底座向方形案面的自然过渡，通过斗拱悬挑起到案面外扩的作用。此案中的斗拱是目前发现的战国时期斗拱的第一个运用实例。此案制作工艺采用分铸、嵌接、焊接等多种方法相结合，表面又施以错金银装饰技法，整体构图极具动感和浪漫气息。

图2-14 战国错金银四龙四凤铜方案

2.1.1.3 架

先秦时期的架类家具功能已分化，有衣架、乐器架和兵器架等。挂衣服的架子，可溯源至东周至春秋时期，此时衣架的式样有竖式和横式两类，名称也不同。竖式衣架，即在竖立的木杆上挂衣，古代叫"楎"。《礼记·内则》："男女不同椸枷，不敢悬于夫之楎架。"从历代家具资料来看，未见到竖式衣架，多为横杆衣架，图2-15所示为战国曾侯乙墓出土的横杆衣架。

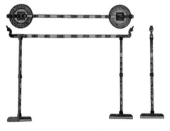

图2-15 战国横杆衣架

2.1.2 秦汉时期的中国传统家具（公元前221年—公元220年）

秦汉时期的矮型家具发展分化出了榻、柜等新型家具，形成了坐具、卧具、承具、庋具、屏具和架具六个门类，矮型家具的功能序列发展完备了。随着席的功能弱化，秦汉时期形成了"以床榻为中心"的家具陈设方式，屏榻、屏床结合，其上设帐，几、案等不做固定陈设。汉代时，漆器工艺先进，漆器表面装饰方法和工艺主要有彩绘、刻画、镶嵌、金银箔贴、戗金等。漆器色彩以红黑为主，间以黄、绿、金、银和白等。

2.1.2.1 榻、床、屏、帐架

榻是一类专用坐具，榻的出现标志着坐卧类功能的分离。"榻"这个名称迟至西汉才出现，由商周时期的筺床演变而成。对于床榻之别，古人认为："人所坐卧曰床；床，装也，所以自装载也。长狭而卑曰榻，言其榻然近地也。"榻有正方形和长方形两种，有一人使用的独坐榻，有两人使用的合坐榻，还有多人使用的连坐榻。榻、屏、帐组合使用是这一时期流行的家具组合方式。榻流传时间很长，一直到明清时期，形制变化都不大。图2-16所示为河南郸城出土的西汉石榻，长87.5cm、宽72cm、高19cm；榻足为曲尺形，榻面超出腿足，形体简练；在榻面上刻有"汉故博士常山太傅天君坐榻"隶书一行，是迄今所见最早的一个"榻"字。

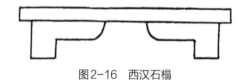

图2-16 西汉石榻

汉代屏风多设在床榻的周围或附近，也有置于床榻之上的。屏风形式以座屏和围屏为主，床榻上的屏风既可以遮挡，有的也可以倚靠。汉代屏风中最早的实物是长沙马王堆出土的彩绘木屏风，如图2-17所示。该座屏

图2-17　汉彩绘木屏风

图2-18　汉屏、榻、帐组合

图2-19　西汉铜帐架

图2-20　西汉折叠围屏

长72cm、宽58cm；屏风的正面为黑漆地，以红、绿、灰三色彩绘出云纹和龙纹，边框用朱色绘菱形图案；屏风背面红漆地，以浅绿色在中心部位彩绘谷纹璧，周围绘几何方形纹，边框黑漆地，以朱色绘菱形图案。图2-18所示为汉代屏榻帐组合，据传榻上坐的是老子父母二人；榻立面呈梯形状，榻足与榻面间雕出花牙；榻上设有垂帐，左边有一侧有屏风；此屏风形态简洁，装饰较少，以实用为目的。

图2-19所示为河北满城西汉中山靖王墓出土的床榻上架设帐帷专用的铜帐架，经复原研究，此铜帐架面阔2.5m、进深1.5m，四阿顶（也就是后期传统建筑中的庑殿顶）；很明显，此铜帐架配套床榻体量较大；此铜帐架构件表面鎏金，垂柱柱头和立柱底座构件上装饰有龙纹等图案。出土时，此帐架前设有漆案；同时出土的还有一个四角攒尖式方形铜帐架，也称"斗帐架"，与独座榻配合使用。图2-20所示为西汉时期广州南越王墓出土的折叠围屏复原件，铜框架嵌漆木板，利用分铸的铜构件完成折叠、嵌套和插接功能。

2.1.2.2　柜

箱在商周时已有使用，柜和箱的功能类似，用于存放物品，都是长方体形状，有盖或门。柜和箱发展很缓慢，直到明清时期，才出现了明显竖向发展的"立柜"等贮藏类家具。先秦时还有专用于贮物的"匣"，形制与柜无大的区别，比柜小些。汉代时，有了区别于箱、匣的小柜，如图2-21所示为绿釉陶柜模型。该绿釉陶柜柜身为长方体，下有四足，柜顶中部有盖，并配有暗锁，柜身以乳钉装饰。

图2-21　汉绿釉陶柜

商周时期形成的百工制度是一种管理手工业者的制度，服务于王室，对中国传统设计起到了一定的积极作用。一方面手工业分工越来越细，专工专用；另一方面百工的世袭制保证了技艺和经验的传承。秦汉时期的传统家具虽以低矮型家具为主，但高型家具也开始出现。从出土的汉代画像砖上可见，此时人们生活中已出现垂足坐姿，而且，胡床已经流入中原，高足家具暗流涌动，拉开了中国传统起居方式转变的序幕。

2.2 早期的中国传统家具

魏晋南北朝时期，高型家具正式登上了历史的舞台，并在贵族和僧侣阶层小范围普及，开启了中国传统家具由低到高的伟大变革。

2.2.1 魏晋南北朝时期中国传统家具的背景

魏晋南北朝是中国历史上的过渡时期，有鲜明的时代特性：一是中国历史上的一个大变乱年代，政治动荡，儒家思想不再一统天下，各种本土的、外来的文化争奇斗艳，或生根、或流散。二是佛教东渐、玄学兴起，本土宗教哲学在发展中逐渐接受异质宗教哲学，出现了儒释道共存的传统思想文化体系。三是民族融合活跃，开启了汉民族吸收域外民族文化、域外民族主动融入汉民族的高峰期，外域文化传入中原并在扩散、互动中与传统汉文化和习俗发生了融合，孕育着传统文化的新阶段。

2.2.1.1 建筑技术的发展为家具发展创造了客观条件

魏晋南北朝时期的都城和宫殿的兴废较以往更快，新兴王朝都注重吸收优秀的营造技术。这一时期，木构架结构取代了土木混合结构，传统木构建筑的高度和进深得到了增加，室内空间增大。另外，斗拱技术也得到了很大的发展，使殿堂楼宇的挑檐更加深远，改善了采光条件。这些建筑技术的成就为家具技术和高型家具的发展创造了客观条件。

随着佛教传播而来的各种佛寺、佛塔和石窟造像与壁画的营建活动产生了特定的建筑构造与做法。如琉璃、金属等材料被应用于建筑装饰，营造了光彩夺目、金碧辉煌的佛国之感；装饰形式上出现了建筑彩画；装饰纹样上，出现了印度、波斯、希腊等国家和地区的外来纹饰，如莲花纹、卷草纹、飞天纹、火焰纹、璎珞纹、狮子纹、金翅鸟纹等图案。这些异质文化与传统建筑的联姻，既丰富了传统建筑的营造技法，又催生了传统营造活动的时尚风潮，丰富了人们的审美感受。

这一时期，皇家园林与私家园林的发展并驾齐驱、互相促进。受玄学思想的影响，造园活动中追求意境和山水自然之美，尽量模仿自然中的山水林木，使得这一时期的园林设计呈现出了山水园林、文人园林的风貌。造园创意中把实用功能和审美统一起来，扩大材料的来源，将"丑陋"的材质，通过设计化腐朽为神奇、化丑为美，比如把形态丑陋之石置于园中作为独立的观赏对象。这种"施用用宜"的设计思想，对后来的家具形式产生了影响。

2.2.1.2 个人意识觉醒，主体意识渐趋"个性化"

魏晋南北朝时期是中国思想史上重要的时期之一。现代美学家宗白华先生认为："魏晋六朝是中国政治史上最混乱、社会最痛苦的时代，然而却是精神极自由、极解放，最富有智慧、最浓于热情的一个时代，因此也就是最富有艺术精神的一个时代。"在这个承上启下的时代，原来的规范、观念解体了，人们进一步认识自我、追求自由。因此，在居住形态上就反映出挣脱封建礼教的约束，传统礼制不再是人们信守的唯一准则，思想和生活方式趋于自然化和多样化。

2.2.1.3 生活习俗的变化为家具发展提供了决定性条件

在汉代，北方游牧民族的生活习俗就已经影响了中原，垂足起居的生活方式成为一种时尚。佛教传播过程中，高型家具由西域进入中原。魏晋时期礼教崩塌使社会风俗为之一变，皈依自然成为一种思想潮流，一些受礼教约束较少的人们更加追求自由舒适的生活而不是礼法。所以垂足而坐在生理和心理上成为当时人们追求的潮流之一，得到了推广。进而，垂足而坐成为新的习俗，这样就使得家具突破了传统模式，进入新的发展阶段。

2.2.2　魏晋南北朝时期的中国传统家具（220—581年）

魏晋南北朝时期的家具仍以矮型家具为主，因受佛教东渐和少数民族游牧习俗的影响，中国传统家具门类中的高型家具出现了。并且在高型家具的影响下，矮型家具出现了一些新的特点。

2.2.2.1　矮型家具的使用和发展

（1）床、榻、屏风

魏晋南北朝时期，床、榻、屏风和帘帐的组合使用更常见了，通过帐架形成不同的帷帐

造型，设于床榻上的屏风，一般是折扇半围屏。图2-22所示为东晋画家顾恺之的《女史箴图》中的围屏、架帐、床组合，床体很大，为魏晋时流行的箱形壶门结构；四面设围屏，半围屏前四扇，后四扇，左右各两扇，前面留有活屏出口；平顶帐，四周有帷幔，帐架直接插于床身。床前放置与床高、长相仿的置物用曲栅足案，从比例来看此组合已经具备了高型家具的特点。图2-23所示是北齐徐显秀墓室壁画中的围屏、架帐、床组合，可以看出，床上后置半围屏，床上方覆以大型四阿顶帐。

类似的，如图2-24所示为北魏宁懋石刻上的两个围屏、架帐、床组合。（a）图中的屏风是多扇式三面围屏，侧面的围屏可以曲伸开合；床体为箱形壶门结构；平顶，帐顶施加了大量的莲花、光背装饰图案。（b）图中的屏风是多扇式三面围屏，床足较高；四阿顶，帐顶

图2-22　东晋围屏、架帐、床组合

图2-23　北齐围屏、架帐、床组合

（a）

（b）

图2-24　北魏围屏、架帐、床组合

有光背轮廓图案。这两款组合应用了较多的佛教家具做法。

图2-25所示为北魏司马金龙墓中的屏床组合。石床长241cm、宽133cm、高51cm；床身正立面的雕刻图案以波浪状忍冬纹为主图案，枝蔓间填充莲花、伎乐、龙虎、凤凰、金翅鸟等图案；床足以连珠纹为边框，框内高浮雕四个大力士双手力托石床的图案，床足间浮雕层叠波纹状的忍冬图案，这些装饰做法极具时代特征。围屏由三面彩绘屏板组成，正面12块，两侧各4块，屏框插接于床身四角的方形石材屏座内；屏板厚约2.5cm，上下有榫卯（长约2.5cm），两侧上下也有榫头和卯眼（榫头宽约3.7cm、厚约0.6cm），屏板和边框、屏板间通过榫卯连接；屏板上下分为四层，每层规格约20cm见方；屏板通体髹红漆，题记及榜题（说明内容和人物身份）处再涂黄色，上面墨书黑字，其余有黄、白、青绿、橙红、灰蓝等色；屏板两面均有彩画，各层彩绘的主题和人物是帝王将相、列女、忠臣、孝子、圣贤、高人、逸士等传统故事，具有浓厚的儒家色彩。墓主司马金龙生前被封为琅琊王，可以

推断这种床和屏是当时的奢侈品，代表着南北朝时期的最高制作水平，也是南北方民族文化融合的产物。

魏晋时期，榻的造型除了高度发生了变化之外，其形制和装饰也出现了时代特征，如具有佛教气息的箱形壶门和托泥结构的应用。图2-26所示为北齐《校书图》中的榻，为箱形壶门托泥式结构，共12个足，高度已经过膝，榻体厚重宽大。

魏晋南北朝时期的床榻高度增加明显，床榻与屏帐结合更加紧密，屏风以折叠围屏为主。这种组合方式，或许是后世承尘、架子床最早的形态。

（2）案和几

魏晋南北朝时期，庋物用几和案的名称模糊，或者案几连称，或者概称为案。这一时期以长方形案面的长案为主，形体普遍增高，分为有足和无足两种。其中，有足案越来越多，案足延续了以前的局足形、直板形和直栅形做法，富有人情味的曲栅形做法开始流行，这一时期也有翘头案的做法。图2-27所示为东晋《女史箴图》中的曲栅足长案。图2-28所示为

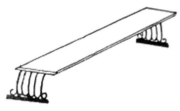

图2-25　北魏司马金龙墓屏床复原图

图2-26　北齐《校书图》中的榻

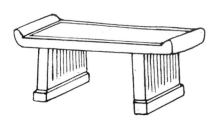

图2-27　东晋曲栅足长案

图2-28　南朝翘头瓷案

图2-29 三足凭几

图2-30 北齐单人胡床

图2-31 北魏双人胡床

长沙赤峰山3号墓出土的南朝末期直棚足翘头瓷案，通高7.5cm。

魏晋南北朝时分化出一种三足凭几，也称"隐几"。几面呈弧形，坐于床榻上时，膝前拥绕此几，供人向前凭依，或拥入坐姿时的腰部，也可将双臂凭于几上，以解疲乏。三足凭几的一足居中，左右两足分列两侧。图2-29所示是安徽东吴朱然墓出土的漆木凭几，几高26cm、弦长69.5cm，髹黑漆；几面呈扁平圆弧形；两端与中间设有外张的三个兽蹄形足，使得荷载可总落在一个支撑点上，保证了使用中的稳定。弧形曲面的造型设计圆润且倚靠时舒适，兼具艺术性和科学性。三足凭几的出现，为圈椅靠背的问世奏响了序曲。凭几在后期的发展中不断发生着变化，但从未消失，作为一种雅尚与高坐具并存。清代宫廷绘画中记载，清宫中偶有使用，虽然未必是现实生活的实录，却是传统文化的一种延续。

2.2.2.2 高型坐具的使用和发展

魏晋南北朝时期，代表性的高型坐具主要是胡床、墩、凳和绳床。

（1）胡床

胡床是东汉后期从游牧部落传入中原的高型坐具，顾名思义是胡人的坐具，又称"交床"。《资治通鉴》中对胡床的制作工艺和使用做了解释："以木交午为足，足前后皆施横木，平其底，使错之地而安；足之上端，其前后亦施横木而平其上，横木列窍以穿绳条，使之可坐。足交午处复为圆穿，贯之以铁，敛之可挟，放之可坐。"因为便于携带和随时陈设，魏晋时期，胡床在军队中使用较多，南北朝时期，胡床已普遍供家居出行使用。图2-30是北齐《校书图》中的胡床，图2-31为莫高窟北魏壁画中的胡床，出现了双人胡床的形式。胡床对后来的交椅、折叠桌的出现有着重要影响，是外来坐具中历时最长、唯一未做明显改动的家具。

（2）墩、凳

墩的形象最早见于佛教壁画，是一种无腿的圆鼓形坐具，形状像束腰的长鼓，用竹藤或草编成，也像佛教中菩萨坐的莲台或须弥座。又因其像我国古代民间捕鱼用的"筌"和捕兔用的"蹄"，且便于提拎，"蹄"发音同"提"，故民间称之为"筌蹄"。"筌蹄"是这种佛教坐具民间化的发展。后期逐渐普及成为普通坐具，统称为"墩"，无足、鼓形是其典型的特征。最早的墩见于北魏龙门石窟菩萨像，如图2-32所示，由竹编或藤编而成。图2-33是北周佛像所用藤墩，此墩极高，须弥座形制，分3层，上下层是莲花图案，中间是环形图案。后期，墩的衍生类别很多。

这一时期，还有一种菩萨用有腿方凳，是凳的最早形式。图2-34所示为敦煌第257窟北

图2-32　北魏藤墩　图2-33　北周藤墩　图2-34　北魏方凳　图2-35　西魏绳床

魏壁画中的凳，方形座面，四条腿上粗下细。此凳形制在后世沿用很长时间。

（3）绳床

图2-35所示为敦煌莫高窟第285窟西魏壁画中的绳床形象，画中的山林仙人坐在高足靠背坐具上，盘腿打坐，座面为绳编且低矮。"绳床"是早期的椅类家具形象，这个时期的绳床仅限于僧侣所用，在日常生活中的普及化不如胡床、凳、墩。上层社会由于崇信佛教而在日常生活中使用这种高型坐具的现象出现在初唐以后，在第1章图1-1中也罗列了几款早期椅类家具的形象，南北朝时期的绳床不多见。

魏晋南北朝时期，高型家具的出现，促使传统的生活方式和家具发生了变化：一是坐姿的变化，不再坚持传统跪坐形式，出现了更舒适的坐姿；二是传统家具的高度有了增大的趋势。这样的变化逐渐成为一种潮流，使得中国传统家具的发展步入新的时期。

2.3　中期的中国传统家具

隋唐到宋元是中国传统家具的中期阶段。这一时期，随着中华民族起居方式的变革，高型家具普及开来，确立了高型家具的主体地位，中国传统家具完成了从矮型到高型的转变。隋唐五代时期是中国传统家具由低型转为高型的普及期，雍容华贵的唐代家具经过200余年的沉淀，繁华尽去后回归简洁无华，被朴实大方的五代家具取代。这种追求朴素内在美的倾向，为宋代家具的形成奠定了基础。

2.3.1　隋唐五代时期的中国传统家具（581—960年）

在高型、低型家具并行发展的隋唐时期，高型家具逐渐流行起来，以桌、椅、凳为代表的新型家具分化了床榻在室内的中心地位。中国传统木构建筑领域中的柱顶斗拱做法，穿斗式阑额拉结柱身以增强大木构架的整体性的做法对传统家具的结构和造型产生了直接的影响。中唐以后，室内以空间的功能来配置家具组合成为一种趋势，有了成套家具的概念，在延续屏、架帐、床（榻）传统组合的基础上，新出现了椅桌的组合、食案与椅凳的组合等等。

这一时期，传统家具的发展有两个主要特点：一是家具进一步向高型化发展，表现在坐具类家具增多、桌和高型案的出现；二是家具向成套化发展，种类增多，并可按使用功能分类。坐卧类有椅、凳、墩、榻、床等，支承类有几、案、桌等，贮藏类有柜、箱等，架类有衣架等，其他还有屏风等。

2.3.1.1　绳床、椅、凳、墩

（1）绳床

从绳床到椅的发展是中国传统坐具有史以

来最大的变革，对传统家具的形制产生了巨大的影响，丰富了椅凳类家具的形式。南北朝时期绳床是一种"时尚"，但并不多见。《资治通鉴》中解释："绳床以板为之，人坐其上，其广前可容膝，后有靠背，左右有托手，可以搁臂，其下四足著地。"这里将绳床说成是一种高脚木板带扶手的靠背椅。最初的绳床供僧人盘坐修禅所用，椅腿不高，椅座面宽大，它的出现使坐具脱离了传统的形式。

图2-36所示为莫高窟第427窟隋代壁画《须达拏太子本生》中绘制的一张绳床，扶手立柱的上端出头，而且制作成类似勾阑望柱的莲花花苞形态，体现了明显的大木构架结构和佛教装饰做法。

在唐代和同期的日本史籍中，频繁地出现绳床，因和佛教的关系，仍然多为僧人使用。图2-37所示为初唐阎立本《萧翼赚兰亭图卷》中的坐具，图2-38所示为日本《大乘比丘十

八图》中的坐具，均是僧人所用绳床的一般形式。图2-39所示为日本正仓院南仓收藏的一把奈良时期的赤漆欟木绳床，座宽78.5cm、座深68cm、座高42cm、通高91cm，座面藤编而成；扶手前端立柱向上出头，顶端模仿勾阑望柱样式制成球形，四腿上细下粗、略带侧脚，各个构件末端和转折处均包有鎏金铜具，整体造型稳固而又挺拔。

图2-40是莫高窟壁画上中后唐的各种绳床，编织少见。从图中的形象来看，使用时的坐姿相似，盘坐或倚坐。从形制上看，这些绳床的搭脑和扶手大多出头，单扶手或两侧扶手，搭脑和扶手出现了曲线变化。关于绳床和椅子，隋唐史研究学者黄正建先生做出了这样的推测，"椅子"称呼的变化轨迹是这样：绳床—倚床—倚子—椅子。因为绳床有靠背可倚，所以逐渐有人称这种坐具为"倚床"，又因为这种倚床后来用于一般百姓家，不再使用

图2-36 隋代绳床　　图2-37 唐代绳床　　图2-38 日本《大乘比丘十八图》中的绳床　　图2-39 日本奈良时期的绳床

（a）　　（b）　　（c）

图2-40 莫高窟壁画上的唐代绳床

蒲团类垫子，所以渐渐脱离了"绳"字。"倚床"的称呼后来变成了"倚子"，到唐末，木字旁的"椅"字正式出现后就被称为"椅子"。到明清时期，仍有不少竹藤编织的椅座面，也有"藤屉"座面的专门做法。

（2）椅

当绳床用于日常垂足而坐之后，分化形成了靠背椅。靠背椅的形态到了隋唐时期发展比较迅速，出现了带搭脑的扶手靠背椅和无扶手靠背椅，搭脑也有直有曲，有的是圆搭脑或者雕花搭脑。图2-41所示为唐高元珪墓壁画上的扶手靠背椅，曲线搭脑，木构件粗大，靠背立柱和搭脑之间，用栌斗承托，借鉴了大木构架的做法，整体形貌厚重拙朴。图2-42所示为卢棱伽《六尊者像》中的雕花扶手靠背椅，座椅体大背高，搭脑与扶手出头处雕刻翘起的莲花，四条椅腿雕刻成撞钟形，数个叠落成柱而为椅腿，四腿下端是倒扣于地上的撞铃，为椅足，稳定敦实、佛教装饰浓重。画面中，该椅与一高型桌配套使用。

五代十国时期，椅子得到普遍应用。图2-43所示为日本法隆寺所藏的五代时期的扶手靠背椅，弓背形搭脑两端出头，并向上翘起；扶手两端出头，向外卷曲；背板是藤编织网状靠背；四条直腿上细下粗，椅腿的左右及后面有横枨；靠背的立柱上端与搭脑、前腿上端与扶手均以"栌斗"过渡连接。这把座椅浓缩了绳床编织和传统建筑木构架、柱式及斗拱的做法。图2-44所示南唐《堪书图》中的扶手靠背椅，延续了四出头的做法，厚重拙朴的大木构架结构大为简化。图2-45所示南唐《韩熙载夜宴图》中的无扶手靠背椅，搭脑两端翘起，结构简练细致。

中唐时期，椅类家具分化出了一种新形式——圈椅，圈椅是一种曲搭脑的扶手椅。图2-46所示为唐画《挥扇仕女图》中的椅子，反映了唐玄宗时期宫廷女性生活的情景。此圈椅两侧扶手向前卷曲、向后延伸连成一个弧圈，形成靠背，椅圈通过竖枨支撑加固，后期做法与其类似。图2-47所示《唐玄宗像》中

图2-41　唐高元珪墓壁画上的扶手靠背椅

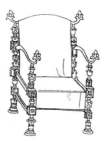

图2-42　唐雕花椅

图2-43　日本法隆寺藏
五代扶手靠背椅

图2-44　南唐扶手靠背椅

图2-45　南唐无扶手靠背椅

描绘的圈椅与图2-46形貌相似。图2-48是五代时期周文矩的《宫中图》中描绘的带托首的圈椅。这些圈椅看起来硕大厚重、讲究装饰、喜用雕刻，它们是中国传统家具史上早期的圈椅形象，为后世圈椅的发展奠定了基础。

（3）凳

这一时期的凳类家具主要有方凳、圆凳、月牙凳和长凳。图2-49所示为唐画《听琴图》中的方凳，座面正方形，曲线形边缘，四腿之下做出向内勾的勾足。图2-50所示为五代《水榭看凫图》中的方凳，座面正方形，四腿刻成曲线，下有四只如意足。图2-51所示为《挥扇仕女图》中的月牙凳，凳面呈月牙形、铺绣垫；腿间有壸门牙条，其上装金属环，环上有彩穗流苏；勾脚，用镶嵌、雕刻装饰，整体形态丰满圆润、精细华丽。图2-52所示为五代周文矩《宫中图》中描绘的圆凳形象。图2-61中的（a）图上有长凳形象。

（4）墩

这一时期的墩以圆墩为主，唐代壁画中多处可见佛教气息浓厚的墩，图2-53所示腰鼓形圆墩更具民间气息。五代时，出现了面上覆盖织物的绣墩。

2.3.1.2 桌、案、几

（1）桌

在唐代，开始使用桌类家具，桌有佛教场合中的经桌和民间用方桌。图2-54所示为《六尊者像》中僧人用经桌，（a）图所示经桌为长方桌，有束腰、壸门牙子及托泥做法；桌面边立面（桌面面沿）、束腰、牙板以及四条腿外立面（看面）均做雕刻装饰；在画中，经桌与一绳床配合使用。（b）图所示经桌为方桌，有枨子、牙板做法；桌面的四边立面（桌面面沿）和腿均做雕刻处理；在画中，经桌与图2-42所示的雕花椅配合使用。这两张桌子均为框架结构，造型厚重、华美。

图2-46 唐《挥扇仕女图》中的圈椅

图2-47 《唐玄宗像》中的圈椅

图2-48 五代《宫中图》中的圈椅

图2-49 唐画《听琴图》中的方凳

图2-50 五代《水榭看凫图》中的方凳

图2-51 唐《挥扇仕女图》中的月牙凳

图2-52 五代《宫中图》中的圆凳

图2-53 唐代壁画中的腰鼓形圆墩

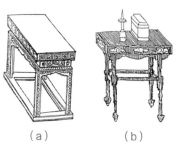

（a） （b）

图2-54 唐《六尊者像》中的经桌

图2-55 唐《庖厨图》中的方桌

图2-56 五代《韩熙载夜宴图》中的长方桌

图2-57 五代《韩熙载夜宴图》中的方桌

图2-58 唐直栅足翘头案

图2-59 唐曲栅足平头案

图2-60 唐供案

图2-55所示为莫高窟晚唐第85窟壁画《庖厨图》中的两张方桌，为民间用桌，形制相同，仅由四根独立的腿足支撑，无装饰。

图2-56、图2-57所示为五代《韩熙载夜宴图》中描绘的长方桌和方桌，二者形状不同，其他类似，在桌面与腿的交角处均有牙子，腿间前后为单枨，左右为双枨，整体造型隽秀简洁。

（2）案

唐代矮型案主要有书案、香案等，做法上有平头和翘头、直栅足和曲栅足之分。图2-58所示为岳阳桃花山唐墓出土的直栅足翘头矮型瓷书案，面长13cm、宽10cm、高5cm；结构上借鉴了传统木结构建筑的做法，如栌斗、侧脚收分、栅足下带有托子。图2-59所

示为唐代王维《伏生授经图》中的曲栅足矮型书案，案足由4根略弯曲的条木和1根横木组成，"举案齐眉"的典故由此而来。

盛唐后，出现了形体增高、加大的供案、食案和书案等。图2-60所示为唐《六尊者像》中僧人用供案，案面两头翘起，有高束腰；四条腿上端彭出，顺势而下，形成向外撇的外撇足；腿的上端之间有牙条，前后有拱形花枨。图2-61（a）所示为敦煌第473窟的唐代壁画，画中多人围坐宴饮，所用为食案和长凳。食案案面很长，两边配套相同长度的长凳，这是一种供公共场合或聚餐用的成套家具。图2-61（b）所示为《宫乐图》中表现的盛唐贵妇宴乐的景象，大家围坐在一个装饰华丽的大食案周围，高足食案为壶门加托泥的榻式案，与月牙

（a）敦煌壁画

（b）《宫乐图》中的大食案

图2-61　唐代食案

凳配合使用，浑厚华贵。从这两幅图来看，唐代食案属大型案，以平头案、箱形壶门结构为主。

五代时期，有矮型案也有高型案。图2-62所示为五代《重屏会棋图》中的翘头书案，画中老者垂足坐于案前，此案属高型案，案面与腿间有云纹牙子，曲棂足，足底有台座。

（3）几

在唐代，满足矮坐需要的凭几依然存在。图2-63所示为吐鲁番阿斯塔纳唐墓出土的双足凭几，其上有彩绘花鸟纹饰。唐代后期，凭几分化为两种：一种介于凭几和椅子之间的形式，被称为"养和"或"隐背"，是去掉扶手和四足的椅，座面和靠背采用可躺可折的形式；另一种被称为"搁足之几"，与凭几的高矮和长短有区别，成为宋代"懒架"的前身。这些分化后的凭几作为一种雅尚而与高坐具并存。除了凭几，隋唐时期还出现了专门的高型花几，是架具功能的拓展。

2.3.1.3　床、榻、屏风

（1）床、榻

隋唐时期的床榻变化不大，有平台四足床和箱形壶门床（榻）。到五代时，床、榻高度增加的同时，出现了一些新的变化。图2-64所示的五代《重屏会棋图》中箱形壶门床的床头出现了衣架状横栏杆，是五代时床的新形式。图2-65所示的五代《韩熙载夜宴图》中的屏风榻，三面屏风围合，榻与屏风在结构上结合了起来；该榻呈半封闭式，榻前侧有扶手式挡板，左、右、后三面装有较高的围屏，屏心均有装饰。该榻足座明显增高，榻前不是放案几，而是放桌椅，说明这个时候的起居方式有了很大的改变。图2-66所示为五代寻阳公主墓中的木榻，长188cm、宽94cm、高57cm；榻面用多根间隙排列的木条，中间出单榫与榻面抹头作透榫连接，大边和抹头的交接处采用45°格角榫，榻面与腿以简化的插肩榫连接；榻的腿部采取了如意云纹牙子的结构装饰做法，各部件之间，使用铁钉加固；此榻是典型的框架结构，高度增加明显，榫卯使用较多。此榻间隙排列的木条上铺设簟席，通风透气，与南方的气候环境适应。此榻也与五代王齐翰《勘书图》中的榻形制几乎相同，如图2-68所示，可见此形制是这个时期流行的样式。

（2）屏风

唐代时，插屏应用较多；五代时，士大夫阶层喜用围屏。五代时的围屏形体上普遍较高；在装饰上，以山水花草为题材，手法写实，有的还题诗作赋；在结构上，大都是木骨

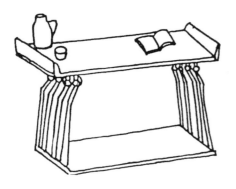

图2-62　五代翘头书案

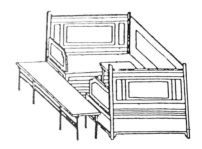

图2-63　吐鲁番唐墓凭几

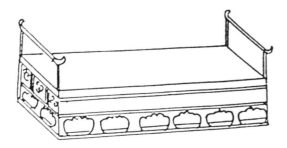

图2-64　五代栏杆床

图2-65　五代《韩熙载夜宴图》中的榻

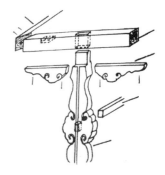

图2-66　五代寻阳公主墓中的榻及腿部插肩榫结构示意

图2-67　唐代壁画上的插屏

图2-68　五代王齐翰的《勘书图》

架，骨架上用纸或锦裱糊，然后在其上描绘山水花草，这是隋唐五代时的一种风尚。图2-67所示为莫高窟唐代壁画上的插屏，山水画题材装饰，下有抱脚站牙、两边站牙组合成了墩式足。图2-68所示为五代王齐翰的《勘书图》，画中的屏风占据了画面大部分空间，反映了当时的生活方式，记录了当时贵族家庭的陈设和生活风貌。画中的围屏是三叠屏风，中叠宽阔，左右两叠稍窄，以山水画题材装饰，扇间以金属件连接，下有抱脚站牙，形成墩式足。屏风以青绿设色法描绘江南山水的旖旎风光。跌宕起伏的山川，葱郁茂盛的林木、田舍，与船帆、桥梁以及流动变幻的烟雾云霭，组合成一个人间仙境。这样的构思布置，使勘书者虽未隐居岩穴，却达到了宛若置身山林的境界。后代的宋人认为王齐翰所绘题材"多思致，好作山林丘壑隐岩幽卜，无一点朝市风埃气。"这样的特点也反映出这个时期仕人们的精神追求。

2.3.2　宋元时期的中国传统家具（960—1368年）

　　宋代的理学思想是儒家思想经过积累后的发展，继续影响着社会政治、经济和思想。宋代虽然外患不断，但内部稳定，南方城市经济繁荣。宋代是中国古代科技发展中的巅峰时期，除四大发明外，在瓷器、造船、天文、航海等领域亦独领风骚。宋代重文轻武，形成了"满朝紫金贵，尽是读书人"的局面，皇帝与士大夫共治天下，在文学、书法、绘画、手工艺等领域形成了崇尚"精神境界，反对浮靡"的审美追求，提倡艺术表现形式和表现手法要含蓄、有内涵，而且手法要工致劲道。此外，宋代还是中国传统建筑技术的总结期。北宋编修的建筑造作专著《营造法式》将传统建筑进行了制度化和定型化总结，从管理、设计与造型、构造与材料、施工规范、标准图样、工种制度等方面对传统

建筑的做法进行了整理，提出了结构设计中的模数概念等。这样的背景促进了宋代家具方正秀直、简练质朴、清新雅致、严谨含蓄的特征形成。

　　同时期，辽、金两个政权与宋并存，他们在继承唐宋高型家具的同时将草原游牧文化融入了家具之中，促进了传统家具的民族化、地域化发展。元朝的家具受汉文化、民族、地域、宗教等多种因素影响，呈多元化发展的趋势。元代的家具既沿袭宋代传统，又体现蒙古族民族特征，还吸收了当时的西亚家具文化，呈现出浑圆曲折、雄健豪迈及注重装饰的特点。其中，有些特点和做法对后世的家具影响深远，如抽屉桌、围子床、裹腿做、罗锅枨、霸王枨、曲线腿型等。

　　总体来说，宋元时期传统家具主要的时代特征如下：一是高型家具普及；二是中国传统家具的造型、结构、装饰、工艺等要素发展成熟，传统家具的特征基本明晰；三是注重家具成套配置与日常起居相适应。

2.3.2.1　椅、凳、墩

　　椅、凳、墩是宋元时期坐具的主要门类，它们以桌子为中心构成了家具组合的新格局。

　　（1）椅

　　这一时期的椅类家具主要有靠背椅、圈椅和交椅，靠背椅又分为无扶手靠背、四出头靠背椅和矮靠背扶手椅等。

　　图2-69所示为宋元时期的无扶手靠背椅。（a）图为河北钜鹿（今河北省巨鹿县以北）出土的木椅实物，有传统建筑大木作的特征，被认为是典型的宋代风格，又称"灯挂椅"；椅全高113cm、宽59cm，以圆料为主，直搭脑（略有弧度且后弓），椅腿向外略倾，腿间用阑额状横木（直枨）联结，座面下有雀替状角牙，视觉上严谨稳定。（b）图为辽代无扶手靠背椅，曲搭脑；椅全高50cm、座高22cm，以方料为主，座面边抹十字搭接，前足间装壶门形开光的牙条。（c）图为金代无扶手靠背椅，

搭脑出头且较长，座面下有曲尺形牙子。三把靠背椅的共同之处在于：框架结构、攒边打槽装板结构的座面、有牙子（角牙或牙条）、"步步高"式的横枨、椅前端有管脚枨。主要的不同之处在于：宋代靠背椅构件线条感强烈，且突出了竖向的挺拔感，辽、金的靠背椅更显敦实厚重。

图2-70所示为宋元时期的四出头靠背椅，（a）图为日本正仓院收藏的宋代四出头靠背椅，又叫"四出头官帽椅"，体形宽大，以圆料为主，设角牙和托泥。（b）图为辽四出头靠背椅，座面高58.5cm、座面宽43cm、座面深26cm。（c）图为山西大同金墓出土的四出头靠背椅，构件以圆料为主。

图2-71所示为宋画《十八学士图》中描绘的矮靠背扶手椅，靠背和扶手在同一高度，且与座面垂直。座面下有一个与座面大小相同的脚踏，使用时抽出作为脚垫，不用时推回放于座下。这件座椅以线为主，构图严谨，秩序感强烈，整体形态质朴、庄重无华。

图2-72所示为南宋《会昌九老图》中描绘的圈椅，构件以圆料为主，秀气简练，线条感强烈。

图2-73所示为宋画《清明上河图》中的交椅，宋代时流行，由胡床发展而来，尺寸增高，有靠背，座面编织成软屉。在交椅的基础上，发展出了一种"圈交椅"，主要特征是有扶手有靠背，扶手从椅背顺延而下形成椅圈，又称为"太师椅"，图2-74所示为宋画《春游晚归图》中的圈交椅。太师椅有的靠背中央带有荷叶托首，有的不带托首，没有托首的太师椅靠背中央加宽。

（a）宋无扶手靠背椅　　（b）辽无扶手靠背椅　　（c）金无扶手靠背椅

图2-69　无扶手靠背椅

图2-71　宋矮靠背扶手椅

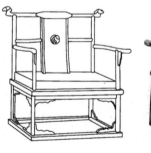  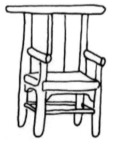 

（a）宋四出头靠背椅　　（b）辽四出头靠背椅　　（c）金四出头靠背椅

图2-70　四出头靠背椅

图2-72　宋圈椅

图2-73 交椅　　　图2-74 圈交椅

（2）凳

这一时期的凳类家具主要有长凳、方凳、圆凳、机凳、胡床等。图2-75所示为宋元时期的凳类，做法较多。（a）图为宋代带托泥做法的方凳，也有不带托泥做法的方凳，还有带托泥做法的长凳、圆凳等。（b）图为宋代圆凳。

（3）墩

这一时期的墩以鼓形圆墩为主，使用普及，有木制的、藤编的、陶制的、石制的，也有座面铺设织物的绣墩。在图2-76中，（a）图是宋画《十八学士图》中的藤环墩，藤条编造，开光做法，墩面包覆织物，墩底带托泥，

（a）方凳　　　（b）圆凳

图2-75 宋凳

（a）宋藤环墩　　（b）辽五开光圆墩

图2-76 墩

托泥下有龟足。（b）图是一个辽代五开光圆墩，无束腰，带托泥，开光做法。

2.3.2.2 桌、案、几

宋元时期，桌、案、几的使用格局发生了变化，桌子使用比重大幅增加，传统的矮型几、案减少了。

（1）桌

宋元时期，桌一开始就是以高型家具的面貌出现的。桌的种类主要有方桌、条桌、抽屉桌、折叠桌、琴桌、炕桌、供桌等。新式的高案与条桌形制相似，主要有食案、书案等。

图2-77所示为宋元时期的（长）方桌。（a）图为河北钜鹿出土的木桌，以圆料为主，桌面为长方形，前后是单枨，左右是双枨，桌面与腿交角处有牙子；此桌有传统建筑大木作的特征，结构合理，比例匀称，被认为是宋代家具风格的代表。（b）图为辽代长方桌，以圆料为主，前后左右均双枨，施加了矮老和卡子花。（c）图为金代长方桌，高72cm、桌长79.5cm、宽53cm，与宋代长方桌做法类似，但显厚重。（d）图是内蒙古巴林右旗白音尔登苏木辽墓出土的木桌，桌面长方形，琴腿，柏木，施红彩，桌面为攒边打槽装板结构，有琴腿状矮老。（e）图是辽宁金代墓室壁画上的方桌，有横枨，施矮老，腿上饰以云纹装饰。（f）图是山西大同元代冯道真墓室壁画上的方桌，桌面为攒边打槽装板结构，面沿较厚，无束腰，鼓腿彭牙，如意形足，鼓腿彭牙与内勾的如意形足使得线条过渡自然、流畅。从图中来看，这一时期，桌腿的装饰做法较多。

图2-78所示为宋代的条桌，（a）图是宋画《半闲秋兴图》中的条桌，无枨，如意形足。（b）图是宋画《西园雅集图》中的宽长桌，桌体宽大，如意形足，足下有托泥，托泥四角有龟足；从画中的方凳来看，二者的做法很相似，属配套组合家具。

图2-79所示为宋辽金时期的折叠桌，此桌见于山西岩上寺金代壁画，这是一种新兴家

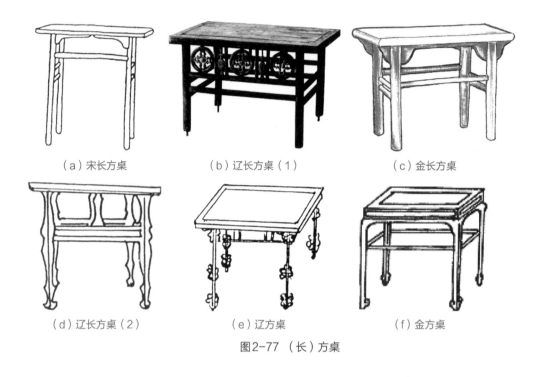

（a）宋长方桌　　　　（b）辽长方桌（1）　　　　（c）金长方桌

（d）辽长方桌（2）　　　　（e）辽方桌　　　　（f）金方桌

图2-77　（长）方桌

（a）宋画《半闲秋兴图》中的条桌　　　（b）宋画《西园雅集图》中的宽长桌

图2-78　条桌

具，借鉴了胡床的折叠结构。图2-80所示是宋画《听琴图》中所用的琴桌，属于一种特殊的功能性家具，在功能和材料上，考虑了共鸣和扩音效果，整体造型清秀隽永。

图2-81所示为元代的抽屉桌，是元代的新兴家具，见于山西文水元代墓壁画；桌面下有两个抽屉，抽屉面上有装饰，有拉手；前腿三弯腿，兽蹄足，腿上端有托角牙子，后腿直腿，足下有托泥。

（2）案

宋代之前的案大多低矮，到了宋代，案的高度和桌接近。宋代的案在功能上呈现多样化，有画案、供案、书案、柜案和食案等。宋代以后，案和桌逐渐发生了分离，桌更趋于实用功能，案趋于陈设功能。图2-82所示为宋画《孟母教子图》中先生所用的书案，此案前后无枨，左右双枨，有牙条和牙头；这种造型的案，是宋时流行的式样。

图2-79 金代壁画
上的折叠桌　　图2-80 宋画《听
琴图》中的琴桌　　图2-81 元代墓壁
画上的抽屉桌　　图2-82 宋画《孟母教子
图》中的书案

（3）几

宋代几的种类以花几、香几为主，也有专门用于宴饮的宴几（燕几）。燕几是宴会用几的专属名称，可以根据宾客的人数来确定数量，是一类组合家具，是中国传统家具发展过程中的标准化、模数化设计思想的体现。

2.3.2.3　床

在宋画中有一些床榻的形象资料，保留着隋唐五代时的形制，大多无围子，一般还要配备凭几作为辅助家具。从出土的实物和墓葬壁画看，辽、金、元时期的床，已有三面或四面装有栏杆和围板的。由于胡床是由北方游牧部落所创造的，而三面或四面有栏杆的床榻又以辽、金、元时期的品种最多，由此看来，高足家具是从北方向南方传播的，在中原地区流行时又得到了普及和发展。

在图2-83中，（a）图为宋画《宫沼纳凉图》中的床，该床是魏晋以来一直沿用的箱形壶门结构，由于如意形足的装饰，箱体显得轻盈。此类家具中，也有在托泥之下施加龟足的做法，使得这种构造的箱形结构愈加轻巧。（b）图是内蒙古解放营子辽墓出土的床，床上有围栏、围板，四角的床栏柱上有雕刻的柱头；床面下有长方形底座，底座正面装饰壶门形开光，内涂朱红色漆。（c）图是山西大同金代道士阎德源墓出土的床，长40.4cm、宽25.5cm、高20cm；从体量上看，该床应该是一个婴儿床；该床由琴腿、床板、床柱、围板组成。（d）图是南宋《事林广记》中描绘的

床，床体很大，三面有围栏，后侧栏杆高，两侧栏杆低，后面围栏内镶板，菱形中施以万字纹装饰；足间有管脚枨，床面与腿交角处有牙头装饰；床前设有脚踏。

2.3.2.4　柜、箱、橱

在宋元时期，柜与箱的区别趋于明显。前者形体一般比较高大，柜下常用足座，柜门常多加锁具。箱往往体量小于柜，有盖。橱的体量也小于柜，往往置于桌案之上使用。

2.3.2.5　其他类

（1）屏风

宋代以来，士大夫阶层对屏风的使用更加普及，几乎是有堂必有屏风。屏风通常被置于厅堂的正中间，家具则以屏风为背景设置，成了一种固定的家具组合模式。宋代的屏风沿用隋唐五代时的座屏和围屏，装饰内容仍以山水风景图案为主。宋代还出现了两种小型的座屏——枕屏和砚屏。枕屏是放置于床榻端头的小型屏具，起遮蔽作用和装饰作用；其长度接近床榻宽度，低矮横长，其他方面与大型的座屏无异。砚屏是一类起装饰作用的小座屏，山西大同阎德源墓出土了一件杏木砚屏，由云头底座和屏身两部分组成，通高28.8cm、长25.7cm、宽19cm，正面镶嵌大理石屏心。在图2-84中，（a）图所示为山西长治郝家庄元墓壁画中的插屏，插屏为攒边打槽装板结构：顶部格扇内镶嵌炮仗洞绦环板；其下格扇内镶嵌彩绘植物图案的心板，也有可能镶嵌瓷屏心；下部格扇内镶嵌壶门形开光绦

环板。整个做法似传统建筑中的格扇门，简练、统一且极具力量感。（b）图、（c）图所示为山西大同李氏崔莹墓中的陶屏风模型。（b）图中的插屏上部屏心使用了斗簇工艺，其他做法与（a）图的做法类似，极具建筑化特征。（c）图中的插屏突出之处就是大量使用绦环板，也极具建筑化特征。这三个屏风展现出来的特点和宋代屏风追求自然写意的特点有很大不同。

总之，宋元时期屏风的造型、装饰以及它蕴含的文人雅兴对后世影响很大，以书画作为装饰，使用各种石材作为屏心，这些做法直到明清还在普遍使用。

（2）架

宋代的架类家具种类繁多，有灯架、衣架、盆架、镜架、鼓架等许多种类，其中，衣架和盆架是主要形式。这一时期的衣架以横杆衣架为主，盆架以曲足盆架为主。

2.4 晚期的中国传统家具

这一时期是中国传统家具发展中的鼎盛时期，形成了明式家具风格。明代家具和明式家具是不同含义的概念，明代家具专指在明代制作的家具，是一个时间概念；明式家具是一种工艺美术风格的概念，时间上，明式家具经历

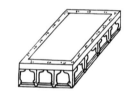
（a）宋画《宫沼纳凉图》中的床

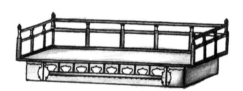
（b）内蒙古解放营子辽墓出土的床

（c）山西大同金墓出土的床

（d）南宋《事林广记》中的床

图2-83　宋元时期的床

（a）山西长治郝家庄元墓壁画中的插屏

（b）山西大同李氏崔莹墓中的陶屏风模型（1）

（c）山西大同李氏崔莹墓中的陶屏风模型（2）

图2-84　元代的屏风

了从明到清中前期。促成明式家具风格形成的主要因素有：一是农业和手工业不断发展，商业和城市经济繁荣了起来，明中叶以后，资本主义生产关系开始萌芽，进一步促进了城镇乡村集市的繁荣；二是当时有不少工匠总结了前人在生产实际中积累的经验，编撰了一些有关家具的专门著作，形成了家具制作的理论指导，如《鲁班经》，总结了2000多年来建筑与家具营造经验，是一部家具历史总结和家具制造规范著作；三是明、清之际，海禁开放，促进了对外贸易的发展，名贵硬木从东南亚的输入和南方优质木材的北运，为明式家具的发展奠定了物质基础；四是文人雅士的参与，既探讨家具审美与设计，又为家具融入了中国传统的哲学思想。

2.4.1 明代家具（1368—1644年）

明代家具品种繁多，主要有椅凳类、桌案类、床榻类、柜架类和其他类。

2.4.1.1 椅凳类

（1）椅

经过宋元时期的发展，明代的椅凳形式更加丰富多样，和高足的桌案构成了室内的典型组合。明代的家具实物中，椅凳类家具最多，形体特征和工艺风格不尽相同，各有所长。明代的椅类家具多以"正襟危坐"为功能出发点，不仅满足了仪式、社交、伦理上的需求，似乎也在于一种文化上的表达。从某种意义上说，明代座椅或许不是最佳休息用具。明代的椅类家具主要有：靠背椅、扶手椅、圈椅、交椅、躺椅和宝座。

靠背椅是一种只有靠背没有扶手的座椅，在五代时期就已流行，灯挂椅是明代靠背椅的主要样式。灯挂椅靠背窄而高，椅背由一根搭脑、两根立柱和居中的靠背板组成，依据搭脑的两端是否出头来进一步命名。在图2-85中，（a）图所示为明代花梨木大灯挂椅，座面宽57.5cm、座面深41.5cm、通高117cm；椅盘下有鱼肚形券口牙子；四根管脚枨是"赶枨"

的做法，又称为"步步高"。（b）图所示为明代直搭脑灯挂椅，搭脑一木而刻出三段相接之状；靠背板从侧面来看，最下一段接近垂直，中段渐向外弯出，到上端又向内回转，弧度柔和自然，基本贴合人背的曲线；靠背立柱与后腿一木连做，椅盘以上构件是圆形断面，以下则为外圆内方，便于和枨子连接；四根管脚枨也是赶枨的做法；椅盘下正面有素券口牙条，侧面及背面用素牙条。（c）图中的灯挂椅椅盘下施加了弓背牙子，（d）图中的灯挂椅椅盘下施加了罗锅枨及矮老。

扶手椅是有靠背也有扶手的座椅，常见的形式是官帽椅（又有四出头官帽椅和南官帽椅之分）和玫瑰椅。

四出头官帽椅的局部变化较多，表现出的意趣迥异。图2-86（a）代表了四出头素官帽椅的基本式样，与五代时期的四出头扶手椅做法极为相似，搭脑扶手都是直线形的，上粗下细的联帮棍安装在扶手的正下方。椅盘下用罗锅枨加矮老，管脚枨略有变化，没有使用素圆棍，而是在中间起剑脊棱，来表达整个素面平易之中的变化，静穆凝重之余，更显隽永大方。多数四出头官帽椅使用曲线材处理靠背搭脑和扶手，如图2-86（b）所示，座面上的主要构件弯度较大，借用曲线取得了柔婉的效果。椅盘下用壸门券口牙子，券口正中雕卷草纹，靠背处有浮雕。同样是四出头官帽椅，但由于线条的变化和组织使得风格表现完全不同。

搭脑和扶手不出头的官帽椅称为"南官帽椅"。图2-86（c）是高靠背南官帽椅，在靠背板上浅浮雕螭纹图案，造型简练柔和。图2-86（d）是扇形南官帽椅，在靠背板上浮雕牡丹纹团花图案，造型舒展凝重；扇形座面前宽后窄，搭脑向后弯出，管脚枨用明榫，保留着大木作的手法。

玫瑰椅在南方地区又被称为"文椅"。玫瑰椅体量不大，方形座面，靠背、扶手与椅盘垂直，注重装饰。一般椅背与扶手处均有不同

（a）黄花梨大灯挂椅　　（b）直搭脑灯挂椅　　（c）弓背牙子灯挂椅　　（d）罗锅枨灯挂椅

图2-85　明灯挂椅

（a）直材四出头官帽椅　　（b）弯材四出头官帽椅　　（c）高靠背南官帽椅　　（d）扇形南官帽椅

图2-86　明扶手椅

（a）黄花梨六螭捧寿纹玫瑰椅　　　　　　（b）鸡翅木双座玫瑰椅

图2-87　明玫瑰椅

形状或者不同风格的装饰，如雕花板、券口牙子、横枨加矮老或卡子花等。在图2-87中，（a）图为黄花梨六螭捧寿纹玫瑰椅，座面宽61cm、座面深46cm、通高87cm；靠背板透雕六螭捧寿纹，扶手下施加透雕螭纹卡子花；椅盘正面壶门券口牙子上浅浮雕龙纹，椅盘侧面壶门券口上浅浮雕回纹。（b）图为鸡翅木双座玫瑰椅，座面宽109.5cm、座面深51.7cm、通高96.2cm，这件玫瑰椅形制较罕见。

圈椅因其靠背与扶手如圈而得名，又叫"圆椅"，西方人称之为"马掌椅"，大多成对使用，如图2-88所示。圈椅始见于五代，至明代流行。圈椅用材多为圆材，扶手一般均出头，下承鹅脖，与整体连成一气。圈椅靠背曲线近于人体坐姿脊椎曲线，同时，椅圈扩展了座位的有效空间，比相同座面的扶手椅大出近20%的空间。椅圈向后弓出提供了人体后靠更理想的倾斜角度，由常规的98°增加到108°。椅圈把搭脑和扶手连为一体，使造型更趋简练，并保证人体肩臂在椅圈的支托下进入更舒适的状态。圈椅的线条变化中包含着功能体现，融形式美于结构之中。

明代交椅分为圆靠背和直靠背两种，到了清代，其在实际生活中的使用越来越少，逐渐被淘汰。图2-89（a）所示为黄花梨圆靠背交椅，图2-89（b）所示为直靠背交椅。直靠背交椅有些有扶手，有些没有，有扶手的有时也被设计为"躺椅"。

明代的躺椅也有两种，一种是采用交椅形式的，与图2-89（c）所示形式类似，也被称为"醉翁椅"。明代仇英的《饮中八仙歌图卷》中出现了第二种躺椅形象，这是一种可调节靠背的坐具，椅下有可以抽出和推入的脚踏，如图2-90所示。

宝座是一类特殊的座椅，是宫廷和高级府

图2-88　明圈椅

（a）黄花梨圆靠背交椅　　　（b）直靠背交椅　　　（c）躺椅式交椅

图2-89　明交椅

邸专用坐具，明代的宝座实物非常少，在壁画和传世的绘画资料有记载。

图2-90　明躺椅

（2）凳

凳类家具的种类主要有：方凳、圆凳、条凳、春凳、脚凳等。按照传统家具的做法，上述凳子可分为"有束腰"和"无束腰"两大类。无束腰凳类的基本特征是：圆材、直足和直枨，装饰不多；结构上吸取了建筑木梁架的做法，四足有侧脚，用材粗硕，给人厚拙稳定的感觉。有束腰凳类的基本特征是：大多数用方材，有的足端有马蹄足，有的为三弯腿，有的是鼓腿彭牙。在图2-91中，（a）图所示为黄花梨无束腰长方凳，落堂凳面，腿子外圆内方，上侧的腿枨在同一个平面上，光素牙子，结构简练。（b）图所示为黄花梨有束腰长方凳，落堂凳面，有束腰，曲腿内翻马蹄足，四面罗锅枨。

（3）墩

明代坐墩以圆鼓形为主，又被称为"鼓墩"。根据墩身开光与否，有开光与不开光之分。座面形状有海棠形、梅花形、瓜形、椭圆形等。在图2-91中，（c）图为明代紫檀四开光弦纹坐墩，（d）图为明代瓜棱式坐墩。

2.4.1.2　桌案类

（1）桌

明代桌子可分"有束腰"和"无束腰"两种类型。明代桌中"一腿三牙"的结构做法是典型的桌子样式。桌子的命名，一般与桌面的形状有关，如方桌、圆桌、半桌、条桌、月牙桌等。另外，也有以桌子的用途命名的，如：放在炕上或床上使用的桌叫"炕桌"，为弹琴而设的桌叫"琴桌"，为下棋而设的桌叫"棋桌"，诸如此类的还有茶桌、酒桌、书桌、画桌等。这些桌子因用途不同，在造型结构上也略有不同。

在图2-92中，（a）图所示为榉木霸王枨方桌，宽91cm、高81cm，光素桌面攒边打槽装板而成，冰盘沿；束腰与牙条一木连做，束腰打洼，牙条边沿起阳线与腿过渡衔接；方直腿与牙板用抱肩榫连接，四腿内安装霸王枨，霸王枨一头与腿用勾挂垫榫连接，而另一头蜿蜒而上，以销钉固定在桌面下的穿带上；内翻回纹马蹄足。（b）图所示为黄花梨展腿式半桌，束腰较矮，长104cm、宽64.2cm、高87cm；腿足虽然一木连做，但上下部分的造型差别很大，就像接起来的一样，上部分方材三弯腿外翻马蹄足，下部分圆材直腿，柱础式足，这样的形式也见于方桌。（c）图所示为紫檀裹腿罗锅枨画桌，长190cm、宽74cm、高78cm；无束腰，裹腿做罗锅枨，直贴桌面之下；罗锅枨提高后，腿内侧有霸王枨辅助支撑。（d）图所示为月牙桌，通体采用黄花梨，有束腰，带托泥；牙腿相交，采用插肩榫，下有托泥和支承托泥的小足；壸门牙条两端透雕云纹。

（2）案

明代的案用途广泛，在形制上与桌、几有所不同：一是案面多为长方形或长条形，所以也叫"条案"；二是案腿足缩进面板内安装，齐面板两端安装的，称之为"桌"或"几"；三是案的前后两腿间大多镶有圈口、券口或挡板。案面两端有两种形状，一类是平头案，另一类是翘头案。案的腿足与案面及牙条的连接方式，以夹头榫或插肩榫两种榫结构为主。案与桌的用途相仿，大案一般置于厅堂正中，一般不常搬动，上面置放各类摆设；小型案较为轻便，用途较多，有的作为书案，有的作为画案，也有放书斋、卧室中供摆放日常用品之用。

（a）黄花梨无束腰长方凳　　　（b）黄花梨有束腰长方凳　　　　（c）紫檀四开光弦纹坐墩　　　　（d）瓜棱式坐墩

图2-91　明凳、墩

（a）榉木霸王枨方桌　　　　　　　　　　　　（b）黄花梨展腿式半桌

（c）紫檀裹腿罗锅枨画桌　　　　　　　　　　　（d）月牙桌

图2-92　明桌

在图2-93中，（a）图所示为鸡翅木夹头榫直枨式平头案，长87cm、宽43cm、高79.5cm；光素案面，面下装素牙条，足下安托子；托子以上挡板部位装三根直枨，十分简洁；案面与腿用夹头榫连接。（b）图所示为黄花梨夹头榫翘头案，长126cm、宽40cm、高86.5cm；该案牙子用材较厚，表面并非平扁而是中间隆起，向四边渐渐铲出斜坡，周围又加刻一道阴线，牙条与牙头有包裹腿足之感，与一般的夹头榫外貌不同，予人以精神饱满之感；整器形态简洁、大方。（c）图所示为黄花梨插肩榫翘头案，长140cm、宽28cm、高87cm；案面厚约3.5cm，翘头与抹头一木连做；沿牙、腿边缘起灯草线，腿足正中起两炷香线脚；插肩榫两侧在牙条上各挖卷云一朵，

卷云稍稍向内倾仄，云下又生出小小钩尖；案腿中上部做出花叶轮廓，似蚂蚱腿，恰好在其宽阔部位，凿眼装横枨两根；足端雕刻卷云纹，与南宋画中所见的案足有相似之处；此案形态简洁，质朴大方，有雅致灵巧之感。

（3）几

在高型家具流行的明代，几的地位低于桌、案。几的尺寸比桌子小了许多，一般采用三块板直交而成"几形结构"。根据用途不同而有炕几、条几、香几等。但其中的香几，虽名为"几"，却与传统的"几形结构"区别较大。香几主要用于摆放香炉，明代时，富贵之家有在书房、卧室内焚香熏屋子的习惯，香几流行。香几的几面有方形、长方形、圆形、海棠形、梅花形等样式，圆形面板的居多，称之

（a）鸡翅木夹头榫直棍式平头案　　（b）黄花梨夹头榫翘头案　　　　（c）黄花梨插肩榫翘头案

图2-93　明案

（a）铁力木开光板足条几　　　　　（b）黄花梨攒框板足条几

图2-94　明条几

"圆形香几"。香几的腿足有三足、四足、五足等式样，腿部大多是三弯腿的形式，直腿的香几很少见。

在图2-94中，（a）图为铁力木开光板足条几，用三块铁力木整板制成，长191.5cm、宽50cm、高87cm；该几直角相交处用闷榫接合，倒掉锐棱后成圆角；几面光素，纹理美观、自然；板足椭圆形开光，卷书式足用另外的木料拼接而成，两个看面均打洼处理；造型别致，稳重大方，有典雅清新之感。（b）图为黄花梨攒框板足条几，长177cm、宽40cm、高84cm；该几结构可拆装，几面光素，两端做成翘头；攒框结构的板足，框内镶云纹浮雕嵌板，内翻马蹄足；造型简洁，形态端庄典雅。

在图2-95中，（a）图为黄花梨三足香几，面径43cm、高89cm，彭牙以插肩榫与几腿相连，几面用四段弧形大边攒成圆框，木框镶板心；立面做成冰盘沿线脚，直束腰下与浮雕卷草纹的牙子相接；三弯腿，足下端与带龟足的圆托泥相交。（b）图所示为黄花梨四足八方香几，八

边形几面，方形的托泥下有龟足支承。（c）图所示为红漆嵌珐琅面香几，高束腰上分段镶装绦环板，壸门式牙条；三弯腿下端外翻如意云足，浮雕卷草纹，下承圆珠，落在须弥式几座上。

（a）黄花梨三足香几　　（b）黄花梨四足八方香几　　（c）红漆嵌珐琅面香几

图2-95　明香几

2.4.1.3　床榻类

（1）床

到了明代，家具分工越来越精细，床和榻的概念也就更加分明。作为专门的卧具，床完全退居到了寝室，形制上也越来越强调私密性。流传至今的实物中，床主要有两类：一类

是床、帐结合的架子床，另一类是床、帐、廊结合的拔步床。

架子床是一种有柱、有顶盖的床的统称。四柱、六柱的架子床都有，一般在床身四角处安四个立柱，立柱托起顶盖，顶盖四周多装有楣板。床面上的两侧和后面均装有矮床围子，有的是用小块木料攒斗而成的花格床围子，有的是屏板式，也有其他的样式。床屉则因地区而异，南方盛行用棕绳做底，上面铺上藤席。其做法是在边抹的里沿起槽打眼，把棕绳和藤条的头用竹楔嵌入眼内，再用木条盖住边槽。北方多用厚而软的铺垫，床屉大多用木板制作。架子床式样较多。在图2-96中，（a）图所示为黄花梨月洞门式架子床，床上有四立柱，柱下端有床围子，顶部为装有楣板的顶盖，前面做成月洞门式；此床门围子分三扇拼装，上半部分为一扇，下半部分左右各一扇，连同床围及顶盖的楣板均用小块木料加工成四簇云纹（四组如意状），其间以十字枨连接；床身采用高束腰形式，束腰间立短柱，床足为外翻马蹄足。这个架子床被认为是当时苏作家具的精品。（b）图所示为榉木开光架子床，因在架子床正面安装门围子而增设了两根柱子，成为"六柱床"，也叫"带门围子架子床"；以六柱支撑顶盖，床柱与楣板及床围子相连；前

后楣板分为五格，左右各三格，每格装炮仗洞绦环板；床面下有束腰，鼓腿彭牙，内翻马蹄足；牙条与床腿用抱肩榫连接，牙条与束腰一木连做，床围子与楣板用类似的手法制作，均在方形格扇内嵌装圈口。这个架子床光素而简洁，几乎没有雕饰，用料硕大而显稳重。

拔步床是一种带廊的床，由床面、廊庑、床身、床帐、床门、承尘等部分组成，是一个完备独立的床上起居、睡卧以及洗漱的空间。拔步床内部用一道或两道隔扇分隔空间，最里面为睡卧空间，也就是床身，外面的空间为廊庑。床上除寝具外，有时还会设置几案、柜橱等。廊庑两侧设置桌椅、盆架、净桶等器具。拔步床一般安放在一个木制平台上，登床时沿木台阶而上。拔步床和传统建筑在形式语言上高度统一，犹如屋中之屋，有顶有台，有檐有裙，有门有窗，有帘有帷，宽阔而又隐秘。图2-97所示为明代拔步床。

（2）榻

明代的榻主要有两类，一类不装围子，由榻面、榻足构成；另一类装围子，由围子、榻面、榻足构成。明代没有围子的榻，大多仅容一人坐卧，一般陈设在正房明间，供休息和待客之用。图2-98所示为有束腰马蹄足鼓腿彭牙榻，藤编软屉榻面，牙条与束腰一木连做，沿

（a）黄花梨月洞门式架子床

（b）榉木开光架子床

图2-96 明架子床

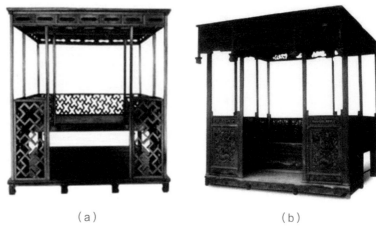

（a）　　　　　　　　　　　　（b）

图2-97　明拔步床

图2-98　明有束腰马蹄足鼓腿彭牙榻

边起皮条线与腿足边缘形成交圈；内翻马蹄足，兜转有力；通体光素无饰，造型稳重大方，形态典雅、厚拙。这种榻的形制在罗汉床和架子床上都有体现，没有围子的榻也有折叠结构的做法。

　　有围子的榻一般称为"罗汉床"，其实是一种榻，又名"弥勒榻"。其可卧可坐，正中可放一炕几，两边可铺设坐褥、隐枕，放在厅堂作待客之用。有束腰的罗汉床牙条的中部较宽，曲线弧度较大，俗称"罗汉肚皮"。罗汉床都安装围子，三面各装一块围子的叫"三屏风式"；装五块（后三，左右各一）的叫"五屏风式"；还有的正面装三块，两侧各装两块的叫"七屏风式"。在图2-99中，（a）图所示为黄花梨独板围子罗汉床，独板床围，光素无饰，突出表现黄花梨优美的木制纹理；正面床围与侧面床围以走马销接合，形成阶梯状；四腿粗壮，内翻马蹄足。（b）图所示为三屏风斗簇围子罗汉床，阶梯状三面围子，有束腰，下有光素直牙条；床围子用短材攒

斗而成四簇云纹图案，再用微弯的短材将各组连接起来；采用挂榫的方式连接床身和腿；整个床体工艺精密，造型新颖，清新自然，有一种华美、疏透之感。（c）图所示为铁力木罗汉床，床身为铁力木，床围子为紫檀，长221cm、宽122cm、高83cm；靠背与扶手围子攒接曲尺形棂格，四足与牙条为鼓腿彭牙式；腿足与牙条通过抱肩榫相连，床身敦实，有威严、豪华、稳重的感觉。

2.4.1.4　柜架类

　　明代的架格、柜和橱是用来陈设器物或存放物品的大型家具。一般认为，柜的体积较大，高度大于宽度，橱比柜小些，宽度大于高度，二者形制上有联系，也有混为一谈的情况。明代的柜架类家具主要有：架格、亮格柜、圆角柜、方角柜四种。

　　（1）架格

　　架格是一种没有门但有水平隔层的高型家具，以立木为四足，横板将空间分层。明式架

（a）黄花梨独板围子罗汉床

（b）三屏风斗簇围子罗汉床

（c）铁力木罗汉床

图2-99　明罗汉床

格一般高五六尺，结构尺寸与柜相似。有的在每层后、左、右三面设栏杆，有的在左、右或左、右、前三面设券口，有的安装棂格，做法较多，形体都较空透。

在图2-100中，（a）图所示为攒接十字栏杆架格，共四层，方材；栏杆用短材攒接出十字和空心十字相间的图案，表面全部打洼；第二层之下设两个抽屉，最下层足间施加了壶门式牙条。（b）图为直棂式架格，共四层，紫檀木方材，素混面，中间两层以直棂间隔围合，底层设置了曲尺状角牙。（c）图所示为三面攒接棂格架格，用了两种木材，后背正中直贯三层的条状板为黄花梨，其他为紫檀木。

（2）亮格柜

亮格柜就是把亮格和柜体的功能综合在一起的一种家具（图2-101）。一般亮格在上、柜体在下，亮格有一层的，也有双层的，一般置于厅堂或书房。还有一种亮格柜，上为亮格、中为柜子、下为矮几，俗称"万历柜"。

（3）圆角柜

圆角柜就是柜体的棱角均做倒圆处理后的柜子，柜门与柜身用门轴连接，是明式家具典型式样之一，一般有侧脚。圆角柜的柜顶有"帽子"，俗称"柜帽"，即柜体的顶板前面和

（a）攒接十字栏杆架格

（b）直棂式架格

（c）三面攒接棂格架格

图2-100　明架格

（a）直棖式亮格柜　　　　　（b）圈口式亮格柜　　　　　（c）壶门式亮格柜

图2-101　明亮格柜

（a）有柜膛圆角柜　　　　　　　　　（b）无柜膛圆角柜

图2-102　明圆角柜

侧面探出的木檐，这种结构做法也称"彭出"。在图2-102中，（a）图所示为有柜膛圆角柜，柜内有抽屉，柜膛设在柜子的下部，一般为闷仓。（b）图所示为无柜膛圆角柜，柜内有抽屉，无柜膛。

（4）方角柜

方角柜因四角见方而得名，顶部没有柜帽，一般不做侧脚，又称"一封书式"，也就是说这种柜的外表很像有函套的线装书，也是明式家具

典型式样之一。在图2-103中，（a）图所示为黄花梨大方角柜，柜门用合页安装，正面及两侧腿足间为壶门牙条。方角柜上再加装一个等宽的顶箱，便是"顶箱立柜"。顶箱立柜一般成对陈设，所以也叫"四件柜"。其规格没有规定，大的高达三四米，置之高堂，小的可放在炕上使用。在明清两代传世家具中，这种柜子的数量较多，宫廷、贵族和民间乡绅的家中都有使用，视房屋的高矮而定。（b）图所示为黄花梨顶箱立柜，分为

上下两部，上部为顶箱，下部为立柜，箱柜各对开两扇门；顶箱内分两层，立柜内分三层，上下柜用栽榫拍合，易于组合。柜体光素，只有下方的牙条上有透雕云头；柜面上合页为八出云头式，面叶为六出云头式，双鱼吊牌。

（5）闷户橱

闷户橱是明代民间流行的家具之一，多用来存放珍贵之物。形制和高度与案相仿，长方形的面板，其上可以陈设物品。橱面下有抽屉，抽屉下设有"闷仓"，所以叫"闷户橱"。图2-104所示为一铁力木罗锅枨闷户橱，有一个抽屉，抽屉下面有一个闷仓。如果有两个抽屉，又叫"联二橱"；若有三个抽屉，又叫"联三橱"。

2.4.1.5 其他类

其他类家具主要有：屏风、镜台、衣架、盆架、箱、灯台等，种类繁多。

（1）屏风

从结构上看，明代的屏风主要有两种，一是座屏，二是折屏。座屏有底座，屏体似坐于其上，座屏有大小之分；较大型的座屏有遮挡视线、分隔空间和装饰的功能，其中，高度大于宽度的屏风，我们又称为"插屏"。小型的座屏多用于装饰。折屏就是折叠结构的屏风，又称"围屏"，一般由多扇组合而成。明代屏风的屏心一般用纸、绢帛裱糊，其上彩绘或刺绣各式图画。在图2-105中，（a）图所示为明

（a）黄花梨大方角柜　　（b）黄花梨顶箱立柜

图2-103　明方角柜

图2-104　明铁力木罗锅枨闷户橱

（a）黄花梨插屏　　　　（b）黄花梨折屏　　　　（c）黄花梨小座屏

图2-105　明屏风

代插屏，宽150cm、高245cm，木框结构的屏体，下有底座，底座两边各有一个厚木抱鼓墩子，墩上有站牙，有屏体边框插入站牙及下部的底座之感。此插屏和元代的插屏结构类似，但装饰更精美，插屏又称"硬屏风"。（b）图所示为可折叠的屏风，没有底座，也叫"软屏风"，用时打开，不用时折合收藏，其特点是轻巧灵便。（c）图所示为一个小座屏，小座屏一般忠实地模仿了大型座屏，只是形体缩小而已。

（2）镜台

明代及清前期的镜台主要有三种形式，如图2-106所示，一是折叠式，由宋代的镜架演变而来；二是宝座式，是在宋代扶手椅式镜台的基础上增加抽屉而成；三是屏风式，就是镜台上装设了围屏。

（3）衣架

明代衣架仍然以横杆衣架为主，一般是在底座两边上各装配一个立柱，立柱下端用站牙挟扶，柱间用横杆连接，最上一横杆两头均出挑，挑出端头多做圆雕装饰，雕有如意云头、龙首、凤首等图案，有的衣架还嵌有做工精美的中牌子。在图2-107中，（a）图所示为一明代榉木衣架，牛角式搭脑，下有弓背形角牙，两侧有卷草纹挂牙，中牌子以直棂作为装饰，底墩间有横枨和棍板。（b）图所示为明代王锡爵墓出土的衣架，搭脑两端出挑圆雕龙首，中牌子上饰有万字纹，两块宽厚的木块做墩，站牙前后相抵立柱。

（4）盆架

专门放置洗脸盆的架子就是盆架，在明

（a）黄花梨折叠式镜台　　　（b）黄花梨宝座式镜台　　　（c）黄花梨屏风式镜台

图2-106　明镜台

（a）榉木衣架　　　　　　　（b）王锡爵墓出土的衣架

图2-107　明衣架

代，盆架有三足、四足、五足、六足等不同形制。盆架腿足的形状有直足式、弯足式两类，直足的上端一般雕有净瓶头、莲花头、坐狮等圆雕图案。明代也有折叠结构的盆架，多见于矮型的六足盆架。在图2-108中，（a）图所示为黄花梨高面盆架，结构以挺劲的圆构件为主；中牌子与搭脑、横枨之下嵌装牙条和角牙，盆托的横枨之下又加一条斜枨；横材与竖材的连接主要用格肩榫；前面四腿足的上端雕出仰俯莲花宝顶，后面两腿足与巾架立柱为一木连做；盆架搭脑出挑圆雕灵芝纹，立柱上端外侧为卷草纹挂牙，内侧为弓背角牙；中牌子四角为两卷相抵卷云纹角牙，中间为斗簇云头纹组成的菱花；整体形态疏朗明快、高雅别致，反映了明式家具的工艺特色。（b）图所示为黄花梨六足折叠式矮面盆架，六足中仅两足上下有横枨连接固定；其余四足上下均安装一段短材，匠师称之"横拐子"，横拐子一端开口打眼，用轴钉与嵌夹在上下两根横枨中间的圆形木片穿铆在一起，因而四足是可以折叠的，盆架不用时可将活动四足折合；寺院及舞台所用鼓架也多采用此种结构。（c）图为明代

的箱形盆架，箱顶中部挖洞，用于放置面盆；箱体后腿立柱与搭脑相接，搭脑端头圆雕，下方两侧装有博古纹绦环板；箱体设有两个小抽屉，盆座腿足两侧枨之间用榉板连接。

（5）官皮箱

官皮箱最初是办公用小型贮藏用具，用来盛装贵重物品、官方文件和文房用具。实物较多，形制尺寸差别不大，有盖有门，内有抽屉、盘，是一种标准化的箱具。明代的官皮箱既有光素的，也有精雕细刻的。图2-109所示为两个明代黄花梨官皮箱。

2.4.2 清代家具（1636—1912年）

清代家具的发展可分为三个阶段：一是康熙到雍正前期，这一阶段的家具基本保留着明代家具的特点，属于明式家具的范畴；二是雍正后期到乾隆晚期，传统家具的风格发生了根本的变化，形成了清式家具；三是晚清至民国初期，由于国力衰退，社会经济水平的下降，传统家具步入了衰落时期。清代家具和清式家具有不同的内涵，前者是时间的概念，后者是工艺美术风格的概念。

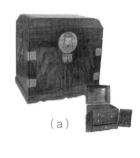

（a）黄花梨高面盆架　（b）黄花梨六足折叠式矮面盆架　　（c）箱形盆架

图2-108　明面盆架

（a）

（b）

图2-109　明代黄花梨官皮箱

清式家具从萌芽到形成独立的体系，与满族文化的影响有着不可分割的联系，是以皇家审美为主导，在宫廷和民间的相互影响、交流下发展起来的。具体来说，清式家具的特点主要表现在四个方面：一是品种丰富、式样多变、追求奇巧。清式家具中有很多前代没有的品种和样式，造型更是多变。二是选材讲究，做工细致。在选材上，清式家具推崇色泽深、质地密、纹理细的珍贵硬木，以紫檀木为首选。在结构制作上，为保证外观色泽纹理一致，也为了坚固牢靠，往往采取一木连做的做法，而不用小木拼接。三是注重装饰，手法多样。注重装饰是清式家具最显著的特征之一，清代工匠们几乎使用了一切可以利用的装饰材料，尝试了一切可以采用的装饰手法，采用最多的装饰手法是雕刻与镶嵌。雕刻手法上借鉴了牙雕、竹雕、雕漆等技艺；镶嵌手法有嵌木、嵌竹、嵌石、嵌瓷、嵌螺钿、嵌珐琅等等。四是受西洋家具艺术影响，良莠不齐。清式家具中，采用西洋装饰图案或手法者占有相当比重，尤以广作家具更为明显。受西洋艺术影响的清式家具有两种形式，第一种是采用西洋家具的样式和结构，早期此类家具虽有部分出口，但未能形成规模，清末此种"洋式"再度流行，大多不中不西，做工粗糙；第二种则是采用传统家具造型、结构，部分采用西洋家具的式样或纹饰。总之，清式家具的发展轨迹与明式家具截然相反，由重气韵变为重形式，在追求新奇中走向烦琐，在追求华贵中走向奢靡。清代家具的发展由明式转向清式。本节主要从样式和风格的角度阐释清代家具，其主要种类有椅凳类、桌案类、床榻类、柜架类和其他类。

2.4.2.1 椅凳类

（1）椅

清代的椅类家具主要有：太师椅、官帽椅、靠背椅、屏背椅、圈椅、玫瑰椅、宝座和交椅等。

清式家具中的太师椅是清代家具中具有代表性的一种家具。太师椅体态宽大，上部多为屏风式靠背和扶手，连成一体形成一个三扇、五扇或多扇的围屏；下部多为有束腰的杌凳。太师椅靠背一般中间高两侧低，依次递减至扶手，形如一座小山，围绕在座面的左、右、后三面。座面下的四腿比较粗壮，配上管脚枨或托泥，庄重威严，犹如宝座。在图2-110中，（a）图所示为紫檀五屏式太师椅，靠背框架与扶手为攒接拐子纹，靠背板和扶手中镶透雕装饰板；座面为攒边打槽装板结构，装席心，有束腰，座面下装设罗锅枨加卡子花，与足间的罗锅形托泥相呼应，直腿方足。（b）图所示为红木嵌螺钿太师椅，靠背和扶手三屏围合；搭

（a）紫檀五屏式太师椅

（b）红木嵌螺钿太师椅

（c）红木拐子纹太师椅

图2-110　清太师椅

脑正中下部嵌螺钿长圆"寿"字，靠背中心嵌山水纹大理石心，两侧透雕梅花纹，其上亦以螺钿做装饰，其余各部均以螺钿嵌折枝花卉纹；石心座面，有束腰，牙条与腿齐头碰结合；正面牙条下另安装透雕梅花式花牙，纹饰部位以螺钿镶嵌；四腿为展腿式，拱肩处雕兽头，外翻式鹰爪足，腿足间安装四面平式管脚枨，中间微向上拱，形成罗锅枨状；两椅中间配茶几，做工及装饰手法与椅相似。（c）图所示为红木拐子纹太师椅，搭脑似卷书状，靠背和扶手做成五屏式围子；靠背板上部有浮雕纹饰，靠背和扶手部位以拐子纹攒接成框架；座面为硬屉，下有束腰，牙条上浮雕如意云纹，腿足间安装四面平式管脚枨。

明清两代都有官帽椅，但风格截然不同，主要区别在靠背、搭脑和扶手的处理上。明式官帽椅靠背多光素处理，如果有装饰，只做局部和小面积的装饰。清式官帽椅的靠背，多数是布满装饰的花板，素板极少。清式官帽椅搭脑线条多变，呈现圆、扁、直或翘曲等多样化造型，多用罗锅枨形搭脑。明式官帽椅扶手很少有花饰，清式官帽椅扶手则多用花饰。在图2-111中，（a）图所示为楠木南官帽椅，罗锅枨形搭脑，靠背板攒边打槽装板，上部起阳线装饰，中部雕刻《封神演义》故事人物纹样，下部有亮脚装饰；座面下有束腰，腿间装步步高式赶枨。（b）图所示为紫檀四出头官帽椅，罗锅枨形搭脑，三弯式靠背板攒框而成，镶装浮雕花卉纹心板；座面为攒边打槽装板结构，落堂式，镶席心；座面下有券口牙子，腿间有前后低两侧高的赶枨，踏脚枨下装牙子。（c）图所示为红木镶云石高靠背南官帽椅，搭脑三曲，民间俗称"骆驼背式"；靠背上、中两段内做子框，内镶嵌云石，下段嵌卷草变形方钩结子；藤编座面，座面下为洼堂肚牙条，其上起回纹阳线；此椅工艺严谨，形体柔婉动人，是清代中期苏作官帽椅。（d）图所示为铁力木五屏式南官帽椅，座面六边形，是官帽椅中的变体；搭脑、扶手、腿和联帮棍线脚相似、整齐划一；靠背板上段梳背式，中段镶嵌瘿木板，下段为云纹亮脚；座面为攒边打槽装板结构，下有罗锅枨加矮老。

清式靠背椅种类众多，根据造型特点及做法，清式靠背椅有灯挂椅、梳背椅、直背椅、一统碑式椅等。除灯挂椅外，其他靠背椅搭脑两端均不出头。因产地不同，靠背椅呈现出鲜明的地域做法特点，在装饰上，有的突出雕刻，有的突出攒接，有的突出镶嵌，还有的突出髹饰。在图2-112中，（a）图所示为红木灯挂椅，搭脑中部有卷云纹，靠背攒框装板；落堂式座面，下有牙板；腿间有前后低、两侧高的赶枨，踏脚枨用料稍大，高出腿表面，其下装牙子。（b）图所示为黄花梨直背靠背椅，靠背为直背式，委角攒框结构，面心浮雕缠枝花卉纹；座面下有卷云纹牙条，直腿方足，足间安装管脚枨，踏脚枨下有牙条；通体剔红髹饰。（c）图所示为广作鸡翅木靠背椅，靠背板以透雕装饰，座面下有高束腰；鼓腿彭牙，牙条及腿足均以浮雕装饰，狮爪足，腿足间横枨"H"形做法突出；整体工艺是中西合璧的做法。

屏背椅是清代独具特色的靠背椅，靠背为屏式，靠背板下端两侧有站牙，整个靠背似一独立的座屏。它是清代特有的家具，而且只存在于苏作中，京作、广作中均没有。图2-112中，（d）图所示为屏背椅，靠背板雕刻双龙戏珠纹、麒麟纹、云纹、寿字纹、拐子纹、如意纹等图案，透雕和高浮雕相结合，工整对称中显得凝滞，靠背板下端两侧有布满雕刻纹样的站牙，整个靠背似一独立的座屏；座面下有高束腰，鼓腿彭牙，牙条上有雕刻装饰；三弯腿，狮爪足；腿间为"H"形构造的枨子，属于中西合璧的做法。

清式圈椅整体尺寸多比明式圈椅宽大，增加了托泥、束腰等结构件后，也增加了厚重感，多用雕刻装饰。图2-113所示雕花圈椅大约出现在康熙时期；靠背板呈"S"形，攒框

（a）楠木南官帽椅

（b）紫檀四出头官帽椅

（c）红木镶云石高靠背南官帽椅

（d）铁力木五屏式南官帽椅

图2-111　清官帽椅

（a）红木灯挂椅

（b）黄花梨直背靠背椅

（c）广作鸡翅木靠背椅

（d）屏背椅

图2-112　清靠背椅

图2-113　清雕花圈椅

（a）紫檀浮雕龙纹宝座

（b）掐丝珐琅山水人物图案宝座

图2-114　清宝座

装板结构，上部有透雕装饰，中部镶瘿木，下部镂出云纹亮脚；扶手呈鳝鱼头形，扶手下有托角牙子；座面攒框镶席心，椅面下有束腰，足下有托泥；四条腿足在尽端处稍向内敛，雕出镂空卷草纹，落在托泥之上；这件圈椅造型厚重，庄严华贵。

宝座是皇室中的专用坐具，是皇权的象征物。它一般只在皇宫、皇家园林或行宫里陈设，而且没有成对的，只能是单独陈设在殿堂的中心或显要位置。宝座的结构浩繁、多立体雕饰，是不易移动的家具。清代的宝座体形宽大、装饰手法多样、用材讲究、样式富丽奢华。在图2-114中，（a）图所示为紫檀浮雕龙纹宝座，五屏式围子由后向前形成阶梯状；屏沿雕云龙纹，端头圆雕龙首；靠背板浮雕龙戏宝珠纹和正龙纹；硬屉座面，下有束腰，束腰下有托腮，其上为莲荷纹；牙条上高浮雕双龙戏珠纹；三弯腿肩部雕兽面纹，足为狮爪，攫一球；设罗锅枨式托泥。（b）图所示为掐丝珐琅山水人物图案宝座，通体采用紫檀木，七屏式围子，四条粗硕的腿直下，足端向内兜转，形成内翻；靠背板饰山水风景图案，扶手屏板

饰花鸟纹；座面边沿及腿足等处亦饰有掐丝珐琅瘿纹、拐子纹等；这件宝座造型端庄大气，雕饰华美，色泽鲜艳的掐丝珐琅与沉穆的紫檀木搭配在一起，显得流光溢彩，富丽堂皇。

（2）凳、墩

清代家具中的凳和墩花色众多。材质上，有木制的、石材的、瓷质的、竹材的、藤材的、草编的等；造型上，有方形、圆形、长方形、长条形、多角形、瓜棱形、梅花形、海棠形和桃形等；装饰上，有纯粹装饰中的雕、镂、嵌、绘、漆等，还有结构装饰中的束腰、托泥、牙子、券口、圈口、枨子、腿型、足型等；墩还有开光和不开光的工艺之别。鼓墩和圆凳有很多相似之处，存在着相互借鉴和相互影响的关系。清代家具中的凳和墩，在形、色、质上是其他时代所不能比拟的。图2-115所示为清代家具中的凳类家具，图2-116为清代家具中的墩类家具。

2.4.2.2 桌案几类

（1）桌

从功能用途和桌面形状来看，清代的桌类家具主要有供桌、宴桌、方桌、条桌、画桌、

（a）紫檀嵌珐琅方凳　（b）瓷面圆凳　（c）紫檀梅花凳　（d）紫檀六方凳　（e）紫檀如意纹方凳

图2-115　清凳

（a）海棠面圆墩　（b）紫檀六方坐墩　（c）红木嵌瘿木坐墩　（d）紫檀五开光坐墩　（e）紫檀直棂式坐墩

图2-116　清坐墩

（a）红木八仙桌

（b）紫檀一腿三牙条桌

（c）铁力木狩猎桌

（d）红木嵌螺钿大理石炕桌

图2-117　清桌

琴桌、炕桌等。清式桌大多有束腰，多运用镶嵌装饰和雕刻装饰，工艺精巧。在图2-117中，（a）图所示为红木八仙桌，长97cm、宽97cm、高82cm；光素桌面，高束腰，直腿，内翻马蹄足，腿间用短料攒接成拐子纹构造，并有雕刻卷云纹装饰件和玉璧纹卡子花。（b）图所示为紫檀一腿三牙条桌，长105cm、宽36.5cm、高82cm；此桌把罗锅枨加矮老和一腿三牙两种形式糅合在一起，一般的条桌四腿垂直，此桌子有侧脚。（c）图所示为铁力木狩猎桌，长167cm、宽72.5cm、高84cm，组合结构，由矮桌和活腿组成；矮桌腿与牙条用插肩榫结合，四条矮腿尽端外翻马蹄足；两侧矮腿间另安装活腿，活腿中间有活动杆，

用于固定活腿，并使活腿可以折叠，活腿上窄下宽，打开时有明显的侧脚收分；这类家具多用于室外活动，便于携带。（d）图所示为红木嵌螺钿大理石炕桌，长81.5cm、宽49cm、高29cm，桌面攒框镶大理石板；腿子与桌面为四面平式，展腿上方下圆，外翻卷云式马蹄足；桌面边沿及腿上部镶嵌螺钿，桌沿布满梅花纹，牙条镂雕葫芦万代纹。此类炕桌常置于床榻的中间位置使用，装饰富丽华贵。

（2）案

清代案类家具种类繁多，依据案面形式和用途的不同，清代案有条案、书案、画案、炕案、架几案、翘头案、平头案、祭案之分。案

的面板与腿的连接结构常用夹头榫、插肩榫。腿足的做法分有托泥和无托泥两种，京作家具和苏作家具喜欢在案足下加托泥，广作家具则不用托泥，而将腿足向外撇出。腿足常镶嵌圈口或雕花挡板。在图2-118中，（a）图所示为红木独板大条案，长316cm、宽39cm、高112cm；案面光素，边沿饰双混面灯草线，案面与腿用夹头榫连接；有托角牙子和牙条，托角牙子通过勾挂榫与腿接合，前后牙条不同，一面为带牙头的牙条，另一面为短料攒接成的拐子纹构造牙条，这种造型结构的做法不常见；腿间有两条横枨，下枨带牙条，四腿向外微微撇出。（b）图所示为鸡翅木漆面大画案，长192cm、宽86.5cm、高83.5cm；光素面，云

纹牙头，足端为卷云纹足。画案是一种办公家具，一般不做翘头，不设抽屉。（c）图所示为架几案，长192cm、宽40cm、高84cm；通体为黄花梨，光素案面落于两几之上；几上部为圈口做法，中部为"暗抽屉"的做法。架几案是一种组合式结构，面板与几分离，使用时架在两件几座上。（d）图所示为紫檀翘头案，长102cm、宽46cm、高84cm；案面光素，案面与腿采用夹头榫连接；牙条浮雕龙纹，牙头浮雕卷草纹；方腿，正中起凹线，四面倒棱，两腿间安装雕花挡板。（e）图所示为鸡翅木三屉大炕案，长191cm、宽48.5cm、高48cm；案面起拦水线，牙条浮雕卷云纹，抽屉正面嵌铜面叶和拉手；侧面挡板雕云头纹。

（a）红木独板大条案

（b）鸡翅木漆面大画案

（c）架几案

（d）紫檀翘头案

（e）鸡翅木三屉大炕案

图2-118　清案

（3）几

清式几分高型和低型两类，高型几主要有香几和茶几，低型几有置于床榻或炕上使用的各类炕几，形体较小，腿足较短。香几主要用于置放香炉，以圆形居多，其次为六角和八角形，还有双环式、方胜式、梅花式、海棠式等，大多用三弯腿。茶几多为方形或长方形，直腿，高度与椅子的扶手相当，使用时放在两个椅子中间，其上摆放茶具。清代时，香几渐不流行，茶几大量出现，这是生活习惯的改变引起的家具变化。炕几是在床榻上或炕上使用的矮型家具，汇集了其他家具中的多种做法，式样众多。

在图2-119中，（a）图所示为红木方胜式香几，高83cm；几面攒框结构，呈方胜形，有束腰、直腿，内翻马蹄足，足下有方胜形托泥。（b）图所示为描金香几，高102.2cm；几面光素，几面下打洼束腰，下承须弥式底座，描金装饰。（c）图所示为黑漆炕几，长129cm、宽34.5cm、高37.2cm；该炕几由三块厚板制成，髹黑漆，遍体光素；两侧足上开孔，形如覆瓦；板足上半部分外凸，下半部分内凹，至足底稍稍向上卷转；该炕几造型古朴浑圆，稳重沉穆。（d）图所示为红木透雕方茶几，长45cm、宽45cm、高76cm；束腰下两腿间以拐子纹构造为主，中心加透雕蝙蝠纹，方材直足。（e）图所示为红木嵌大理石茶几，长49cm、宽38cm、高82cm；几面嵌装银锭形大理石面，面下为打洼做法的束腰，牙条正中浮雕寿字纹，两侧各一团寿纹，腿与牙条的格肩处雕蝙蝠纹；腿为展腿式，外翻云纹马蹄足。（f）图所示为红木四联套几，一组四件，造型相似，最大几长52cm、宽36cm、高65cm；几面为攒框落堂装板做法，面板下装云纹牙条，腿足间安罗锅枨，直腿内翻卷云纹马蹄足。

（a）红木方胜式香几

（b）描金香几

（c）黑漆炕几

（d）红木透雕方茶几

（e）红木嵌大理石茶几

（f）红木四联套几

图2-119　清几

2.4.2.3 床榻类

清式的床也以架子床和拔步床为主，和明式的床相比，清式床用材厚重，装饰华丽，制作繁缛，不惜耗费工时和木材，其他方面变化不大。清式的榻有一些新的变化，如无围子的榻中出现了折叠结构；罗汉床中出现了较多的五屏式或七屏式围子，正中屏风围子稍高，两侧依次递减，多采用攒框结构镶屏心的做法，屏心或是雕刻，或是镶嵌，或是金漆彩画，装饰奢华。在图2-120中，（a）图所示为黄花梨六足折叠式榻，长208cm、宽155cm、高49cm；此榻可居中合面对折，榻四角的四条腿亦可折叠后放倒在牙条内。（b）图所示为紫檀五屏风围子罗汉床，靠背与扶手围子上嵌山水画，围子呈阶梯状，正面围子与侧面围子以走马销相连。（c）图所示为紫檀三屏风绦环板围子罗汉床，长216cm、宽130cm、高85cm；腿足与床围子立柱一木连做，床围子与床身不能分体，三面床围子上设绦环板，床的结构形式建筑化色彩浓厚，造型庄重大方。（d）图所示为红木嵌大理石贵妃榻，长170cm、宽72cm、高111.2cm；此榻专供妇女用，榻面狭小，是中西家具艺术结合的产物；榻的靠背围子为倒圆角后的拐子纹构造，镶大理石，两侧扶手为圆柱形；榻面采用攒框结构，有束腰，三弯腿；该榻造型轻巧，圆润委婉，具有高贵典雅的气质。

2.4.2.4 柜架类

清代柜架类家具在沿袭明代柜架类家具的基础上，种类和功能有所拓展。一是出现了专门性的柜架类家具，如书柜、画柜、古董柜、多宝格等；二是亮格、架格与柜组合，拓展了新的功能和形式。多宝格是清式风格的代表之一，多宝格有与建筑一体化的、覆盖一面墙体的大型多宝格，有体积较大的架格类多宝格，还有体积较小的摆放于桌案或悬挂于墙壁之上的盒匣类多宝格。清代后期，由于玻璃的引进，出现了安装玻璃门和西洋锁的柜架类家具，还出现了"陈设柜"的名称。清代柜架类家具与明式大不相同，主要区别还是在装饰上。

在图2-121中，（a）图所示的红木小书柜是架格与柜的功能组合，宽86cm、深41cm、高175cm；顶部有柜帽，上部有两层架格，中间有两个抽屉，下部为两扇对开门柜体。（b）图所示为紫檀多宝格，是明代架格的变体。多

（a）黄花梨六足折叠式榻

（b）紫檀五屏风围子罗汉床

（c）紫檀三屏风绦环板围子罗汉床

（d）红木嵌大理石贵妃榻

图2-120　清榻

（a）红木小书柜　　　（b）紫檀多宝格

（c）故宫漱芳斋内的多宝格

图2-121　清柜架

宝格的主要特点是格内设横竖不等、高低不齐、参差错落的大小空间；也有多宝格与柜的功能组合样式。（c）图所示为故宫漱芳斋内的多宝格，单体组合式多宝格与建筑连为一体，属于大型多宝格。

2.4.2.5　其他类

在功能与种类上，清代的其他类家具与明代家具一样，主要有屏风、衣架、盆架、箱、镜台、灯台等。这类家具多突出装饰功能，与清式风格相一致。这类家具的变化主要表现在：一是用材更为考究，对各种材料的质地、色泽、气味等物理力学性能都有不同的要求；二是形体设计方面打破了传统家具造型的局限，出现了新颖别致的家具造型，同时，考虑家具与环境之间的协调，布局上更具有科学性和可欣赏性；三是加工工艺更加规范；四是装饰与家具形体相结合，不同的形体施以不同的装饰风格。

2.5　近现代中国传统家具

近代是中国传统家具发展过程中的又一次转型期，强势的西方文化使得中国传统家具初步形成了与国际接轨的局面，呈现出了中西交融的发展特征，终使明清家具成为古典传统的代名词，中国家具从传统走向了现代。中华人民共和国成立后，随着我国工业体系、学科门类的健全，在改革开放国策的促进下，中国传统家具开始了发展过程中的又一次崛起，步入了新时代。

2.5.1 民国时期的中国传统家具（1912—1949年）

鸦片战争后，西方列强的坚船利炮叩开了中国的大门，我国逐渐进入了半封建半殖民地社会。这百余年的近代历史是中国的苦难史和屈辱史，辉煌了数百年的明清家具江河日下。随着列强的入侵和清政府的被迫对外开放，中国传统家具开始了发展历程中的第二次西方文化输入。在这样的时代背景下，中国传统家具在沿海城市和上流社会受到了重创，但是有着悠久历史和辉煌成就的中国传统家具并没有消亡。通过开展对中国传统家具的系统理论研究，并随着宫廷家具的民间化和高档家具的大众化，以及中西交融衍生出了新型的"海派"家具等途径，中国传统家具得以继承和发展。

2.5.1.1 传统家具在民间的发展

在西方殖民文化的强力冲击下，以苏作家具、广作家具和京作家具为代表的明清家具逐步衰落，传统风格家具一统天下的局面被打破。但是中国传统家具并未衰亡，而在城市和乡村继续广泛流行和发展。代表着家具工艺最高水平的宫廷家具也在这一时期流入民间，坚持着中国传统家具的民族性，大力发展民用家具，使宫廷家具民间化，高档家具大众化。具有传统风格的近现代家具在明清家具艺术的基础上又有所发展，家具生产进一步扩大。除了原有的北京、苏州、广州三大家具制作中心以外，上海、天津等新兴工业城市的家具生产也都迅速发展起来，使得根植于家庭手工业并拥有广大民众基础的家具生产顽强地延续下来。造价昂贵的硬木家具在失去了宫廷贵族、官绅富贾经济支持和大量需求的情况下，转而发展为民用家具，大批硬木家具艺人也纷纷流入民间，以其精湛的技艺和聪明才智为民用家具的发展带来勃勃生机。

民国时期，虽然一些沿海城市和上层社会受到了外来文化的影响，流行起新式家具，但是一些传统文化底蕴深厚的地区，住居模式和生活方式仍以传统为主，家具虽小有变化，但大的品貌从未改变，如图2-122所示。民国时期的北京，人们依然习惯居于横向发展的四合院，家具序列仍以八仙桌、太师椅、条案等传统家具为主。据《上海家具》杂志记载，1946年上海有中式家具店260家、西式家具店95家、木工坊达1000多家。可见传统家具在上海获得了较大发展，并且在一般市民消费中占主导地位。此外，浙江宁波的骨木嵌家具和朱金木雕家具、云南大理石家具、山东潍坊嵌银丝家具，以及江南各省的竹藤家具也都得到了相应的发展。

中国的传统家具不但供国内销售，还供出口。1914年，马德记家具店的银杏木写字台、红木桌椅在巴拿马商品博览会上获三等奖。据上海《家具志》通讯报道，1921年，专营高档红木桌椅的厚昌木器店在上海滩很出名，他们生产的红木家具主要供出口，并在法国开有"厚昌木器号"，销售中国传统的红木家具。1921年世界博览会在德国莱比锡举行，厚昌参展的一套红木客厅家具获得了"艺术奖"。20世纪之初的中国传统家具能够走出国门，并在世界级的博览会上获奖，这充分说明了中国传统家具的民族特征和艺术魅力，也说明中国传统家具于一个世纪前就已经在国际市场上流行，在世界家具发展史上已占有一定的地位，并产生了广泛的影响。

2.5.1.2 民国时期的海派家具

民国时期的历史很短，不足40年。民国初

期，中国家具还在清末的轨道上运行，真正形成自身特点是20世纪30—40年代的事情。随着现代生活方式、西方家具、住居模式和工业技术的影响，中国传统家具与西方家具艺术相结合，中西融汇、洋为中用，从而创造了一种具有双重特色的新型家具，这些家具最早出现在上海，被称为"海派家具"，如图2-123所示。

1932年，从法国留学归来的钟晃先生，在上海霞飞路（今淮海中路）开设艺林家具店。他在法国曾从事室内装饰的研究，因而对西洋

（a）北京的民间家具 （b）宁波的朱金木雕家具

图2-122 民国时期的民间家具

（a）靠背椅 （b）休闲椅 （c）穿衣镜 （d）屏风

（e）衣柜 （f）梳妆台 （g）美龄宫中的卧室家具

图2-123 民国时期的海派家具

家具有较深刻的理解。他一改以往的做法，既没有坚持中国传统，也没有一味仿照西方家具，而是设计出一种具有流线型的摩登家具。在风格上，中西结合，功能更趋合理，造型更为美观，线条更加清晰，并将木拉手改为金属拉手，明铰链改为暗铰链，还改革表面涂装工艺与涂装效果，开始追求木材纹理的显现，为海派家具的形成走出第一步。

海派家具一方面表现为对外来家具文化的包容性。它有选择地吸取西方家具中的合理成分，从款式、功能、结构到工艺均加以吸取，融入中国传统家具中，使家具较适合当时的国情与生活方式。并根据不同的审美需求，创造出不同的"西式中做"的新式家具。也可以说海派家具是西方家具本土化的结果，为中国现代家具奠定了基础。另一方面，海派家具则表现为对中国传统家具文化的传承性。海派家具在材料、结构和工艺方面仍然是以中国传统的习惯做法为主，虽然吸取了许多西方家具的工艺技术和装饰特征，但与纯正的西方家具仍有较大的差异，因此当时的海派家具也是中国传统家具国际化的一种尝试。

2.5.1.3 民国时期是中国传统家具走向现代的起点

随着住居模式的改变，传统家具中出现了成套家具。以"洋楼"为代表的西方住宅模式影响了中国传统建筑住居空间的固有模式，在中国传统的住居空间中出现了客厅、卧室、餐厅、书房、厨房、卫生间等现代建筑的功能空间。与之相适应，中国传统家具中出现了客厅家具、卧室家具、餐厅家具、书房家具、厨房家具、卫生间家具等系列成套家具。

中西交融的家具新形式、新种类是传统家具走向现代家具的过渡形式。海派家具在风格上已开始仿效西洋家具，主要有：英国式，如仿英国18世纪的威廉玛丽式、安妮女王式；法兰西式，主要指仿路易十五式、路易十六式等；美国式，主要指仿美国殖民地式和联邦

式；德国式；等等。在海派卧室家具中，出现了大衣柜、抽屉柜、床头柜、梳妆台等新品种。床也有了较大的变化，高低屏床取代了架子床，床的高屏靠墙，可以两边上下。三门大衣柜是专供挂衣服用的，中间为穿衣镜，适时地满足了当时西装流行的挂衣之需；抽屉柜是供折叠存放衣物的；梳妆台是供女士梳妆之用的，这些都是20世纪之初沿海开埠城市生活方式变化的结果。在客厅家具中，海派家具的主要新产品是沙发和低矮型茶几，真皮全包沙发的流行，改变了中国人几千年的传统坐姿和休闲方式。此外，新品种还有陈列用的玻璃门柜以及独脚圆桌等。20世纪上半叶所发生的上述变化，特别是家具风格、款式的变化和新品类的出现，是中国家具从传统走向现代的起点。从太师椅到沙发，从架子床到屏板床，从存衣箱笼到大衣柜，从柜格到玻璃门柜，都是中国现代家具的萌芽，中国家具开始与世界接轨、与现代生活方式相适应。

随着生活方式的改变，传统家具出现了新功能。海派家具变化的实质是由形式变化所体现出的功能进步。由高低屏床、大衣柜、五屉柜和梳妆台构成的卧室家具为生活起居提供了更加合理的挂衣、存衣、更衣和梳妆的功能。床的居中布置可以让人从两侧上下使用，适应现代生活的节奏。软床垫的使用相对于传统的硬板床而言，更加软硬适中、科学合理，大大改善睡眠质量。梳妆台特别是带折叠结构的梳妆镜台，更加方便现代女性化妆。在客厅家具中，沙发的引进与流行相对于清式家具的太师椅而言，在宜人性和舒适性方面无疑也是一大进步。虽然当时还没有"人体工效学"的提法，但沙发却是不自觉地应用了人体工效学的原理，使人坐得更加舒适且不易疲劳，坐的姿态也更加自由。相对于正襟危坐的太师椅而言，其功能的合理性是显而易见的。沙发的"1+1+3"的配置，以及放在长沙发前的低矮型茶几的应用，也更加方便现代生活的需求。

以玻璃柜取代"多宝格"和"博古架",除形式的现代感外,功能上也更有利于物品陈设和展示。

新材料、新工艺的引入开启了传统家具工厂化、工业化制造的探索。民国时期的传统家具在用料上既延续使用了深色名贵硬木,也使用一般的硬杂木。海派家具在20世纪20年代末就使用了胶合板,旧上海的艺林木器店还曾与日本人合作生产家具用胶合板。传统家具涂饰采用天然的生漆,工艺复杂,施工周期长,而且要在潮湿阴暗的环境中进行,不适于批量生产。20世纪40年代,随着西方家具的大量引进,西方流行的家具涂料——虫胶漆和硝基漆进入中国,分别被用作底漆和面漆。由于这类涂料有干燥快、光泽度好、耐磨、漆膜可修复等优点,因此在很长一段时间之内得到了广泛的应用。此外,在家具主辅材中,还引进了玻璃、镜子、薄木、钉子、铰链等材料。沙发和床垫是西洋家具的重要组成部分,19世纪末20世纪初,软体家具工艺的引进与发展奠定了中国现代家具工业门类的基础。此外,在家具制作中还出现了旋木工艺、贴面工艺和现代涂饰工艺等。中国传统家具开始了从手工生产转向工业化生产的蜕变。

2.5.2 古风新韵的现代中式家具

中华人民共和国成立后到改革开放前是中国家具工业恢复发展的时期。这一时期,国内尚未形成健全的家具市场体系,中国家具处于自在发展状态,呈现出多元的区域性特色;同时,这段时期也是中国传统家具发展历程中的消隐期。随着改革开放国策的实施,中国家具行业主动对外交流,经过20世纪80年代现代家具工业的起步,进入90年代后,中国现代家具工业体系初步形成,中国家具行业全面发展,中国传统家具快速崛起,进入了现代中式家具发展的新阶段。

改革开放以后,科学技术的发展日新月异,人们的思想观念不断更新,求新求异以及对未来美好生活的追求使得家具市场出现了多元化需求,家具市场对家具品种、款式、用材提出了更高的要求。为了应对挑战,中国传统硬木家具市场开始了新的探索:改变传统的形态,简化传统的装饰,改变传统的尺寸,引进人体工效学原理,增加时尚功能,改进使用的舒适性,等等。总的目的是创造一种新的、现代的中式家具风格,并且能与现代生活方式的需求相吻合。在这样的市场导向下,现代中式家具出现了以下类型和风格趋势:

一是高仿。高仿型即真实地复制传统家具的精品,尽可能做到树种相同、结构相同、工艺相同、功能相同、装饰相同、规格尺寸相同。高仿的对象主要是明式家具或清式家具的精品。

二是改良型。改良的前提是保持深色名贵硬木家具的基本制式与神韵。改良的目的是迎合现代生活方式的需要,在传统的外壳中蕴含更多的现代设计理念和现代生活内涵。改良的途径是简约与赋新。简约可以理解为对传统做减法,如简化复杂的结构,简略繁缛的装饰,等等。而赋新则指赋予传统家具新的材料、新的功能、新的装饰纹样、新的文化内涵与民族特征。改良型深色名贵硬木家具有更广阔的前景,发展出来的新风格如新明式、新清式、新苏式、新广式、新海派等,甚至还可以与国外家具艺术相结合。

三是新中式。新中式有两个重要的内涵:一是"新",二是"中",既有新的形式与功能,又具有中国传统家具的可识别性。新中式泛指在用材、结构、工艺、装饰、用途等方面对传统家具进行了较大变革的现代家具。新中式家具也可以理解为对现代家具做加法,是在现代实木家具的基础上添加某些中国传统家具的要素,即在内涵上注入传统文化的"精"与"神",而在外观表达上将传统形象抽象化和符号化,并用新的技术手段予以实现。新中式在用材上既可以严格执行"深色名贵硬木家具"所规定的树种，也可根据市场需求扩大国内硬木树种的范畴。对于板式部件既可以用传统的拼板结构，也可以用人造板。

除上述三个方面的发展趋势外，现代中式家具的创新也不仅仅局限于传统家具艺术的借鉴和提取；而是上升到了中国文化层面的传承，既有传统家具的高度抽象，中国传统建筑的符号化，也有中国传统用色的符号化，还有对中国传统的剪纸、折纸艺术的借鉴，等等。

思考题

请查阅文献，以椅、桌、床（榻）、柜、屏风、架六类家具中的一类家具为对象，按照年代顺序，分析梳理各时期家具发展流变的特征及规律。可按照文献综述的形式撰写，参考科技论文的格式要求，字数在5000字左右。

中国少数民族家具专论

　　由汉族、藏族、蒙古族、白族、纳西族、傣族等56个民族组成的中华民族，共同创造、发展、丰富了以汉族文化为主体的中华民族文化。文化的交流，民族的融合，中华民族大家庭的日益壮大，这些都是中国家具发展历史的丰富资源和见证。少数民族家具是各少数民族同胞思想感情的表现方式之一，寄托了少数民族同胞的愿望，蕴含其民族的历史和文化信息。与其他民族的文化一样，各少数民族同胞也在他们的应用艺术中表现出本民族的特征和理想。我国少数民族众多，在各自不同的人文环境、物产资源、生活习俗、信仰宗教的影响下，形成了特色鲜明的地域性家具。雄壮的藏族家具，艳丽的蒙古族家具，以石材、雕刻见长的白族家具，随物赋形的傣族家具……共同组成了丰富的中国传统家具文化。少数民族家具在反映中华民族精神风貌特征和创新创造方面并不亚于秦砖汉瓦和明式家具的成就，更不逊色于巴洛克、洛可可等西方艺术风格流派的成就。中华文明中丰富多彩、坚强不屈的文化特色，正是由这一点一滴的载体集合而成的，无声地彰显着伟大的民族精神。

　　我国少数民族家具的研究起步较晚，且不连续。20世纪80年代，南京林业大学的李德炳教授开始了对少数民族家具的研究。随后，诸多学者开始了地域性民族家具的研究，涌现出了研究云南少数民族家具、蒙古族家具、湘西少数民族家具、维吾尔族家具等课题的文献著作。目前，对于少数民族家具的研究处于起步阶段，仍需开展系统的、深入的研究。

　　本章主要汇总了藏族、白族、傣族、纳西族、蒙古族5个具有代表性的少数民族家具，从形成背景、种类特征及成因解析3个方面对其进行介绍。我国藏区较多，编写组基于滇藏区藏族家具的研究资料，对藏族家具进行了整理。少数民族家具发展的过程，也映射了少数民族变迁的过程，其生成发展的诱因极具多元化。为了更好地梳理少数民族家具的发展脉络，理解其地域性造物思想与艺术，在本章内容的学习过程中，可适当结合相关的民族（文化）史文献、少数民族宗教信仰文献、民族建筑文献等内容，辅助学习。

3.1 藏族家具

3.1.1 藏族家具形成的背景

3.1.1.1 藏族家具的起源与发展

云南省迪庆藏族自治州是我国主要的藏族聚居区之一，藏语意为"吉祥如意的地方"，下辖香格里拉市、德钦县和维西傈僳族自治县3个县（市），总人口37.2万人，其中少数民族人口占总人口的83.56%，生活着藏族、汉族、傈僳族、纳西族、白族、彝族、回族等多个民族。在迪庆，藏族信仰藏传佛教，傈僳族主要信仰基督教，纳西族主要信仰东巴教，白族多信仰本主教，彝族信奉毕摩教，回族信仰伊斯兰教，多种宗教共存共荣。迪庆地处青藏高原东南缘伸延部分西南横断山脉，境内有丰富的森林植被资源，分布着澜沧江、金沙江及怒江等大江河流，是我国重要的高原生态屏障。

历史上，藏族家具主要用于寺庙、宫殿等上层建筑场所中，种类单一，功能明确且程式化，形式厚重，装饰艳丽，以木材为主。民间家具多将上层建筑场所中的家具简化后满足日常生活之需，主要用于堂屋和经堂等空间。在功能上，藏族家具经历了由低矮型到高座型的转变；在形式上，"简秀"和"繁缛"共存；在地域文化上，苯教习俗与佛教影响是其隐含的民族文化动因；在哲学上，"师法自然""以器载道"是藏族造物思想的内核；在审美上，"厚重、华丽、繁复、自然"构成了藏族家具"形、意、饰、质"的主调，也是藏族家具主要的审美特征。随着藏区社会政治和经济的发展，在外来文化的影响下，藏族家具的功能得到了拓展，呈现出鲜明的多元化地域特征。

3.1.1.2 藏族家具形成的文化背景

本土的原始苯教和涵化后的藏传佛教是藏族造物艺术的主要精神来源和审美依据，形成了藏族家具的可识别性特征，并与传统的采集、渔猎、耕作的生计方式一同经过漫长的调适，满足了藏族人民自给自足的生活方式需要。随着北方游牧文明的南向发展、中原农耕文明的西向发展，作为两种文明在西南向的交汇点，世居于青藏高原的藏族人民主动而又缓慢地吸纳了外来文明的成就，如中原地区的木构建筑技术、雕刻与彩绘技艺、儒家审美，北方游牧民族的乘坐方式、组合折叠工艺，等等。历经数千年的发展演变，形成了藏族家具体系。今天，我们来看藏族家具，就会发现，藏族家具除具有极强的地域性、民族性特征之外，还呈现出了内敛的儒家文化特点、中国传统木构建筑与木作技术特点、富丽华贵的游牧文明装饰与功能特点。这种物质艺术载体既是中华文明的地域性体现，也是中华文明共同体的有益组成之一，共生于中国民族家具之林。

改革开放后，藏族地区的对外交流渠道愈加通畅，加之我国藏区众多，受毗邻民族文化和技艺形式的影响，藏族家具在保留其地域性、民族性特征之外，更呈现出交流融合的趋势。

3.1.2 藏族家具的种类与形态特征

根据使用功能，云南省的藏族家具主要有椅凳类、桌类、柜橱类、床榻类和其他类共五类。

3.1.2.1 椅凳类

云南藏族的椅凳类家具使用普遍，主要有卡垫床（藏椅）、靠背藏椅、长条凳。

（1）卡垫床（藏椅）

卡垫床是藏族人民日常生活中常用的一类坐具，兼作卧具，数量较多。单体组合式，单体规格约为1800mm×700mm×200mm。座面为平面状实木板，常铺设软垫，俗称"卡垫"。实木框架结构，直腿，单体正立面面板常分成两格，方格内以浅浮雕施以吉祥八宝、凤凰、龙、莲花、单线花卉等图案，周边多以回纹等浅浮雕勾边。卡垫床既有素面做法，也有彩绘装饰做法，如图3-1中的（a）图所示。

在藏传佛教寺庙大殿中，卡垫床是供喇嘛做法事时使用的坐具，一人一位，沿着大殿主轴方向平行排列，如图3-1中的（b）图所示，一般前置经桌。在民居中，卡垫床多用于堂屋和经堂。堂屋中的卡垫床以火塘为核心，沿距火塘较近两侧墙体布置，如图3-1中的（c）图所示，单体数量根据两侧墙体长度而定，数量不定，有时远端卡垫床一侧带扶手。冬季时，藏族人民会以卡垫床为卧具，围火塘而眠。民居经堂中的卡垫床布置方式同寺庙。

（2）卡垫

卡垫是藏族人民对铺设在卡垫床座面上的软垫的俗称，又称"仲丝"。根据使用位置，卡垫有靠垫和坐垫之分。坐垫多为方形或长方形，靠垫多为长方形。卡垫有单层卡垫和填充式卡垫之分，面层材料以氆氇（藏族人民手工生产的一种毛织品）为主，单层卡垫周边可加穗，填充式卡垫的填充材料早期用青稞秆、动物毛或干软草，现在一般用海绵。卡垫垫心装饰图案丰富，以植物纹、动物纹和其他祥瑞纹样为主，卡垫的周边以万字纹、回纹等图案加以勾边修饰。图3-1（a）所示为单层卡垫，图3-2所示为填充式卡垫。

（3）靠背藏椅（沙发椅）

靠背藏椅主要见于藏传佛教寺庙大殿中，供身份和地位高的喇嘛专用。多见一人位，也有两人位，一般座深较大，方便盘腿而坐，座高高于卡垫床的高度；靠背多为三角形状，是山崇拜的抽象；木制见光面多以彩绘装饰，靠背上部多雕刻，如图3-3所示。现在，民间也偶见靠背藏椅及其衍生形制，多设软质坐垫及靠背，如图3-4所示。

（a）单体卡垫床

（b）藏传佛教寺庙中的卡垫床

（c）藏族民居堂屋中的卡垫床

图3-1 藏族卡垫床

图3-2 填充式卡垫

（a）单人藏椅

（b）双人藏椅

图3-3 宗教空间中的靠背藏椅

（a）
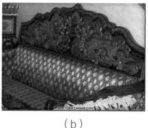
（b）

（c）

图3-4　民用空间中的靠背藏椅

图3-5　藏族长条凳

（a）

（b）

图3-6　宗教空间中的藏桌（经桌）

（4）长条凳

长条凳主要用于藏族家庭聚会或婚宴时，单体规格约1800mm×300mm×450mm，实木框架结构，直腿，座面下设牙条、牙头，一般通体彩绘，无雕刻。座面板中间彩绘梅花、莲花等植物图案，周边多用回纹勾边处理。牙条、牙头轮廓线，俗称"边玛线"，多变无定式，常用其他色彩勾边处理，如图3-5所示。

3.1.2.2　桌类

在云南藏族人家中，桌类家具使用普遍，主要有藏桌（经桌）、茶桌（餐桌）、供桌之分，这类家具注重雕刻和彩绘。

（1）藏桌（经桌）

在藏传佛教寺庙中，藏桌（经桌）主要用于喇嘛诵经时放置经书和法器。喇嘛地位不同，藏桌（经桌）的大小和装饰也不同。如图3-6（a）图所示，共有四种形制的藏桌（经桌），普通喇嘛所用藏桌（经桌）表面多施以黑地金色彩绘，一般不施雕刻。

在藏族人家中，藏桌（经桌）与寺庙中的类似，主要用于堂屋和经堂，集合了供桌、餐桌、茶几的功能，满足日常之需。堂屋中的藏桌（经桌）为箱形实木框架结构，有束腰，直腿或曲腿，多通体彩绘与雕刻，也有素面。桌面下方的箱体柜中间常嵌装透雕图案的雕花板，三面围合，内侧开敞，如图3-7所示，单体规格约为800mm×450mm×450mm。经堂中的藏桌（经桌）与寺庙中的普通喇嘛所用藏桌（经桌）形制相似，但体量小，彩绘装饰，不施雕刻，如图3-6（b）所示。

（2）茶桌（餐桌）

茶桌的得名和功能与藏族人民喜食酥油茶和糌粑有关。茶桌一般置于堂屋中的火塘与墙体角隅之间，其两侧布置卡垫床，一侧临火塘，所围合成的空间是堂屋中的重要空间，用于接待宾客和日常饮食。茶桌多为实木框架结构，高度约500mm，桌面规格多变不一，多见正方形，桌体或以脚架架空，或以透雕雕花板四面围合成箱体构造，多具束腰，鼓腿兽足，通体施以彩绘装饰。图3-8中（a）、（b）

所示为箱形结构的茶桌，可拆装结构，箱体置于底座之上，以圆榫连接。图3-8（c）所示为一带火盆的茶桌，矩形桌面一侧留铜制火盆，用来烧制酥油茶。

（3）供桌

在云南藏区，佛教氛围浓厚，一般在较大的城镇有寺庙，村庄有经轮房，民居中有经堂，故用作供奉的供桌是一类必不可少的器具，如图3-9所示。

供桌规格较多，从形制来看，供桌更似案，实木框架结构，有平头及翘头做法，翘头前端做雕刻装饰处理，如卷书状，后端不做。供桌桌体正面设一层或两层矩形浮雕嵌板，似高束腰的做法，又似抽屉面板，吊头下设透雕挂牙。两前腿为曲线腿，象鼻形腿做法多见，两前腿间有向外彭出的牙条，两后腿为直腿。供桌一般通体做彩绘装饰，常见红色和黑色。

除上述几类藏桌之外，在藏族人家的日常生活中，还有宴客专用的方桌，以及方便使用的折叠方桌等。

3.1.2.3　柜橱类

在云南藏族人家中，柜橱类家具主要有水缸亭、佛龛、橱龛和糌粑柜等，以满足日常收

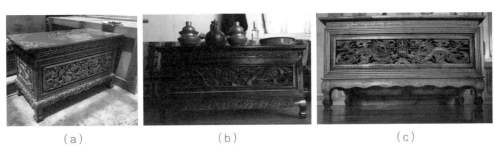

（a）　　　　　　　　（b）　　　　　　　　（c）

图3-7　堂屋中的藏桌（经桌）

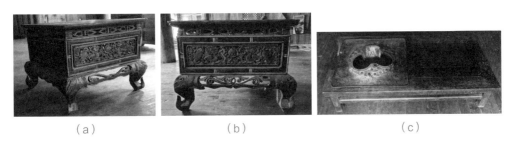

（a）　　　　　　　　（b）　　　　　　　　（c）

图3-8　藏族茶桌

（a）　　　　　　（b）　　　　　　（c）　　　　　　（d）

图3-9　藏族供桌

纳、存贮及供奉之需，柜橱类家具主要放置于经堂和堂屋。

堂屋是云南藏族民居的主要功能空间之一，是议事、家庭（族）活动、日常休闲、待客、饮食等生活起居及信仰供奉的主要场所，也是藏族民居中最大的功能空间。堂屋四周，两侧为建筑外墙，两侧为建筑内隔墙，沿着隔墙，分布有水缸亭、橱龛、神龛、卡垫床等家具。经堂是藏族民居的祭祀活动空间，经堂进深方向的立面为主要界面，设木制佛龛，佛龛中供置佛像、伟（名）人像、唐卡、经书、酥油灯等祭祀神器，沿进深方向，地面多布置经桌及卡垫床。堂屋和经堂的4个界面用木材或家具包覆，为典型的"外不见木，内不见土"的做法。室内界面，一些以木制雕刻、彩绘、唐卡、建筑小木作加以装饰，有富丽、豪华、浓重之感。另一些不用彩绘，木材表面用透明涂饰处理，有自然拙朴之感。

（1）水缸亭

水缸亭一般置于堂屋入口右侧靠墙处，木制雕刻彩绘装饰的柜体，内置一到三口储水铜缸，又称"水橱"。其既能满足日常生活用水之需，也能防备火患。水缸亭上有柜帽及顶，中间为开敞型架体，下部以格子板封闭落地。有的通体彩绘，有的透明涂饰，如图3-10所示。

水缸亭具有建筑化特征，像一个木制小房子。上部柜帽和堂屋顶棚连为一体，连接处有的以浮雕板斜向与顶棚和柜帽相连，有的与藏式建筑檐口飞子木层层挑出的做法类似，柜帽下部有透雕挂落。中间柜体设一到两层内缩搁板，其上放置盛水具及炊具等，柜体旁板前侧设透雕券口。下部柜体内置铜制水缸，以格子板封闭。柜脚多为象鼻足，两足间设牙板，牙板轮廓以边玛线处理，也有底板落地式柜脚。通体彩绘的水缸亭在边缘轮廓部位做描金勾边处理。

（a）　　　　　　　（b）

图3-10　藏族水缸亭

（2）佛龛

佛龛置于堂屋及经堂，用于供奉，表达信仰，祈求平安。佛龛一般上部有到顶的龛帽，中间为开敞龛体，下部用雕花板封闭落地，如图3-11所示。

佛龛也具建筑化特征，且程式化，对称布局，比例精确。龛帽有两种常见的做法：一种是藏族建筑檐口的做法，层层出挑的飞子木与透雕挂落组合；另一种是挂落出挑一到三层后，其上设一斜向透雕板与堂屋顶棚和龛帽上部相连。开敞型的龛体有两种做法，一种开大洞口，多用于堂屋佛龛，另一种开小洞口，多用于经堂佛龛，要么规则排列密置小洞口，要么众星捧月状密置小洞口，每一洞口内置佛像，有时是经书或佛珠等佛教圣物。两种方式的洞口内侧分层装饰，内层多用透雕券口，外部以型面或浮雕装饰。经堂佛龛的下部空间封闭，不做他用，堂屋中的佛龛，下部空间往往作为贮藏用柜体。经堂中的佛龛大多施加以金色为主的彩绘装饰，堂屋中的佛龛既有彩绘装饰，也有清漆透明涂饰。在装饰纹样上，佛龛中的"曲扎"纹应用较多，多出现在棱角部位。

（3）橱龛

橱龛置于堂屋，是藏族人民家中的壁柜（橱）。通常，橱龛、佛龛和水缸亭满布堂屋两面墙壁，佛龛和水缸亭各占一个单元，其余均为橱龛。橱龛最初用来搁置日常所需的餐饮用具，现在功能得到了拓展。橱龛一般上部有龛帽及顶，中间为开敞龛体，下部用雕花板或格子板封闭落地，如图3-12所示。橱龛也具有建筑化特征，形式多样，装饰简单，构造和佛龛、水缸亭类似。

（4）闷户柜

闷户柜是没有柜门只有顶盖的贮藏类器具，主要用来存放粮食及杂品，多放置于储藏间，如图3-13所示。闷户柜是典型的攒边打槽装板结构，有束腰及平直的牙板，直腿。通常施以彩绘装饰和线刻装饰，颜色以黄、红、黑为主，也有素面装饰。

（5）糌粑柜

糌粑是藏族人民的主要食品，糌粑做好后常要存放于木制糌粑盒中，放置糌粑盒的柜子就是糌粑柜，一般置于火塘空间的角隅处，如图3-14所示。糌粑柜体量较小，为分层分台式的高低柜形制，洞口位置有券口装饰，应用黄色彩绘装饰的较多，整体造型简洁。

3.1.2.4 藏床

藏床在传统习俗中只限于有身份的喇嘛和贵族使用，普通人多以卡垫床为卧具。藏床为箱框结构，民间用床高约200mm，宗教场所中的藏床较高，约400mm，床面板下沉约100mm，呈凹槽状，内铺设软垫及卡垫。藏床一般靠墙放置，临墙一侧的床侧板为山形或圆弧形。藏床多做彩绘和雕刻装饰，如图3-15所示。

（a）

（b）

图3-11　藏族佛龛

（a）

（b）

图3-12　藏族橱龛

图3-13 藏族闷户柜

图3-14 藏族糌粑柜

图3-15 藏床

（a）支架式鼓架

（b）悬挂式鼓架

图3-16 藏族鼓架

图3-17 焚香炉

3.1.2.5 其他家具

（1）鼓架

鼓及鼓架是藏族家庭的常备之物，用于歌舞助兴及宗教活动。鼓架有支架式和悬挂式两种。支架式鼓架主要由底座、立梃和鼓撑三部分组成，在立梃和底座结合处通常有站牙，在立梃和鼓撑的结合处有挂牙，如图3-16（a）所示。悬挂式鼓架由立柱和横梁两部分组成，如图3-16（b）所示。鼓架多红地彩绘装饰。

（2）焚香炉

焚香是藏族的一种习俗，室外焚烧松枝，室内焚烧藏香。焚香炉主要用于室内薰香，是一类小型家具，箱框结构，多做彩绘与雕刻装饰。使用时，在中间抽屉中点燃藏香，闭合抽屉，藏香就会从上部孔洞中缓缓溢出，如图3-17所示。

3.1.3 藏族家具的成因解析

3.1.3.1 宗教信仰与家具艺术的互生

宗教信仰是藏族人民传统精神文化的核心和寄托。远古时期，由于科技与文化的限制，人类的力量无法与自然力量抗衡，藏族先民认为自然力是强大的、超越一切的力量，由此产生了对自然的原始崇拜。这种崇拜经过发展，形成了青藏高原上最原始也是最初的信仰形态——苯教。苯教单纯的自然崇拜随着历史的发展走向了衰败，佛教弥补了苯教的不足，影响范围日益扩大。在佛教与苯教漫长的融合过程中，佛教吸收了苯教的原始崇拜，逐渐本土化，成为藏族人民普遍信奉的藏传佛教。

苯教习俗下的山崇拜、水崇拜、木崇拜……物化到家具中，出现了山形的家具构件、水缸亭、木材的应用等。在藏传佛教的影响下，佛教用具、佛教装饰、佛教用色被抽象简化为生活器具及装饰元素，并呈现出宗教象征性，如经桌、藏椅、佛龛等家具，宝幢纹、日月纹、曲扎纹等纹样，黑色、红色等彩绘。从某种层面上说，"藏族传统家具是宗教及信仰化了的家具，是宗教与信仰的物化"。

3.1.3.2　家具与建筑的关联性

云南藏族家具依附于建筑，与建筑融为一体。佛龛、橱龛及水缸亭作为藏族人民的日常之需，从工艺上看，是独立存在的，但从空间与功能来看，有分隔组织空间的作用，与建筑连为一体，成为建筑构造的一部分。也正因为如此，藏族家具在进行装饰和涂饰时，会在家具与建筑的连接部位做过渡性的装饰，使得家具与建筑浑然一体，看起来顺畅自然，如龛楣的做法。从造型上看，家具就像一个小型的木构建筑，有许多建筑化构件的特点。从装饰上看，建筑中的檐楣、窗楣、挑角式的飞檐、斗拱式的龙头装饰、莲花式的楣边装饰、各种柱式结构装饰、券口、挂落及彩绘等都在家具装饰中得到应用，使得家具高大、庄严、厚重，充满神秘气息。

3.1.3.3　家具与环境的适应性

云南藏族人民多居住在高寒地区，漫长寒冷的冬季使得藏族人民对居住环境的热工性能有较高的要求，在人与自然的选择过程中，保温性优异的生土、木材就成了最佳的建筑营造和家具制作的材料。在火塘文化影响下，藏族人民形成了围火塘而生活起居的习俗，与这样的生活方式相适应，出现了低矮形制的"日常"家具。堂屋是藏族家庭主要的公共与外联空间，家庭生活、聚会都在堂屋进行，家具的数量和布置方式与堂屋的功能相适应，同时，堂屋中的家具数量和做工也体现着家庭的实力和形象。

3.1.3.4　与其他民族文化的融合性

云南藏区位于青藏高原东南缓坡地带，滇藏川三省区交界处，具有多地貌、多民族、多宗教、多地缘的区位特征，是中国三大文化板块延伸、接触、碰撞、交融的西南向结点地区。民族学和民族史学研究表明，该地区虽以氐羌民族系统为主，但也受到了汉、百越、苗瑶和百濮系统的影响，因而其建筑、家具等民族工艺也受到了氐羌族系为主的北方游牧民族、百越族系以及汉族技艺的影响。其建筑、家具"基因"类型兼具游牧民族、农耕民族、渔猎民族的遗传。另外，横断山脉区是民族迁徙的必经之路，众多的山川河流形成的自然和人文廊道（官道、西南丝绸之路、茶马古道）由北至南逶迤蜿蜒进入云南境内，直至东南亚、南亚诸国。小范围看，它们将滇西北与藏东南、巴蜀西南部、滇中紧密联系在一起；更广范围看，它则是中国西南与东南亚、南亚诸国的文化交流走廊之一。因而，云南藏族家具的地方属性具有多元化特点，是多民族技艺融合的结果。

公元641年，文成公主入藏时带去了大量的佛像、经书、工艺技术著作、医方、医著、医械、珍宝、农作物种子等等。这些对发展吐蕃的经济、文化、佛教、医学起到了积极的作用，对家具制造风格、技术、工艺有极大的影响。公元755年，赤松德赞继位，他扶持和发展吐蕃的佛教，大肆扩建寺庙、翻译佛经，并邀请天竺高僧专门从事译经工作，统一了译经体例，对藏文规范化和吐蕃文化的发展作出了卓越的贡献。同时，这段时期佛教的盛行对藏族家具日后的发展起到了决定性的作用，使佛教装饰大量融入家具和室内装饰中。"大杂居，小聚居"是滇藏区各民族融合的真实写照，藏族、汉族、白族、纳西族、傣族、傈僳族、彝族等民族和谐共处，共同发展。时至今日，白族的木雕师傅已成为藏族民居建造和家具制作过程中的主要匠师。

总之，藏族家具是在特殊的地理环境和独特的社会历史背景中形成的一种地域性文化载体，因而，它是独特的、不可替代的。藏族家具是藏族人民造物智慧的结晶，是中国家具大家庭中极具特色的地域性家具。

3.2 白族家具

3.2.1 白族家具形成的背景

3.2.1.1 白族家具的起源与发展

我国的白族主要分布在云南、贵州、湖南等地区，云南省大理白族自治州是我国主要的白族聚居区。白族起源于西北河湟地带的羌人，当时，羌人过着游牧与半游牧的生活，进入封建社会以后，大理一带的白族先民在洱海边捕鱼种田，居有定所，家具开始有所发展。魏晋南北朝时期是中国历史上又一次民族大融合时期，各民族之间在经济、文化等方面的交流，促进了白族家具的发展。据史料记载，在唐宋年间，也就是南诏国与大理国时期，白族家具步入了一个极好的发展时期。到了明清时期，白族地区开始实行改土归流政策，加之汉文化的影响，先进的工具与制造技术传入白族地区，白族人兼收并蓄，吸收了汉族传统木作的优点，并将其与白族木雕和当地的大理石相结合，最终发展形成白族家具的地域特征。

白族家具与汉族明清家具有很多类似的做法，由于白族艺人世代继承下来的技法和风格没有改变，白族家具的民族特征得以存续。今天，我们在剑川县乡间可看到数量众多的木雕小作坊，他们的木雕技法，多是口传手教式的，木雕艺人就是设计师和匠师，在许多传统文化都被破坏和遗弃的情况下，这无疑是一笔宝贵的财富。

3.2.1.2 白族家具形成的文化背景

白族人擅长雕刻，至南诏和大理国（唐宋）时期，木雕技术水平已很高，雕刻制品大量用于宫殿、庙宇、园林和民居建筑之中。在大理地区，尤其是剑川县，有很多专门从事房屋建造和雕刻（木雕和石雕）的能工巧匠，民间将普通匠师尊称为"阿鹏"，将手艺高超的木工匠师尊称为"掌墨山神"，官方曾有过

"木匠提举"一类的褒奖。

大理白族地区，民间百姓能歌善舞，且有文学之风，这种追求雅致的习俗也体现在民间最广泛的营建行为——民居建造上。白族民居的组成单元有门楼、照壁、坊，门楼和照壁的造型既有飞扬起舞之感，又有内敛雅秀之韵；坊的木作多有雕梁画栋、题诗铭词，这种做法成为一种民俗营造和民族审美的载体，如图3-18所示。这样的民俗和民间技艺，无论从艺术品位还是从文化内涵上，都对家具产生了潜移默化的影响。白族人直接在自己用的家具上题诗铭词，将民俗画作为雕刻题材。如大理圣源寺《白国因由》隔扇门，用木雕图画和文字的形式讲述古代白族先民在观音的点化下创建"白子国"的故事，它无疑是白族家具技艺和创作的代表，有很高的历史价值和艺术价值。

（a） （b）

图3-18 白族民居局部

李京《云南志略》说："佛教甚盛，戒律精严者名得道，俗甚重之。有家室者名师僧，教童子，多读佛书，少知六经者；段氏而上，选官置吏皆出此。民俗，家无贫富皆有佛堂，且夕击鼓恭礼，少长手不释念珠，一岁之中，斋戒几半。"可见白族地区崇尚佛教，不仅民间群众笃信浮屠，而且统治者下台后也多削发为僧，人数之多，在中国少数民族史上较罕见。同时，白族还是一个信仰万物有灵的民族，有着古老的原始崇拜和自然崇拜，佛教和白族的"本主教"常融为一体，再加上日常生活中耳闻目见的事物，就形成了从仙道佛神

到花鸟鱼虫题材多样的白族家具装饰图案和手法。大理苍山盛产优质大理石，白族人民将这种大自然的馈赠创造性地应用于家具上，从材质上为家具又增添了一些风雅的气质。

3.2.2 白族家具的种类与形态特征

白族家具的种类较多，根据使用功能，可分为椅类、桌案（几）类、床榻类、凳类、柜橱类、其他类共六类。

3.2.2.1 椅类

白族座椅的形式有靠背椅和扶手椅两种。靠背椅是无扶手椅子的统称，包括灯挂椅和直背椅；扶手椅是既有靠背又有扶手椅子的统称，包括太师椅、交椅、官帽椅和圈椅。

（1）灯挂椅

白族灯挂椅的靠背既形似明式灯挂椅的靠背，又形似白族照壁构图，一般成套出现。图3-19所示的两件灯挂椅对靠背进行了重点处理，靠背上的搭脑出头且两端微微上翘，与明式灯挂椅靠背上的搭脑做法如出一辙，又似白族建筑的飞檐翘角。整个靠背为三屏式构图，中屏高，两侧屏下沉，与白族照壁构图如出一辙。靠背框架构件采用圆材，在边角部位有透雕的牙子装饰，图案以梅花纹、云纹为

主。两件椅子背板花瓶状中屏分别平刻"宁静""和平"铭文，表现了白族人民对生活的态度。座面采用了冰盘沿的形式，自然过渡。座面以下的脚架和腿足外表面浅雕阴线，成圆形竹节状，与靠背上的圆形构件形成呼应，有节奏与韵律感。这两件灯挂椅雅俗共存，有文人的清高，也有常人追求宁静、平和生活和上进的寓意。靠背板的装饰题材较多，有的饰以花鸟纹，有的饰以书法图案、题诗铭文，形式多样。

（2）直背椅

直背椅在白族家庭中应用普遍，图3-20为一件白族直背椅。直背椅靠背板平直，整体轮廓趋于方形，上部委角处理；靠背边缘采用阶梯状弧面，似劈料做；背板中部以平刻或浅浮雕的手法起圆形线，中央浮雕图案；靠背下部边缘浮雕狮纹。方正的靠背板与中央圆形的雕刻构图形成对比，二者与佛教的坛城图案和天圆地方的自然观相吻合，表现了白族的宗教与信仰观念。直背椅的腿与座面之间有低束腰，两前腿间有壸门券口，券口与白族民居柱间的券口做法相似，腿间横枨为步步高式做法。直背椅常置于堂屋供桌前方的双套桌两侧，稳重、端庄、雅致。

图3-19　白族灯挂椅　　　　图3-20　白族直背椅

（a）单人太师椅

（b）双人太师椅

图3-21 白族太师椅

（3）太师椅

白族太师椅较低矮，似沙发，有单人太师椅、双人太师椅和三人太师椅。图3-21（a）所示为一对单人太师椅，扶手为半圆雕做法，成起伏状的龙身。靠背面心嵌大理石，四周木框为半圆雕和剪影式镂空浮雕做法，木框以云龙纹的形式盘旋在大理石嵌板的周围，有固定石板的作用，也形成了强烈的材质对比和工艺对比。座面下有束腰，三弯腿，足部为狮爪踏圆球状。椅腿和座面接合处正面及两侧各有一牙板，正面雕以双龙戏珠的镂空花纹，承上启下，侧面为素牙板。单人太师椅常常成套使用。太师椅主要用于堂屋、佛堂，有时也用于餐室，形态均衡、庄重、富丽，散发着浓郁的古典美。图3-21（b）所示为一张双人太师椅，其造型、结构、工艺、装饰与单人太师椅类似。

（4）交椅

白族先民最初过着游牧与半游牧的生活，马扎轻巧，可以折叠，便于携带。后来，白族人对马扎加以改进，有了靠背、扶手，可折叠，成为家用休闲椅。图3-22所示为一对白族交椅，椅背为方形框架结构，背板为透雕板，分为三格，透雕花鸟图案；扶手为光滑的曲线形，与靠背形成曲直对比；座面采用白族地区的手工蜡染织品，蓝地白花，柔软结实，与木制框架形成材质对比。交椅形态圆润、光滑、轻巧，重点突出装饰部位。

图3-22 白族交椅

（5）官帽椅

白族官帽椅为框架结构，构件截面方材多见，雕刻装饰繁多，彩绘装饰多见。与明清时期的官帽椅相比，白族官帽椅整体形态厚重，体量较小，装饰较多，突出了民族做法和习俗。图3-23（a）所示为一件白族官帽椅，搭脑与图2-111中的（a）、（b）所示官帽椅的搭脑做法相似，搭脑与后腿上端正面边沿起阳线，内侧设角牙。三段式靠背板为一整板，上段边部镂刻如意纹饰，中部浮雕花卉纹饰，花蕊处镂空；中段浮雕莲花与水波纹饰；下段浮雕云纹，带亮脚。扶手下设卡子花，扶手与椅盘间设绦环板，与白族民居檐口的做法类似。椅座面为实木整板，腿间三面设券口，其上线刻卷草纹，纹饰勾白处理，腿间横枨为步步高式的做法，前腿正面边沿起阳线。这件官帽椅用色单一、庄重。也有彩绘装饰的白族官帽椅，用色丰富艳丽，图3-23（b）所示官帽椅进行了彩绘装饰，主要使用了黑色、红色、绿色、橘色、金色、白色，体现出了强烈的民族特征。

（6）圈椅

大理白族家具中的圈椅数量不多，以雕刻装饰见长，辅以彩绘，与明式圈椅做法迥然不同，极具地域性特征。图3-24（a）所示白族圈椅形态似白族双套桌，黑地，座面下构件边沿红色描边；图3-24（b）所示白族圈椅借鉴了白族民居中的木作做法，尤其是座面以下部分，座面落堂做法，下沉较多。

3.2.2.2 桌案（几）类

白族桌案（几）类家具种类丰富，主要有方桌、供桌、圆桌、条桌、条几、翘头案、香几、梳妆台、花几等。

（1）方桌

双套桌是白族方桌中较特殊的一款，多置于堂屋中间，其后摆设高大的条案或供桌，左右对称陈列太师椅，前部摆放条凳。双套桌在高矮家具组合中起着协调的作用。双套桌分上下两个部分，去掉下部，上部可做矮方桌使用。双套桌为框架结构，上部桌面多为落堂做法，中间嵌装大理石面心，高束腰，鼓腿彭牙，四面单枨，上部桌体是造型和装饰的重点。下部桌体高度小于上部桌体，形似托泥，桌面多嵌装木格栅，有矮束腰。下部腿足做法较简练，也有繁缛的情况。图3-25（a）所示双套桌上部桌体面心嵌装大理石，高束腰上透雕卷草纹。鼓腿处浮雕狮首纹，彭牙上透雕双凤纹；三弯腿，腿间四条横枨呈反罗锅枨状，过渡处雕以节子花，狮爪足下踏圆球。下部桌体面心嵌装木格栅，矮束腰，腿间设牙条，直腿，内翻马蹄足。

图3-25（b）为一款白族八仙桌，不常见，置于堂屋代替双套桌，形体较宽大。方形桌面，宽约1200mm，黑地，端部起线，下接束腰。束腰较高，上有绦环板和卡子花装饰，束腰两端、绦环板内缘以金漆勾边，卡子花表面以金漆涂饰，束腰下接腿与牙板，连接部位以浮雕回纹过渡。腿子模仿明式家具鼓腿彭牙做法及展腿式做法，上节腿子三弯腿做法，方形截面，显墩厚，上端两看面浮雕叶纹，叶脉线刻，下端略有外翻马蹄足之态，表面浮雕涡纹，足端以罗锅枨相连，上下两节腿以瓜棱柱础过渡；下节腿子也为三弯腿做法，圆形截面，形态似花瓣状，瓜棱柱础下端连较短的叶柄，相邻两叶柄间以罗锅枨连接，叶柄与花托相接，三弯腿似花蕊延伸向下方，极具田园之意；狮爪足，其下以民居中常见的一种方形柱础状雕刻件落地。牙板表面浅浮雕大比例回纹，形成图框，内填图案，正中图案为"福禄寿"、左侧为"花篮"及"箫"、右侧为"云阳板"，和其他三面牙板浮雕图案组合形成"暗八仙"图案。此方桌运用了典型的明式及清式家具做法。

（a） （b）

图3-23 白族官帽椅

（a） （b）

图3-24 白族圈椅

（a）白族双套桌　　　　（b）白族八仙桌　　　　　（a）　　　　　　　　（b）

图3-25　白族方桌　　　　　　　　　图3-26　白族供桌

（a）长茶几　　　　　　　（b）花几（1）　　　（c）花几（2）

图3-27　白族几

（2）供桌

图3-26（a）所示为白族家用供桌，红地，桌面两端为卷书式翘头，桌面下抽屉状面板上浮雕花鸟石榴纹，挂牙和角牙透雕香草纹。腿为直方腿，两条前腿上浮雕动物纹，足端浮雕如意卷云纹，两条后腿光素无饰。图3-26（b）所示为另一款白族供桌，除雕刻装饰，彩绘装饰也突出，用色主要有蓝色、红色、黄色和白色等。供桌一般置于堂屋中的双套桌后面。

（3）茶几

白族茶几主要有两种形式，一种是小茶几，另一种是长茶几。前面的图3-21两椅之间的小茶几为白族小茶几的常见形式，两层构造，红地，有束腰，鼓腿彭牙；上、下几面均为长方形，几面边框前端做委角处理，嵌装黑白纹饰的大理石面心，上下大理石面心前端也做倒角处理，与边框造型相呼应；彭牙中部浮雕与透

雕手法相结合雕刻有云纹、动物纹和果实组合纹样，鼓腿处见光面浮雕狮首纹，腿间四面单枨，足部为狮爪踏圆球状。小茶几多与单人太师椅配套使用，设置于两张单人太师椅之间，小茶几的装饰形态与单人太师椅一致。图3-27（a）所示为白族长茶几，长方形几面，红地，有束腰，鼓腿彭牙。几面为木框镶黑白纹饰大理石面心，彭牙上透雕双狮滚绣球图案，鼓腿处见光面雕刻狮首纹，足部为狮爪踏圆球状。腿间四面单枨，长边单枨为罗锅枨状，罗锅处加设单枨以木框结构嵌装大理石，形成搁板。

（4）花几

在白族人家，花几使用普遍，常见屋角檐下有放置盆栽的花几。图3-27（b）所示白族花几红地，方角圆边，嵌大理石面心，有束腰，鼓腿彭牙，三弯腿。彭牙中部浮雕与透雕手法相结合雕刻有云纹、动物纹和果实组合纹样。鼓腿处见光面以平面衔接，方正、厚拙、

有力量感，其下纤细的圆形曲腿向下延伸，有明式家具的展腿做法，委婉且富有弹性，具有"轻盈秀丽、亭亭玉立"的形态美。四条腿间设花枨，交叉处成节子花状，足部为狮爪踏圆球状。图3-27（c）所示白族花几似白族双套桌造型，框架结构，两层构造，上层矮，下层高，有束腰，上层三弯腿外翻马蹄足，下层直腿内翻马蹄足并有托泥。白族花几装饰手法以彩绘和雕刻为主，色彩以黑色、红色和金色为主，整体形态富有民族特色。

3.2.2.3　床榻类

白族床榻类家具主要有罗汉床和架子床。

（1）罗汉床

图3-28所示为白族罗汉床，由围子、床身和脚架构成。围子有正面围子和双侧围子，围子轮廓做出有节奏的曲线，既似壶门形，又似自然山体的抽象造型；三屏式正面围子红地白漆绘牡丹纹、凤凰纹，并以金漆勾边，双侧围

子采用同样的做法。床身牙条较高，其上浮雕卷草牡丹纹。直腿卷云足，边缘轮廓以金漆勾边。整个床体以红白两色为主，有华丽、尊贵和古典之美，这是白族家具常用的施色方法。

（2）架子床

图3-29所示为白族架子床，由顶盖、床围子、床身和脚架构成，形似在罗汉床的床身上以立柱架顶盖而成。顶盖前侧为券口做法，券口上浮雕卷草纹；床围子表面装饰纹样由植物纹、凤纹和反映生活场景的图案构成；其他做法与罗汉床类似。

3.2.2.4　柜橱类

矮型柜橱是白族人民日常生活中常用的一类家具。图3-30所示为平头柜，柜面黑色，柜体深红色。柜面平直，吊头下有挂牙，抽屉面板与柜门采用浮雕装饰，纹样以植物纹为主，如牡丹纹等。图3-31所示为翘头柜，柜面黑色，柜体深红色。柜面两端为卷书式翘头，吊头下有挂

图3-28　白族罗汉床

图3-29　白族架子床

图3-30　白族平头柜

图3-31　白族翘头柜

牙装饰，抽屉面板、中间的闷仓面板上均浮雕香草纹，柜门两侧的格子板上浮雕植物纹。装饰图案均采用了金漆涂饰，家具显得端庄富丽。

3.2.2.5 凳类

白族凳类主要有圆（方）凳、长条凳和坐墩。除长条凳，其他凳、墩座面通常镶嵌大理石。

（1）圆（方）凳

图3-32（a）所示圆凳凳面黑地，其余红地，凳面镶嵌圆形大理石面心，弧形牙板上浮雕喜上眉梢纹，线条流畅的三弯腿腿形，腿间双枨，枨间有如意状卡子花。此件家具显得圆润、坚固。图3-32（b）所示圆凳凳面黑地，其余红地，凳面镶嵌圆形大理石面心，有束腰，彭牙上透雕松鼠、葡萄组合图案，充满民间田园气息。腿间设十字枨，搭接处圆雕4个如意卷云纹，三弯腿，足部为狮爪踏圆球状。图3-32（c）所示方凳通体红地，凳面镶嵌方形大理石面心，凳面边沿起阳线，轮廓方角弧边，有束腰，鼓腿彭牙。彭牙上浮雕牡丹、卷草组合图案。腿间设十字枨，搭接处圆雕4个如意卷云纹，三弯腿，足部为狮爪踏圆球状。图3-32（d）所示方凳通体黑地，整木凳面，有束腰，腿间设单枨，直腿有收分，内侧红色勾边。

（2）长条凳

图3-33（a）所示长条凳，座面红色，脚

（a）圆凳（1）　　（b）圆凳（2）　　（c）方凳（1）　　（d）方凳（2）

图3-32　白族圆（方）凳

（a）

（b）　　　　　　　（c）

（d）　　　　　　　（e）

图3-33　白族长条凳

架黑色，金色勾边。座面下有牙头和牙条，其上浮雕卷草牡丹纹，腿足上浮雕卷草纹，足为云纹足，图案均为金漆彩绘，牙条和腿足皆随彩绘图案造型做出委婉的轮廓，看起来一气呵成，顺畅自然，形似白族民居中的券口做法。

长条凳在白族民间使用广泛，室内、室外诸多空间都有使用。形制较固定，但装饰多样，富丽堂皇，如图3-33（b）~（e）所示。

3.2.2.6 其他类

这类家具种类繁多，多是一些小型的家用木制器具，装饰性大于功能性，如屏风、面盆架、火盆架、镜台等。

白族人家的屏风种类主要有挂屏、座屏和立屏，挂屏使用尤其广泛。白族的屏风注重雕刻，屏心多嵌装当地盛产的大理石。图3-34（a）中的挂屏上下雕刻回纹图案，中间以园林建筑框景的手法，分别镂空出扇形、委角矩形、圆形、委角正方形开光，开光内均嵌装大理石面心，通过大理石纹理营造自然山水的意蕴。挂屏一般成组悬挂于厅堂墙面。图3-34（b）挂屏为三联组合式，四抹三段，上下绦环板处嵌装大理石，中间嵌装楠木板，浮雕博古纹、花卉纹，屏框架涂饰深色，屏心涂饰清漆，嵌装大理石的自然山水意蕴与植物花草相

映成趣。图3-35所示为白族小座屏，四足架立，圆雕手法，满布植物花卉图案，与大理石纹理共同构成自然山水的意蕴。

图3-36为白族火盆架，六边形架面，端面起线，有束腰，鼓腿彭牙，彭牙表面刻绘有香草蝠纹图案，白漆涂饰，六条三弯腿，足部为狮爪踏圆球状。

图3-37（a）、（b）为白族面盆架，（a）图面盆架为框架结构，拱形搭脑圆雕凤首，挂牙浮雕凤纹，后腿立柱中部设一搁板。盆架面为矩形，其下设一抽屉，屉面板刻绘凤纹图案。盆架红地，所有雕刻图案均涂饰金漆。（b）图所示面盆架体量较大，也为框架结构，黑地。盆架面板后部立柱框架构图似白族三滴水照壁或门楼，横向三屏式。中屏分三段，顶部装设帽头，其上浮雕孔雀开屏图案，以金色勾勒，间或红色；上段以木框嵌装大理石，木框上下以盘长纹结子连接外框，左右以梅花纹结子连接外框；中段嵌装雕花板，雕花板浮雕圆形构图的牡丹富贵团花纹，角隅填充卷草纹，色彩以红色、绿色、褐色及金色为主；下段上部装设绦环板，其上彩绘兰草纹，下部透空。两个侧屏左右对称排列，大致分三段，顶部装设帽头，其上图案是中屏图案的延续，上段装设绦

（a）　　　　（b）

图3-34　白族挂屏

图3-35　白族小座屏

图3-36　白族火盆架

（a）　　　　　（b）

图3-37　白族面盆架

环板，中段装设券口，下段透空，中段和下段间设栅栏式竖枨。方形整木盆架面，边沿红色涂饰；束腰表面打注处理，其下设置一抽屉，屉面浮雕喜上眉梢纹；直腿有收分，内侧红色勾边，腿间单枨，枨间攒装冰裂纹木格栅，形成底部搁板。

3.2.3　白族家具的成因解析

白族家具构图和结构装饰中融入了白族乡土建筑的做法，浓缩了民族特点和性格。通过几何构图，白族家具呈现出严谨的比例与尺度感，通过装饰既反映白族人乐山乐水的生活态度，又体现了白族人的精神向往。由于木雕应用的习俗，家具自然地呈现出了雅致的气质，民间艺人在题材选择方面，往往源自对生活的体验和写实。白族民间有一句谚语："木匠的灵气，居家的活气。"意思是说木匠以超常的智慧创作的雕花家具，使人们的生活充满活力，增添了生活的乐趣。取材于当地的纹理优美、材色多样的大理石，选择性地与木材、雕刻等元素相结合，造就了白族家具集雅俗为一体、雅而致用、俗不伤雅的特征，满足了美学与功用的要求。

3.2.3.1　多元文化对白族家具的影响

白族分布也具有"大杂居、小聚居"的特点，各民族都因各自的地理环境、气候条件、物产资源、生计方式、宗教信仰、生活习俗等不同而形成不同的民族习惯和审美。各民族间，要么邻近，要么杂居，造物技艺互相渗透、互相影响。在明清时期，由于大量汉族人移居云南，促进了汉族与白族之间技艺的交流融合，使白族家具具有了一些明清家具的特征。在家具用色上，白、蓝、红（绛红、朱红）、紫、黄、黑等颜色不仅在白族家具中应用较多，在纳西族、彝族、藏族家具中也应用较多。在家具图案纹样方面，龙、凤、麒麟、狮、鹿、鱼、莲花、牡丹、竹、梅花、兰花、菊花、灵芝、荷花、石榴、宝相花、云气、火焰、水纹、十字纹、万字纹既出现在白族家具中，也出现在了其他民族的家具中。

3.2.3.2　宗教信仰对白族家具的影响

白族地区主要存在佛教、本主崇拜、道教三种宗教信仰，其中佛教与本主崇拜对白族家具的影响较深远。

大约在南诏初期，佛教就传入了大理地区。各种佛教流派在大理地区相互交融，于南诏中期形成了佛教密宗阿吒力教派。佛教图案如法轮、莲花、宝相花、壸门等，佛教用色如红、黄、蓝、黑等，常出现在白族家具装饰上。

本主崇拜是白族特有的一种自然崇拜，经历了山水物产的自然崇拜、龙神崇拜、人神偶像崇拜3个阶段。在人类征服自然、改造自然能力低下的过去，洱海、苍山是白族人生活用度的重要来源，白族人在热爱大自然的同时，对自然界的万物也充满了崇敬的心理。这种心理逐渐上升为一种本能崇拜，将自然物抽象运用在器物造型中，如云气纹、火焰纹、水纹、鱼纹等。这些纹样既表达了白族人对自然界的尊敬，也表达了他们对风调雨顺、宅顺人安的祈盼。龙神崇拜是本主崇拜中的一个重要阶段，白族人视龙为"龙王"，每年新春佳节，白族的村落会扎制不同的布龙、纸龙，有青、红、蓝、白、黑诸色，以示崇拜和权威。而鹿、麒麟、仙鹤等神兽，与龙一起受到大理白族人的崇拜，寄托了白族人祈求风调雨顺、国泰民安的愿望。本主崇拜在家具的雕刻纹饰上多有反映。

3.2.3.3　建筑形式对白族家具的影响

白族民居是一种合院民居，"坊""耳房"和"照壁"是白族合院民居的主要构成单元，三者组合布局后演变出多种布局形式，如一坊两耳型、两坊两耳型、三坊一照壁型、四合五天井型，以适应不同的生活需求，最大化地利用空间。可以看出，白族乡土民居构图既对仗工整、注重比例，又布局灵活、注重空间尺度关系，形成了营造活动中的一种构图比例范式。在这种思维方式影响下，白族家具形成了空间比例严谨、构图程式化的特点，外刚内柔，有强烈的几何美感。

白族民间有"人靠打扮，房靠陪衬"之说，所谓陪衬，就是指照壁、门楼等装饰性强的附属建筑。照壁、门楼虽都源自中原民居建筑，但经过白族匠作的吸收与演变，已将其涵化为白族特有的建筑元素。白族三滴水照壁由石基脚、墙面、瓦顶三段构成，如图3-38、图3-39所示。其纵向通过彩绘在视觉上分为三段，中段高出的壁顶做庑殿式，两侧壁顶下沉双面坡瓦面；檐下置带状饰面，分隔成若干个不同几何形画框，俗称"书厢空"，其中彩绘山水、人物、花鸟、诗词；带状饰面下正中绘矩形（似正方形）画框，两侧绘条幅状矩形画框，其中题书"福""禄""寿""清白传家"等。白族三滴水门楼源自三开间牌坊，与照壁类似，为一高两低的屋檐形式。这样的建筑形制，反映在家具上，如灯挂椅的靠背做法、床的背屏做法、挂屏做法、桌类柜类家具表面的分割设计做法、盆架后部框架的构图等。此外，家具的结构装饰件、表面的雕刻装饰和彩绘装饰也与建筑的做法一脉相承。

总之，木材、石材、雕刻、几何构图、线型、彩绘、建筑做法等特征使白族家具呈现出尊贵典雅的地域性风格特色，是多民族文化融合的成就，也是中国传统家具中一颗灿烂的

图3-38　白族三滴水照壁

（a）

（b）

图3-39　白族三滴水门楼

明珠，其艺术价值和造型思想值得我们学习和借鉴。

3.3 傣族家具

3.3.1 傣族家具形成的背景

3.3.1.1 傣族家具的起源与发展

公元前1世纪，史籍就有关于傣族先民的记载，汉武帝时期，傣族地区属益州郡管辖。至明清两代，少数民族地区实行"改土归流"政策，傣族地区渐归中央政府直接管辖。傣族是云南特有的少数民族，主要分布在西双版纳傣族自治州、德宏傣族景颇族自治州、临沧市和玉溪市等地，西双版纳傣族自治州是主要聚居区。

傣族生活的大部分地区属亚热带气候，风光秀丽，植被资源丰富，也是世界上主要的竹、藤产区。傣族地区适于竹子生长，傣族人家的房前屋后，遍布青翠葱郁的竹林，傣族人家也有食笋的生活习俗。傣文佛经记载，竹子是观音于洛伽岛紫竹林修道时的证据，故而被尊为"佛树"，这可折射出傣族人对竹子的尊崇和热爱。傣族人民利用竹子的历史悠久。傣族男子多是编织能手，以手中的竹篾，随物赋形地展示着傣族人民的愿望和民族审美。

傣族民居是典型的干栏式建筑——俗称"傣族竹（木）楼"，分上下两层，上层住人，下层饲养牲畜家禽及堆放杂物。傣族竹（木）楼有1000多年的历史了，由于建筑与家具的伴生性，傣族家具的产生时间应不晚于傣族竹（木）楼。而且，傣族竹（木）楼的营造技法对傣族家具的用材、结构和装饰产生了深远的影响。

3.3.1.2 傣族家具形成的文化背景

傣族聚居区是我国水田稻作农业文化区的南端核心区域，江河众多，物产丰富，稻作、渔猎、采摘是当地人民主要的生计方式，属定居类型的民族。傣族地区通内联外的特殊地理位置，以及"茶马古道"的廊道作用，与东南亚、南亚、中原内地等地区保持着密切的经济文化上的交流。

公元10世纪末，南传上座部佛教（又称"小乘佛教"）经由东南亚国家进入西双版纳。及至12世纪前后，傣文被正式创立，出现了可以传播的佛经。到15世纪中叶，佛教在西双版纳广泛流传，并形成了政教合一的制度。佛寺建在村寨之中，僧侣日居佛寺，与村民频繁往来，出家还俗，很是随便。佛寺兼具文化教育功能，儿童进入寺院后，通过宗教教育掌握一定的文化知识。

在得天独厚的自然条件、自给自足的经济方式与佛教的影响下，傣族人民在历史长河和社会实践中主张自我解脱和自我拯救，过着寂静的生活。表现在建筑、家具和其他器物上，为适应环境、造型简洁、随物赋形的特点，诠释着人与自然的和谐。

3.3.2 傣族家具的种类与形态特征

傣族家具有高型、低矮型和席地型，以低矮型为主，轻便、易挪动。家具的制作材料有竹、藤和木材，竹（藤）编工艺的应用使得家具呈现出强烈的竹（藤）做形态特征。常用的家具有：竹（藤）凳、竹（藤）椅、竹（藤）桌、竹（藤）柜等，还有少量的木制凳、桌柜。从家居角度看，还有日常之需的竹碗、竹（藤）篓、竹（藤）篮、竹（藤）包等，类别繁多。

（1）竹（藤）凳

竹（藤）凳在傣族家庭中主要用于餐饮、休闲。竹（藤）凳一般较矮小，有方形，也有圆形。编织座面，纹样不一。脚架可用竹材也可用藤材和木材，多用圈式足或劈料做腿足的形式，粗放中带着精巧。图3-40是常见的竹（藤）凳款式，（a）图所示凳座面藤编，木制腿，藤材圈式足。（b）图所示凳座面藤编，竹篾条栅栏式腿，藤材圈式足。（c）图所示藤凳似傣族人民日常生活中娱乐所用的腰鼓形状，藤皮编织座面，以小径级的藤条编织成骨架。

（2）竹（藤）桌

竹（藤）桌有大有小，方形或圆形，与竹（藤）凳配套使用，高度较低，桌面多为落堂做法。竹（藤）桌腿部造型各异，多采用圈式足，也有劈料做腿足。图3-41所示为常见的竹（藤）桌。

图3-41（a）所示竹圆桌使用了7条S形腿，形似孔雀开屏，是孔雀之乡的傣族人对孔雀特有感情的反映，同傣族"纳哨奔"的民族故事有关，蕴涵着青年男女恋爱婚姻的民族风情。图3-41（b）所示竹方桌的桌体采用竹篾编织形成，并呈透空状，据傣族人介绍，桌面下的脚架所形成的筐体兼具饲养家禽功能，是一种体现生活习俗的多功能家具。图3-41（c）所示藤桌的桌面用藤篾编织而成，脚架利用中、小径级的棕榈藤材性柔韧的特点，反复弯曲，曲折迂回，形成波纹状，既使家具呈现出节奏与韵律的美感，又寄寓傣族人民对水的

崇拜。图3-41（d）所示圆桌是傣族人家常用的餐桌，桌面分上下两层，上层桌面用来放置菜肴，下层桌面用来放置餐具，区分了桌面的功能区，扩大了桌面面积；桌面用藤篾编织而成，框架用大径级的棕榈藤加工而成。

在西双版纳，除竹（藤）制桌类外，傣族家庭也偶见木制桌类家具。

（3）竹（藤）椅

竹（藤）椅的类型较多，有靠背椅、扶手椅、休闲椅和沙发椅，沙发椅有单人、双人、多人用椅。

图3-42（a）是傣族人家常见的一款藤靠背椅，较低矮，线状藤框架，藤编织座面、靠背，也有竹编。图3-42（b）为一款藤扶手椅，体量宽大，靠背倾角较大，搭脑、靠背和座面连为一体。图3-42（c）为一款藤休闲椅，椅背与座面连为一体，由线形零件构成，具有较强的动感。图3-42（d）~（f）为藤沙发椅，这类沙发椅形制相似，多有扶手，靠背较高，靠背往往是造型的重点，根据使用人数多少，做视觉上的分块处理，编织处理手法各异，有圆形、桃（心）形、椭圆形等等。

第3章 中国少数民族家具专论

（a）　　　　　（b）　　　　　（c）

图3-40　傣族竹（藤）凳

（a）　　　　（b）　　　　（c）　　　　（d）

图3-41　傣族竹（藤）桌

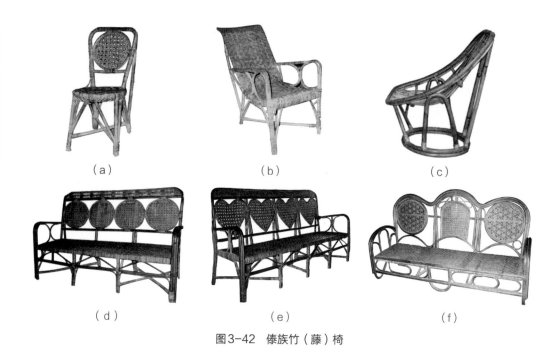

（a）　　　　　　　　（b）　　　　　　　　（c）

（d）　　　　　　　　（e）　　　　　　　　（f）

图3-42　傣族竹（藤）椅

除上述三类坐具外，在傣楼走廊木制墙体与柱间会根据空间装设水平状木板作为座面，休闲用，俗称"围栏椅"。

（4）床（地铺）

傣族民居底层架空，通风隔潮，人居二层，连通的堂屋和卧室（里屋）为实木地面或实木板上铺竹席，室内素雅、洁净、干燥。傣族人家习惯于席地而卧，或者在临墙靠窗地面起台，形成床台，类似榻榻米，与建筑融为一体，如图3-43所示。傣族人家中，所有家人居于里屋，私密性强，客人居于堂屋。床上常挂帐幔，兼作隔断。帐幔颜色有区别家庭成员的功能，如年长者挂黑色帐幔，已婚年轻者挂红色帐幔，未婚者挂白色帐幔。帐幔也有防蚊虫之用。

（5）婴儿吊床

婴儿吊床是供傣族儿童使用的家具，竹编而成，常悬吊于堂屋的柱间，如图3-44所示。

（6）竹衣箱柜

箱柜体较小，竹编而成，衣物折叠放置。

箱柜体有盖，四角一般用木材做骨架和支撑，如图3-45所示。

（7）餐具柜

餐具柜体量小，竹（藤）框架，竹编织面构件嵌装于框架间，如图3-46所示。

傣族的民用家具以竹（藤）编家具为主，佛寺用家具多为木制雕刻，外形稳重肃穆、华丽多彩。图3-47所示为一款佛寺木雕供桌，正面左右边部框架各雕一条龙纹，龙尾延伸至左右两足，呈双龙盘绕状，龙眼和龙身多处镶嵌小圆镜、彩色玻璃片及珠子等。佛教的莲花纹、缠枝纹，通过浮雕、透雕的形式布局于供桌正面，同时，腿子上侧的浮雕鱼纹与下侧龙纹相呼应，寓意自然崇拜和爱佑生灵。

3.3.3　傣族家具的成因解析

傣族家具低矮、尺度较小，以满足日常生活中的实用要求作为功能出发点。家具造型

图3-43 傣族床台

图3-44 傣族婴儿吊床

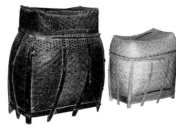

图3-45 傣族竹衣箱柜

图3-46 傣族餐具柜

图3-47 傣族供桌

以功能和结构为主，显露材料的本色；家具构成以线为主，曲直结合；家具构图讲究对称，编织有序，端庄稳重；家具用材以竹、藤为主，竹、藤、木通过绑扎、榫卯、销钉连接形成结构框架或混合框架，通过竹篾编织成面。家具融装饰于结构，少量的装饰展现了乡村风格，自然地融入了民族审美。傣族家具轻巧活泼，空灵剔透，朴实清新，极具乡村田园情调。

3.3.3.1 环境资源和地理气候的影响

傣族地区地处热带雨林，竹藤资源丰富，傣族人民加工利用竹藤材的历史悠久，为傣族家具的制作提供了材料和工艺条件。傣族地区炎热潮湿，傣楼的建造以热工性能良好的木竹材为主，构造通透通风。在这样的资源和气候影响下，傣族家具以竹、藤及木材为制作材料，应用编织工艺，满足家具的透气性，改善体感的舒适性，可起到消暑的作用。因气候炎热，傣族人多有乘凉习惯，轻巧的竹凳、竹椅、竹桌，搬动方便，受到了傣族人的青睐，成为傣族家具的主要类系。

3.3.3.2 傣族民居的影响

竹楼是傣族先人因地制宜创造的适应地域环境要求的住屋形式，已有1400多年历史。傣楼属于典型的干栏式建筑，以竹木为柱，屋盖呈尖锐的"人"字形，是底层架空的两层高脚楼房。底层为了防止潮气，一般不住人，四周无遮拦，是饲养家禽或堆放柴火及杂物的地方。二层是傣族人家日常起居的场所，家具多融合建筑的内外结构，有的与建筑连为一体，甚至成为建筑的一部分，有的具有围合和分隔室内空间的作用。傣楼围护结构的密闭性较差，墙板、地板间往往有较大的间隙，为了解决建筑构造带来的家具使用不便问题，家具的支承部分多采用圈式腿足。为防止东西掉落，桌面多采用落堂做法，把家具的结构与实际使用功能结合起来。

3.3.3.3 自然崇拜与宗教信仰的影响

历史上，傣族是一个自然崇拜的民族，傣族人展现出了对大自然极深的热爱。日常生活中喜闻乐见的事物形象，逐渐抽象演化为建筑或家具的装饰要素，并被赋予一定的寓意。傣族人崇拜大象，象纹寓意力量，后来由于佛教的传入，象纹便带上了佛教的面具，附加了佛教文化的象征；傣族人也崇拜孔雀，认为孔雀是美好善良的象征，是一种吉祥鸟，能给人们带来幸福和安康；等等。

直到1000多年前，南传上座部佛教传入后，原始崇拜与南传上座部佛教碰撞结合，使得宗教与民俗融为一体，形成了"尊重自然，万物有灵"的民俗信仰。南传上座部佛教主张一切皆空、自我解脱、清心寡欲、隐居、行善、修来世，最终达到涅槃。这样的民俗信仰影响着社会、文化、日常生活的各个方面，对家具的形成和形式有重要的影响。于是，傣族家具多简洁，少刻意的装饰，保留了材料自然本色的特点，以光素为主。

3.3.3.4 生活习俗和婚姻观念的影响

傣族人的生活习俗和婚姻观念也对傣族家具产生了一定影响。傣族人家一般在前廊待客，重要的客人才可进入堂屋。堂屋中间铺竹席，人们席地而坐。这里既是招待客人的地方，也是全家活动的中心。一侧用木板或竹篾隔成私密性强的卧室空间。在婚姻观念上，傣族实行一夫一妻制的小家庭，家庭成员一般包括父母和未成年的子女，子女成年结婚后多另建新房与父母分居，因此，家庭人口较少，住居占地不大，家具数量少。

总之，傣族家具是傣族文化的一部分，它独特的造物艺术是其他民族家具所无法比拟和代替的。随着时代的发展，傣族家具在扬弃传统的同时，逐渐更新了内容和形式。尤其在倡导生态文明的今天，继续传承和发扬傣族竹藤家具的传统，并使之发展、创新，傣族家具将会具有更美好的前景。

3.4 纳西族家具

3.4.1 纳西族家具形成的背景

3.4.1.1 纳西族家具的起源与发展

纳西族聚居于滇、川、藏诸省（自治区）交界处，群山耸峙，风景秀丽，平均海拔约2700m，人口30多万，有自己的语言和文字。其中，云南省丽江市境内聚居着大约2/3以上的纳西族人口，是纳西族最为集中的聚居区。纳西族具有悠久的历史，早期过着游牧和半游牧的生活，家具用具以追求实用、便携为主。到了唐宋年间，纳西族先民完成了从原始社会向奴隶制社会的过渡，纳西族地区由游牧经济转向了定居的农耕经济，他们在丽江等地从事农业生产，定居了下来。在发展农业经济的同时，也发展矿产、畜牧产品和手工制品等。元代时期，纳西族地区被纳入了中央王朝直接管辖的范围，客观上促进这些地区的社会、经济、文化等各项事业的发展，纳西族也开始了从奴隶制社会向封建制社会的过渡。明代时期，由于中央政府支持，纳西族不断向外扩张，这一时期也是纳西族地区的政治、经济和文化等方面得到迅速发展的时期。《徐霞客游记》记载，木氏土府"宫室之丽，拟于王者"。清代时期，改土归流政策的实施加快了纳西族与周边其他少数民族融合的步伐，同时，在纳西仕族中出现了热衷于学习汉文化的社会现象。

纳西族聚居区南接南诏大理，北接吐蕃，在历史长河的风云变幻中，历来是大理国和吐蕃及其他势力斗争的要冲。同时，这里也是汉族、藏族、白族、纳西族等民族进行经济文化交流和互通有无的地方。纳西族是一个善于接受先进文明的民族，历代纳西族土司均主动吸收汉族、藏族和其他民族的文化，为己所用。公元1381年，明朝将领沐英镇守期间，为安定边疆，大兴屯田，劝课农桑，礼贤兴学，传播中原文化，推动了汉文化的传播。纳西族家具逐渐形成了既具有本民族特色又兼具汉族、藏族、白族等民族家具做法的多元化地域家具风格。在丽江地区，以木氏土司府为代表，其中家具多具有明代中原家具的某些特色。

3.4.1.2 纳西族家具形成的文化背景

纳西族的形成是多元的。纳西先民由三部分人组成，一部分是源于西北河湟流域的古羌人，另一部分是我国古代西南民族中的夷人族系，还有一部分是较早时期就居住在云南省丽江境内的土著居民。在漫长的历史发展进程中，以上三部分人形成了纳西族先民主体，不断吸纳融合汉族以及周边一些少数民族的先民，逐渐发展壮大而形成了今天的纳西族。在今天的云南省丽江市境内，居住着纳西族、藏族、普米族、彝族、摩梭族、傈僳族、白族、汉族等多个民族。

纳西族的民族关系是多元的。纳西族学者方国瑜先生认为："自唐初，麽些（纳西）民族介于吐蕃、南诏之间，其势力消长，互相攘夺，则其文化之冲突与融合，亦可想象得之；今日麽些（纳西）文化，受西川传入汉文化影响甚大，而南诏、吐蕃之文化亦当有影响，又麽些（纳西）文化输至吐蕃者亦有之。"历史上，纳西族未独立建立政权，为了保存实力，扩展势力范围，纳西族统治者不得不依附"强势文化"。从纳西族史来看，纳西族与藏族、彝族、傈僳族、普米族等民族有亲密的族缘关系。藏族的宗教与习俗，汉族、白族的习俗与生产营造技术，均对纳西族的民族习俗与文化产生了深远的影响。

3.4.2 纳西族家具的种类与形态特征

纳西族家具的种类和样式丰富多彩，依据其使用功能，可分为椅凳、桌案、床、柜橱和杂件五大类。纳西族家具中椅凳类品种繁多，方圆高矮样式各异，尤其以庄重典雅为特征的各式直背椅较为突出。桌案类家具功能齐全，既有置于厅堂的方桌、双套桌、八仙桌和月牙桌，又有用于摆设和祭神的万架桌或万卷桌，还有日常工作需要的办公桌等。床榻类家具有罗汉床和架子床。柜橱类家具繁简不同，或轻盈秀丽，或富贵豪华，各式各样。杂件类家具大到屏风、衣架，小到箱、匣、镜台，充分反映了纳西族人民的生活水平。

3.4.2.1 椅凳类

纳西族椅子的样式有靠背椅、扶手椅、圈椅和交椅四种。靠背椅是无扶手椅子的统称，主要有灯挂椅、梳背椅和直背椅。扶手椅常见的样式主要有官帽椅、玫瑰椅、太师椅和休闲椅。交椅实际上就是有靠背的马扎，可分为直靠背和圈靠背两种。纳西族凳子可分为方凳、圆凳和长条凳三大类。

（1）椅子

灯挂椅的造型似悬挂油灯的灯挂，如图3-48所示。灯挂椅搭脑向两端挑出，靠背板上或镶嵌石材，或雕花。座面下正面以牙条或券口装饰，方腿多见，腿间的帐子有单帐，也有双帐，多为步步高式的做法。图3-48所示椅子与明式灯挂椅相比，搭脑呈板状，两侧端头的弧度更大。

梳背椅的靠背似梳齿状，故称为梳背椅，数量较少，如图3-49所示，其他做法与灯挂椅类似。

直背椅是纳西族人家常用的坐具，因椅子靠背板用一块平直型的木板而得名，靠背板与座面的结合采用活榫形式。直背椅靠背板边缘轮廓形态多变，其上图案纹样丰富多样，但都比较简洁，平刻彩绘图案，或题诗铭文。座面通常采用冰盘沿、斜角沿或泥鳅沿的形式，座面与椅腿的结合分为有束腰和无束腰两种。腿足间一般都有券口牙条，显厚重，腿多为方形直腿，也有蚂蚱腿的，足有时采用内翻马蹄足。腿之间有横枨，有双枨也有单枨，多为步步高式的做法，前面的横枨兼做踏脚，后面的横枨与座框间有时设有两根立枨。整个椅子看起来端庄稳固，威严高大，用于厅堂及书房中。

根据有无搭脑，直背椅分有搭脑和无搭脑两种类型，根据靠背外形轮廓，有山形、火焰形、圆盘形、纺锤形、梯形、蝙蝠形等。山形靠背直背椅最为多见，有些直背椅在山形靠背上端加卷书式搭脑。图3-50（a）所示为山形靠背直背椅，图3-50（b）所示为卷书式搭脑山形靠背直背椅，图3-50（c）所示为纺锤形靠背直背椅，图3-50（d）所示为火焰形靠背直背椅，图3-50（e）所示为圆盘形靠背直背椅，图3-50（f）所示为梯形靠背直背椅，图3-50（g）所示为蝙蝠形靠背直背椅。

官帽椅因其扶手和搭脑组合形似官帽而得名，如图3-51所示。此官帽椅靠背和扶手下端设有横枨，横枨与座框间饰以梅花形卡子花，扶手与横枨间设有葫芦形竖枨，造型简练，装饰精而不繁。

如图3-52所示，纳西族玫瑰椅与明式玫瑰椅的区别在于，明式玫瑰椅框架多用圆材而纳西族玫瑰椅框架多用方材，且纳西族玫瑰椅略显厚重。

交椅由马扎演变而来，可以折叠，如图3-53所示。此椅造型轻巧活泼，用于厅堂、书房等功能空间。

如图3-54所示，纳西族圈椅多成套出现，与明式圈椅相比，略显厚重。

纳西族休闲椅的靠背和座面的倾角较大，靠背较高，座面宽大，有时上置坐垫和靠垫，如图3-55所示。

（2）凳子

纳西族方凳有有束腰和无束腰之分，有的

图3-48　纳西族灯挂椅

（a）山形靠背直背椅

（b）卷书式搭脑山形靠背直背椅

（c）纺锤形靠背直背椅

（d）火焰形靠背直背椅

图3-49　纳西族梳背椅

（e）圆盘形靠背直背椅

（f）梯形靠背直背椅

（g）蝙蝠形靠背直背椅

图3-50　纳西族直背椅

图3-51　纳西族官帽椅

图3-52　纳西族玫瑰椅

图3-53　纳西族交椅

图3-54　纳西族圈椅

图3-55　纳西族休闲椅

（a）有束腰
直腿高方凳

（b）直腿矮
方凳

图3-56　纳西族方凳

图3-57　纳西族圆凳

图3-58　纳西族长条凳

直腿，有的曲腿；有的带托泥，有的无托泥；有的高，有的矮。图3-56（a）所示为有束腰直腿高方凳，足为马蹄足，腿有侧脚收分；图3-56（b）所示为一直腿矮方凳。

图3-57所示为一款纳西族有束腰矮圆凳，四条三弯腿，足部成外翻马蹄足，凳面镶大理石。

长条凳是纳西族常用家具之一，制作讲究，常置于厅堂两侧或走廊。图3-58所示长条凳凳面较宽，高度较矮，腿足间的牙板上浮雕香草葡萄纹，腿足表面浮雕回纹，腿间设有横枨。

3.4.2.2　桌案类

（1）八仙桌

图3-59所示八仙桌为红色桌面，其余大部分为黑色表面；桌体分上下两部分；高束腰，其上镂空似绦环板，内置透雕山形、植物图案，轮廓描金；桌体上部腿间中间设罗锅枨，直腿侧脚收分，内翻马蹄足，轮廓描金；桌体下部直腿侧脚收分，内翻马蹄足，

图3-59　纳西族八仙桌

足面浮雕回纹，轮廓描金。在高度方向，八仙桌为二层构造做法，形似双套桌，但比双套桌简洁。

（2）双套桌

双套桌是纳西族常用家具之一，分上下两部分，制作讲究。双套桌有束腰，束腰上有绦环板，板上透雕或浮雕卡子花。上部腿足多为弯曲状，其内侧又加设似竹节状的细腿，虽看似多余，但体现出纳西族人民的美好生活愿望。双套桌雕刻图案题材丰富，桌体较高，既

有庄重威严之势，又不失华丽轻巧之感，常置于厅堂用于祭拜。

图3-60（a）所示双套桌裸露木材的天然纹理，束腰上透雕梅花形卡子花，边部四角阴刻竹节，与内侧竹节腿相互呼应。上部腿足为粗壮的三弯腿形，内翻马蹄足，足面浮雕菊花纹。与上部腿足相比，下部腿足断面缩小，为直腿内翻马蹄足。整件家具显得端庄、轻巧、华贵。

图3-60（b）所示双套桌束腰上透雕荷花形卡子花，中间金漆彩绘寿字纹，其下与脚架的连接处金漆彩绘一周回纹。上部腿间的牙板透雕双龙戏珠纹，边缘金漆描绘，虎头足。下部桌体直腿内翻马蹄足，腿间牙板上金漆浮雕香草莲花纹。整件家具清漆涂饰，雅致华丽。

（a）　　　　　　　（b）

图3-60　纳西族双套桌

（3）月牙桌

纳西族月牙桌分为有束腰和无束腰两种。图3-61所示为有束腰月牙桌，红色桌面，黑色脚架。曲腿间饰以壶门式红色勾边牙子，腿间上部设横枨，有花牙，足为蝙蝠形，足下有托泥。家具显得厚重、稳定而精细。

图3-61　纳西族月牙桌

（4）万架(卷)桌

万架（卷）桌是纳西族人家常用的家具之一，常置于堂屋上方正中，用于陈设，兼具供桌的功能。图3-62（a）所示万架（卷）桌红色桌面，黑色表面香几形架体，局部勾边，造型简洁，两端各置一香几，其上架一狭长桌面，形似明式家具中的架几案。两端香几上部设抽屉，其下有波纹状牙条，四条腿下部设裹腿做横枨，内翻马蹄足。图3-62（b）所示万架（卷）桌通体黑色，局部轮廓红色勾边。桌面下有束腰，束腰上有绦环板，正中设卡子花装饰。卷书式翘头，桌面下两端各设一个抽屉，中间设三扇花卉纹透雕格扇面板（非抽屉结构），腿子笔直，与格扇面板框架交角处安装回纹透雕角牙，形态空灵、端庄秀丽。

（a）

（b）

图3-62　纳西族万架（卷）桌

（5）几

纳西族的几类有花几和茶几之分。花几是陈设用家具，几面方形，常置于厅堂四角，或置于万架（卷）桌两侧。图3-63（a）所示花几分三层，上部几面红色，上部几面下有镂空束腰，牙条与腿足成壶门状轮廓，内翻马蹄足。花几上部轮廓勾红边。花几中部几面镂空，通体黑色，腿子侧脚收分，内翻马蹄足。

花几下部做法和中部做法类似，高度较低。纳西族茶几的几面一般以方形或长方形居多，几面与腿间设牙条，多见直腿。图3-63（b）所示茶几结构高低错落。

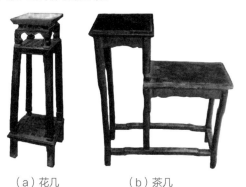

（a）花几　　　（b）茶几

图3-63　纳西族几

（6）记账桌(办公桌)

图3-64所示为一款记账桌，也是纳西族人对办公桌的俗称。桌面下设有抽屉，前腿间有壸门券口装饰，腿下端有格栅形踏脚，桌子以黑色为地，金漆描绘轮廓。

图3-64　纳西族记账桌

3.4.2.3　床榻类

（1）罗汉床

罗汉床是一种三面设有矮围子的床。围子之上多有彩绘和雕刻装饰，有的刻绘花卉图案，有的刻绘动物图案，有的透雕图案。腿部以直腿饰浮雕的做法为主。图3-65所示罗汉床围屏采用波浪形的有节奏的曲线，似翻转壸门形状，正面围子刻绘双龙戏珠图案，侧面围子刻绘凤纹，有龙凤呈祥的喜庆之意。

（2）架子床

架子床四角有立柱，上有顶盖。由于纳西族居住地区湿度较大、蚊虫较多，架子床应用广泛，架子通常挂设帐幔。图3-66所示为一件纳西族月洞门式架子床，红地，床身雕刻植物纹等祥瑞图案，有束腰，曲腿，狮爪足。

图3-65　纳西族罗汉床

图3-66　纳西族架子床

3.4.2.4　柜橱类

（1）平柜

平柜柜面放置器物，柜内存放杂物，用于祭拜和贮存，用途多样化，在厢房和卧室均可见到。图3-67所示为一纳西族平柜，柜体上部设有两个抽屉，柜体中间呈闷仓状。吊头处设浮雕回纹挂牙。柜体下部设有两扇可开启柜门，柜足间的牙条呈起伏状曲线，似鱼肚形做法。平柜顶板红色涂饰，柜体黑色涂饰，有铜拉手。柜体为攒边打槽装板结构，正立面似纳西族民居建筑木格扇墙的做法，几何形分割，规整严谨。

（2）闷户橱

闷户橱常置于婚房中，用于存放衣物，橱面可放置箱子及镜台等。闷户橱多用红色做地，金漆勾边。图3-68所示为一纳西族闷户橱。

3.4.2.5　杂项类

此类家具种类繁多，有座屏、插屏、面盆架、镜台、灯架、灯罩、箱、火盆架等，为常用家具及陈设。

（1）面盆架

面盆架有四足和六足之分，腿之间有各式枨子，直腿居多，有高型和矮型之分。高型面盆架后腿两根立柱高出，有搭脑、中牌子和花牙装饰。图3-69所示为一款纳西族高型六足面盆架，搭脑两端圆雕凤首纹，凤身顺势而下，与卷草纹形成挂牙。中牌子上刻绘鹿纹，黑地描金。

（2）镜台

镜台是女性梳妆用的小件家具，箱匣结构，盖板可折合，匣体有门，内部分层，两边有提环，多用螺钿镶嵌。图3-70所示纳西族镜台通体以螺钿镶嵌喜字纹和卷草纹，盖板打开后折叠支撑镜面。图3-71所示上部家具为镜台闭合时的状态。

（3）箱子

箱子在纳西族家居中应用广泛，有大有小，两侧或正面有提环，便于搬动。为增强其牢固性，常在各边及拼缝棱角处设有铜包角，正面也有铜面叶及锁具。图3-71中下部所示为纳西族的两款箱子叠放状态。

（4）火盆架

纳西族有火崇拜的习俗，堂屋中设有火塘。为便于移动和以示神圣，就出现了专用的火盆架。图3-72为一纳西族火盆架，较低矮，框架结构，架面镂空放置火盆，腿间设有罗锅枨，通体髹黑漆。

3.4.3　纳西族家具的成因解析

纳西族家具线型多变，以直线为主，刚柔并济，显得既豪放又庄重。除少数家具以光素为主，多数家具施以漆饰，色彩斑斓，其中黑红色相为主，间或青、蓝、绿、黄，辅以描金（白），使家具色调既古朴隐艳又尊贵神秘。描金（白）勾边突出了家具的空间感，强调了秩序感。纳西族家具也常应用各种雕刻，并辅以彩绘、线脚、镶嵌和金属饰件，繁简相宜，重点突出，使平直简练的家具形态富于变化的美感和生气。纳西族家具的图案纹样简洁清秀，平刻的铭文使家具雅然生趣，东巴象形文字的

图3-67　纳西族平柜

图3-68　纳西族闷户橱

图3-69　纳西族面盆架

图3-70　纳西族镜台

图3-71　纳西族箱子

图3-72　纳西族火盆架

应用更使纳西族家具具有了民族识别性。总之，纳西族家具粗犷中透着含蓄，威严中透着包容，家具整体展示出端庄、简洁、质朴、大方的风格特色。

3.4.3.1 纳西族文化和风俗习惯的影响

纳西族家具的空间构成抽象地反映了纳西族民俗中的空间观念。在纳西族的民俗观念中，宇宙空间不仅按横向分为五方，而且还按纵向区分为若干层次，总体呈现十字空间结构，每个方向和层次均有边界。反映在家具构成中，家具整体轮廓清晰，并以勾边强调，突出了空间感；宽度方向的表面分割设计以矩形为主，木框架竖向零件的存在和接合处的勾边明确了横向划分，突出了立面整体中的界限感；在高度方向，如八仙桌、双套桌和花几的做法，为二到三个层次，但浑然一体，暗示天上、地上、地下的三界宇宙观。

纳西族家具的色彩应用抽象地反映了纳西族民俗中的色彩审美与观念。纳西族的色彩认知既与周边民族的色彩认知有共通之处，又有鲜明的地方性和民族个性，集信仰、观念、地理、生产生计、宗教、政治等因素于一体，反映了纳西族对外部环境的认知与适应，以及内在的理解与涵化。纳西族的基本哲学观念可归纳为"二元五行及三界五方"，在色彩应用上，黑、白二色表示世界本源，红、绿、黄表示物质、方位、种族和时间属性，白、黄、黑表示纵向三界构成，黑、白、红、黄、绿表示横向方位关系。纳西族的色彩认知具有多元性、体系性等特征，较复杂，如黑、白、红三色衍变为民族崇拜色系。其中，重黑系统属民族色系，重白系统往往与藏族、普米族有关，重红系统与汉族有关，后两个色系后来涵化为民族色系，体现了文化融合和民族融合的作用。具体到家具色系中，黑、金（白）、红三色应用较多，间或运用青、蓝、绿、黄四色。通常大面积的金（白）色少见，多用于轮廓勾边，体现层次感和位置感。

东巴绘画技法在家具装饰中直接应用。东巴画是一种较古老的绘画艺术形式，以线条和色彩作为主要的表现要素，反映纳西族的方方面面，有专门的画谱和范式。东巴画按照技法和内容，分为木牌画、竹笔画及神轴画。东巴画内容题材源于东巴典籍，包含神灵鬼魅、人物形象、花草树林、鸟兽虫鱼等。东巴画构图严谨、层次分明、色彩艳丽、形态逼真，有古朴神秘、特色浓郁的气息。纳西族家具中的装饰题材、东巴象形文字、色彩应用多借鉴东巴画，典型家具如直背椅。

3.4.3.2 多元化宗教信仰的影响

纳西族先民们"三教合流"的多元化信仰，形成了纳西族人兼容并蓄、信而不笃的精神态度。在家具中，如实地体现了这样的信仰状态。如纳西族人家应用普遍的直背椅，其山形靠背是纳西族人山崇拜的反映，山形靠背上的圆形构图、如意线描则是受佛教影响，如图3-73所示。火焰形是纳西族原始崇拜的符号，如图3-74所示，直背椅靠背整体呈火焰状，轮廓中蕴含如意形，表面又有形似坛城的圆形构图，卷书式搭脑又隐喻儒家思想。在纳西族人的传说中，有竹子"创世说"，因而竹子也是纳西族人的图腾崇拜，家具上的竹子图案，既有纳西族民族属性，也蕴含着中原地区的儒家思想，如图3-75所示。这三件纳西族直背椅，通过黑红两主色调的统一，突出色彩图腾，强调民族属性，也反映了纳西先民们的生存哲学。

图3-73 纳西族山形靠背直背椅　图3-74 纳西族火焰形靠背直背椅　图3-75 纳西族卷书式搭脑山形靠背直背椅

3.4.3.3 其他民族文化的影响及纳西族家具"明式"做法的特殊性

由于社会发展、地缘、贸易、战争、技术交流和各民族杂居等原因，纳西族家具在装饰和形态特征上，受汉族、白族、藏族的影响较大，如藏族的色彩和图案题材、白族的雕刻技法和汉族的明式做法。但纳西族先民们的处世哲学使得纳西族家具既展现了本民族的风格特色，又融入了藏族、汉族和白族的特点。从"明式"做法的角度来看，纳西族家具在许多方面吸收了明式家具的工艺特征，但又突出了民族个性。

首先，在大胆吸收明式家具的种类和样式的同时，纳西族家具保留了表现本民族特点的构件做法。如纳西族玫瑰椅外形似明式家具，但两者存在差异，纳西族的玫瑰椅构件多以方形断面为主，而明式家具多采用圆形断面。

其次，纳西族家具借鉴明式家具的某些构件做法，但突破了明式家具的固定程式。如券口牙子，纳西族家具多用在方形构件上，并且较厚重、粗壮。再如座椅腿子间枨子做法，明式家具的管脚枨多为四面步步高式的做法，而纳西族家具的做法往往会去掉侧面或后面的枨子，或者都去掉，或侧面加双枨，或者后面再加设竖枨。

再次，在色彩的应用上，明式家具以木材原色为主，而纳西族家具则色彩艳丽浓重。

最后，造型的差异上，纳西族家具通过形、色、质处理，赋予家具一定的寓意，从而形成特有的民族风格特征。

总之，纳西族家具是丰富多彩的。从纵向看，它发端于唐宋，成熟在明清，是一条不断学习的纵线，各民族有益的家具理念与技术不断地给纳西族家具送来新鲜血液，不断地丰富健全了纳西族家具的肌体。从横向看，纳西族家具呈现出立体的多样性，民系缘的多样性决定了家具民族属性的多样性，地理地缘的多样性决定了多民族文化在家具中的含蓄并存，强势的、先进的文化影响生成了家具文化表达的侧重点。

3.5 蒙古族家具

3.5.1 蒙古族家具形成的背景

3.5.1.1 中国北方游牧文明与蒙古族家具的起源

北方游牧民族家具的形制源于其特殊的生产生活方式。据史料研究，匈奴帝国时期，北方游牧民族家具开始逐渐形成，当时的家具古拙质朴、庄重浑厚、简洁大方。由于游牧生产生活方式的需求，游牧先民需要将生活生产用品规整放置在一些相对固定的"家具"中，以便经常性频繁地游栖，这些家具具有易于拆卸、折叠、组合的工艺特点，类型涉及生活的方方面面。随着北方民族与中原地区频繁接触，文化也相互交融，以"胡"为统称的"胡琴""胡床"等各种游牧民族的用品传入中原地区，"胡服骑射"的穿着形式也影响着中原，游牧的文化形式和生活方式对中原地区社会文化的发展产生了巨大的影响。以"胡床"为代表的游牧文化下的家具，影响了中原传统的席地而坐的起居方式，促进了低矮型家具向高型家具的发展转变。

蒙古族传统家具是在数千年中国北方游牧民族（匈奴、突厥、回鹘、鲜卑、契丹、女真等）古典家具基础上，在藏传佛教文化、中原儒家文化和伊斯兰文化的共同影响下逐渐发展起来的，具有多元的民族风格和特色。在宋、辽、金家具的影响下，蒙古族传统家具形体硕大庄重、雕饰精湛，具有庄重、豪放、华丽的特点，较注重色彩和纹样的装饰，形成了富有游牧民族艺术风格的特征。明清时期，蒙古族家具发展式微，这与当时中原家具的繁荣发展形成了极大的反差。但北方游牧民族家具和元代宫廷家具对明清家具发展产生过重要的影响，特别是霸王枨的结构、展腿桌的形态、多抽屉结构的特征、委角装饰的运用。相当部分的清代宫廷家具体量庞大、雍容华贵、注重装饰的工艺技法，同蒙古族传统家具的风格特征极为相似，同属于游牧文化影响下的器物装饰风格。

在多元文化背景下形成的蒙古族文化体系必然影响到其家居物品装饰。蒙古族家具除保留游牧民族艺术特征外，大胆地吸收欧洲家具重装饰、庄重华贵的艺术技法和中原家具简洁工整、隽秀文雅的工艺特点，逐步形成了自身的独特风格，特别是蒙古族传统家具的彩绘、雕刻，兼有佛教文化、儒家文化、道家文化和伊斯兰文化特征。

3.5.1.2　蒙古族家具概念确立和研究现状

近年来，有关蒙古族家具的研究已经逐步展开，研究样本大多源自内蒙古，也有辽宁、吉林、黑龙江、新疆、青海、云南等地区的样本。内蒙古农业大学的蒙古族工艺美术研究团队针对蒙古族传统家具及其装饰纹样开展了专题研究和设计应用，取得了一定的成果，进而确立了"蒙古族传统家具"的概念和地位。有关蒙古族家具的学术研究始于2003年，经过学术、收藏及文化领域的共同努力和10余年的潜心研究，积极推动了对蒙古族传统家具的认知和保护，并形成了相关成果，如《蒙古族家具研究》《北方游牧民族家具文化研究》等著作。此外，内蒙古自治区乌海蒙古族家居博物馆收集、珍藏了近900件蒙古族传统家具，制作年代从清朝早期到二十世纪五六十年代不等，这些藏品多数来源于内蒙古西部牧区和农牧结合带地区，代表了内蒙古西部蒙古族家具的风格与特点。

3.5.2　蒙古族家具的种类与形态特征

依据可考的蒙古族家具实物样本，蒙古族家具分为八类，分别为橱柜类、箱箧类、桌案类、床榻类、椅凳类、架具类、餐具类及供器类。

3.5.2.1　橱柜类

橱柜是蒙古族传统生活中的主要储藏用具，使用频率很高，主要用于储藏食品和其他物品，在蒙古包内一般成对摆放。家具制作用材以松木为主。从尺寸上划分，有矮型和高型两大类，矮型的通常称为"橱柜"，在日常生活中较多见；高型的通常称为"立柜"，多见于王府和贵族居室环境中。彩绘、描金、沥粉和雕刻是蒙古族橱柜类家具常用的装饰方法。

（1）矮型橱柜

在图3-76中，（a）图所示双屉木橱长780mm、宽460mm、高670mm，材质为松木，框架结构；上部两抽屉配铜质拉手，可取出，内部有隐藏的暗仓空间。木橱装饰手法为正面彩绘；屉面均漆红地，彩绘植物组合纹饰；边框为红色地，彩绘花卉纹。原为储藏食物用。（b）图所示三屉木橱长495mm、宽265mm、高320mm，材质为松木；上部3个抽屉均可取出，原配铜质拉环，下部面板封闭，形成暗仓。木橱装饰手法为彩绘，屉面均漆红地，彩绘花卉植物纹；边框漆橘红色。原为储藏文具日杂用。（c）图所示五屉木橱长1055mm、宽315mm、高445mm，材质为松木，较低矮；抽屉配铜质拉环，均可取出。木橱装饰手法为正面彩绘，屉面均为红地，金漆彩绘植物纹饰；边框也为红地，金漆彩绘植物纹饰。原用途可能为寺庙、蒙古包内存放佛经物品，也作诵经家具用，上面可摆放物品。（d）图所示九屉木橱长610mm、宽245mm、高405mm，材质为松木；9只抽屉配铜质拉手，均可取出。木橱装饰手法为彩绘，正面漆红地，金漆彩绘团花纹，植物纹围饰；边框漆红色地。木橱结构较紧凑，作为药品橱或藏经橱用。

图3-77所示双屉双门木橱长1870mm、宽325mm、高475mm，材质为松木，框架结构；抽屉和柜门均配铜质拉手，中间上部两抽屉可取出，中间下部壶门圈口做法，内嵌挡板，柜

（a）双屉红地单面彩绘植物组合纹木橱　　　（b）三屉红地单面彩绘植物纹木橱

（c）五屉红地单面金漆彩绘植物纹木橱　　　（d）九屉红地单面金漆彩绘花草纹木橱

图3-76　蒙古族木橱

图3-77　蒙古族双屉双门朱地单面浮雕
彩绘八宝纹木橱

门可开启，下有牙板。木橱装饰手法为雕刻、彩绘，柜门漆红地，彩绘八宝纹；屉面中心漆墨绿色地，彩绘菱形纹；下部牙板有雕刻，漆墨绿色地、金漆描边。

图3-78所示五门木橱长1870mm、宽325mm、高475mm，材质为松木，框架结构；上部两侧插板可向外抽出，上部中间插板可向上抽出；下部两侧柜门为暗门，从内向外开启。木橱装饰手法为雕刻、彩绘，插板漆红地，彩绘竹子、松柏、梅花；门板漆红地，彩绘兰花、竹子；下部中间嵌板漆红地彩绘。

图3-79所示的6件双屉双门橱柜，均为乌海蒙古族家居博物馆藏品，是蒙古族家居生活中（蒙古包内）常用的橱柜，规格、尺寸较接近，材质均为松木，功能为收纳食物及储藏日杂物品。

在图3-79中，（a）图所示橱柜长690mm、宽390mm、高885mm，框架结构；抽屉与柜门配铜质拉手，抽屉均可取出，柜门可开启，下部装牙板。装饰手法为彩绘，橱柜屉面和门板均为墨绿地，屉面彩绘植物纹饰，柜门彩绘佛教题材中的法轮和宝伞；下部牙板为墨色地

 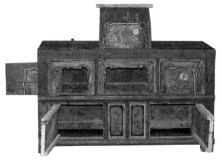

（a）闭合状态　　　　　　　　　　　（b）打开状态

图3-78　蒙古族五门朱地单面浮雕彩绘松竹梅兰图木橱

（a）双屉双门单面彩绘吉祥八宝　　（b）双屉双门红地单面彩绘吉庆　　（c）双屉双门单面彩绘父子寻食
　　纹橱柜　　　　　　　　　　　有余平安富贵纹橱柜　　　　　　图橱柜

（d）双屉双门红地单面彩绘吉祥　　（e）双屉双门单面沥粉描金彩绘　　（f）双门红地单面沥粉描金彩绘宝
　　八宝纹橱柜　　　　　　　　　吉祥绶带纹橱柜　　　　　　　伞纹橱柜

图3-79　蒙古族双屉双门橱柜

勾彩边；边框为红地，勾植物纹饰。（b）图所示橱柜长770mm、宽420mm、高895mm，材质为松木，框架结构；抽屉与柜门配铜质拉手，抽屉均可取出，柜门可开启，下部装牙板。装饰手法为彩绘，屉面为红地，彩绘花卉；柜门为黄地，彩绘内容为鲤鱼、莲花、兰花草、古琴和宝瓶、牡丹、松柏、棋盘；下部牙板为红地勾金边。图案中的鲤鱼、宝瓶等物件有吉庆有余、平安吉祥的美好寓意。（c）图所示橱柜长685mm、宽390mm、高830mm，框架结构；抽屉均可取出，柜门可开启，下部装牙板。橱柜装饰手法为正面彩绘，屉面漆橘色地，彩绘植物纹；柜门中间部分漆橘色地，彩绘内容为雄狮及幼崽，图案左右对称；下部牙板为墨绿地勾线；边框为墨绿地，勾植物纹饰；动物图案绘制得栩栩如生、吉祥雅趣，故取名"父子寻食图"。（d）图所示橱柜长690mm、宽390mm、高825mm，材质为松木，框架结构；抽屉均可取出，柜门可开启，下部装牙板。屉面漆橘红地，彩绘植物纹；柜门中间部分漆墨绿地，彩绘内容为佛八宝图案中的法轮和海螺；下部牙板为红色地勾线；边框为红地，勾植物纹饰。该橱柜成对制作。（e）图所示橱柜长680mm、宽410mm、高820mm，材质为松木，框架结构；抽屉与柜门配铜质拉环，抽屉均可取出，柜门可开启，下部装牙板。橱柜装饰手法为正面沥粉、描金、彩绘。屉面漆红地，金线勾植物纹；柜门漆红地，海螺及绶带纹样施以沥粉、描金、彩绘三种装饰方法，纹样左右对称；下部牙板为红色地，墨绿色勾边线；边框为墨绿地，勾彩色线条。海螺及绶带为家具主体装饰纹样，寓意吉祥如意。（f）图所示橱柜长890mm、宽515mm、高985mm，框架结构；柜门可开启，下部装牙板。橱柜装饰手法为沥粉、描金、彩绘，柜门漆红地、绿边，用沥粉、描金两种方法描绘了宝伞图案，纹样左右对称；柜门下部面板漆红地，沥粉、描金、彩绘富贵牡丹图样；下部牙板为红色地，墨绿色勾边线；边框为墨绿地，勾红色回纹；家具主体装饰纹样为藏传佛教图案。

（2）高型橱柜

蒙古族家具中尺寸较高的橱柜也称为"立柜"，这一称呼是由于内蒙古中西部与晋陕接近，故引用了中原对该类型家具的叫法。立柜是蒙古族在固定居所生活空间中的常用家具，具有收纳衣物或其他物品等功能，如图3-80所列6件立柜均为松木制作。

在图3-80中，（a）图所示双门立柜长825mm、宽500mm、高1095mm，框架结构；上部柜门可开启，下部装牙板。装饰手法为沥粉、描金、彩绘，柜门漆红地，沥粉描金彩绘凤凰牡丹图，下方为祥龙图；牙板漆红地，勾彩色边；边框为墨绿地，彩绘回纹。该柜装饰手法多样、描饰工艺细腻，中间龙凤图样栩栩如生，整件家具充满着吉祥喜庆之气。此立柜在蒙古族贵族固定家宅中使用，应为贵族家庭新人结婚所备盛放衣物用家具。（b）图所示双门立柜长950mm、宽570mm，高1840mm，材质以松木为主，框架结构；柜门配有拉手，可开启，下部装牙板。立柜装饰手法为正面彩绘，柜门漆红地，彩绘双龙祥云图；四周均漆红地，下部彩绘雄鹰腾空，四周彩绘植物纹；下方牙板为红地，勾墨绿色边线。该立柜在彩绘题材上将龙、雄鹰图案与宗教宝物进行了结合，是蒙古贵族家庭中使用的一件家具。（c）图所示双门立柜长1480mm、宽530mm、高1515mm，框架结构；上部中间柜门配金属拉手，可开启，下有牙板。装饰手法为正面彩绘。柜门及正面嵌板均漆金地，彩绘龙凤图；边框为红色地，彩绘植物纹；牙板漆金色。原为蒙古贵族宅邸中所用家具。（d）图所示四门橱柜长1105mm、宽450mm、高970mm，框架结构，2对柜门，可开启。装饰手法为正面彩绘，柜门漆金地，沥粉描金彩绘龙纹；其他嵌板均金地彩绘植物纹；边框彩绘植物纹饰。原为王府宅邸中所用家具。（e）图所示立柜长995mm、宽600mm、高1652mm，材质以松木为主，柜门配有拉手，可开启，下部装牙板。立柜装饰手法为正面沥粉、描金、彩绘；柜门漆红地，沥粉、描金、彩绘凤凰牡丹图；柜门四周均漆红地，沥粉、描金、彩绘祥龙图案及火焰纹；边框也为红地，金线绘制纹饰；下部牙板处红地上勾彩色边。原为蒙古族贵族家宅中使用，是新人结婚所备家具。（f）图所示双门立柜长995mm、宽600mm、高1652mm，框架结构；柜门配拉手，可开启，下部两侧装牙板。立柜装饰手法为正面彩绘及雕刻，柜门漆橘红地，彩绘双狮（双狮脚踩大地，头顶摩尼珠），图样左右对称；柜门四周均漆橘红地，上方墨线绘制龙首，下方墨线勾勒麒麟，其他处单色绘制祥云；下部两牙板漆朱色地，上有

放射状线条雕刻，似太阳图形；边框为橘红地，上有彩绘植物纹。立柜彩绘内容丰富，繁杂中不失细腻，动物图样栩栩如生，吉祥中蕴含着宗教气息，原用于收纳宗教相关物品。

（3）宗教用橱柜

藏传佛教和萨满教是蒙古族信仰的两大主

（a）双门单面沥粉金漆彩绘鸾凤戏牡丹图立柜

（b）双门红地单面彩绘双龙纹立柜

（c）双门金地单面彩绘龙凤吉祥纹立柜

（d）四门金地单面彩绘云龙花卉纹橱柜

（e）双门红地单面沥粉描金彩绘龙凤呈祥纹立柜

（f）双门橘红地单面彩绘双狮献瑞纹立柜

图3-80 蒙古族立柜

（a）双门红地单面彩绘瑞兽花卉纹藏经柜

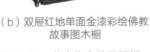

（b）双屉红地单面金漆彩绘佛教故事图木橱

（c）双门红地彩绘护法神藏经柜

图3-81 蒙古族宗教用橱柜

要宗教，蒙古包和寺庙中的很多富有宗教色彩的橱柜为研究提供了丰富的实物样本。富有宗教色彩的橱柜通常在正面施以精彩的彩绘，描金、沥粉和雕刻也是该类家具常用的装饰手法，多种装饰方法常同时在该类橱柜家具上出现。图3-81所示的3件家具为具有典型宗教特征的蒙古族木橱柜。

在图3-81中，（a）图所示橱柜为藏经柜，长950mm、宽345mm、高880mm，框架结构，柜门可开启。装饰手法为正面彩绘，柜门漆红地，彩绘金翅鸟等四种佛教故事中的瑞兽；其余嵌板均为红色地，彩绘植物纹。蒙古族信奉藏传佛教，藏经柜为宗教寺庙中收纳经卷和相关物品的家具。（b）图所示橱柜为收纳柜，长650mm、宽365mm、高660mm，材质为松木，柜门与抽屉均配铜质拉手，双屉可取出，柜门可开启。装饰手法为彩绘，柜门漆红地，彩绘佛教故事中的轮回图，周围以金漆勾植物纹饰；屉面彩绘狮纹及宝杵纹；边框漆朱地。依据彩绘内容，该木橱的用途应为收纳宗教用品。（c）图所示橱柜为藏经柜，长740mm、宽360mm、高1010mm，框架结构，有帽头及边沿装饰结构，对开柜门，可开启。柜门漆红地，彩绘两幅佛教故事中的护法神图样，辅以花草及雀鸟；边框彩绘莲花瓣；柜内彩绘祥云纹。该藏经柜彩绘内容玄幻，描饰工艺细腻，整件家具充满着神秘气息，原为寺庙中所用家具。

3.5.2.2 箱箧类

箱箧类家具是蒙古族传统家具中另一常用的贮藏类家具，尺度较大的为"箱"，尺度较小的为"箧"。箱类主要用于存放衣服、被褥和生活杂物；箧是指"盒"与"匣"，用于收纳小件什物，有盖的称作"盒"或"匣"，而体量较小且无盖的称"盒"。由于汉语固有称呼方式的缘由，故称这类家具为"箱箧类"。木制的箱类在蒙古族传统生活中也俗称"板箱"（由于内蒙古中西部靠近山西、陕西，该称呼受晋陕文化影响而来）。木箱的箱体前部

或顶部有可以翻起的盖，正面有彩绘故事和图案，金属包饰是木箱表面常用的装饰方法，除此之外，特有的覆面装饰材料也有皮质的。蒙古族传统家具中和宗教有关的箱箧类家具实物样本较多，这类家具中有部分用于收纳和储存经文、法器等，在家具表面有关于佛教题材的绘画和纹饰，如瑞兽纹、八宝纹、缠枝纹、莲花纹等，也有精彩雕刻装饰的样本。以下展示样本分为木箱类及盒匣类。

（1）箱类

在图3-82中，（a）、（b）图所示木箱为成对制作，长725mm、宽310mm、高410mm，材质为松木，榫卯结构；箱盖与箱体由铜质合页连接，箱体两侧有孔洞，穿皮绳用于提拉，箱盖从前侧向上开启。正面中心漆金色地，彩绘琴棋书画、杂宝及植物图样，四周均漆红地。原为衣物箱。（c）图所示木箱也成对制作，长700mm、宽395mm、高530mm，榫卯结构；箱体以皮革包覆；铜质包边、包角以泡钉固定；箱盖与箱体由银质面叶、铜质合页连接，箱盖可向上翻起。原为衣物箱。（d）图所示木箱长670mm、宽410mm、高620mm，材质为松木，榫卯结构；箱盖与箱体由铜质合页连接，箱盖向上翻起；箱体两侧板穿有孔洞，穿麻绳用于提拉。装饰手法为彩绘，正面彩绘盘长纹；四边红地，彩绘植物纹饰。原为存放食物的箱子。（e）图所示木箱长645mm、宽415mm、高570mm，材质为松木，榫卯结构；箱盖与箱体有银质连接配件，向上翻起；箱体两侧有孔洞，穿连麻绳用于提拉。装饰手法为彩绘，正面漆红地，彩绘双龙祥云图。（f）图所示木箱长765mm、宽380mm、高575mm，材质为松木，榫卯结构；箱盖与箱体有银质连接配件，箱盖向上翻起，箱体两侧有孔洞，穿连皮绳用于提拉。装饰手法为彩绘，正面中心漆朱地，彩绘瑞兽、钱币图，左右彩绘梅瓶和花卉；四周彩绘植物围合中心图案；瑞兽、钱币图代表"富贵"，梅瓶和花卉图代表"平

（a）翻门红地单面彩绘琴棋书画纹木箱　　（b）翻门红地单面彩绘琴棋书画纹木箱　　（c）翻盖铜饰包边包角木箱

（d）翻门红地单面彩绘盘长纹木箱　　（e）翻门红地单面彩绘纹云龙纹木箱　　（f）翻门红地单面彩绘平安富贵图木箱

图3-82　蒙古族木箱

安"，彩绘内容寄托着美好寓意。原为衣物箱。

（2）盒匣类

木盒（匣）是蒙古族家居生活中的常备家具，用于收纳小件什物，方便搬移和携带，整体形态呈长方形或等边梯形，可全部开启（掀开、抽开）的盖位于木盒（匣）顶部。木盒（匣）的四边和四角通常有金属包覆，起到保护和装饰作用。其上常用的彩绘题材有植物纹、动物纹、八宝图样等。

在图3-83中，（a）图所示木盒长330mm、宽160mm、高310mm；该木盒为等边梯形，材质以松木为主，榫卯结构；盒盖与盒体由金属配件连接，盒盖向上开启；边角处有金属卡包覆，包边包角不仅起到加固作用，兼有美化的作用。木盒装饰手法为包覆及彩绘，盒体漆墨绿地，正面中心彩绘龙纹，祥云纹及其他纹样围绕各面；盒盖漆红地，彩绘祥云纹。（b）图所示木盒长300mm、宽180mm、高200mm，该木盒为等边梯形，材质为松木，榫卯结构；边角处有金属卡包覆，盒盖与盒体由金属配件连接，盒盖向上开启。装饰手法为包覆及彩绘，盒体漆红地，正面彩绘牡丹图，其余各面均有彩绘装饰。（c）图所示木盒长495mm、

宽235mm、高210mm，材质为松木，榫卯结构，盒盖上开启；正面墨色绘制牡丹亭台图，边角及其余各面漆墨地。（d）图所示木盒长495mm、宽235mm、高210mm；红漆地彩绘马驮宝珠图，盒盖向上开启。（e）图所示木盒长210mm、宽130mm、高180mm，榫卯结构，盒盖为插板，可从左侧抽出；盒体漆红地，四面彩绘人物故事图。

3.5.2.3　桌案类

（1）桌类家具

桌类家具是蒙古族传统生活中进行餐饮、置物、供奉、诵经等活动用的家具，桌面有正方形和矩形两种。按用途不同，分为矮桌、供桌、经桌等。矮桌常用于餐饮，也可用于供奉，上有彩绘装饰，周侧有雕刻和彩绘装饰；供奉用桌，简称"供桌"，尺度较大，其上装饰丰富多样；诵经用桌，简称"经桌"，高度较矮，一般在正立面有彩绘装饰，这类桌子有的还可以拆分为上下两部分。

在图3-84中，（a）图所示方桌长575mm、宽575mm、高240mm，材质为松木，框架结构，四足截面为圆足型，桌面下配牙板，腿间有横枨，四足外侧装牙子，腿部结构为一腿三

（a）翻盖铁包角包边四
面彩绘吉祥纹木盒

（b）翻盖铁包角包边四面彩绘
牡丹纹木盒

（c）翻盖单面墨色牡丹亭
台图木盒

（d）红地金漆彩绘骏马驼宝珠图木盒

（e）插板四面彩绘人物故事图木盒

图3-83　蒙古族木盒

牙。装饰手法为五面彩绘，桌面漆红地，中心彩绘祥龙图，再绘制植物纹、回纹向中心围合，外围边框彩绘植物纹饰；四周牙板均漆红地彩绘植物纹；四角牙子均为红地彩绘植物纹；桌面彩绘由内向外可细分为六层，四周彩绘与桌面呼应，方桌整体色彩和谐、内容繁而不乱，绘制技法精致细腻。该方桌是蒙古族生活中的常用家具，用于室内外餐饮活动或供奉、置物等，原为王爷或贵族所用。（b）图所示方桌长575mm、宽575mm、高240mm，材质为松木，框架结构；桌膛暗藏收纳空间，四角外侧设挂牙，桌腿截面为外圆内方。装饰手法为五面彩绘，桌面漆红地，中心彩绘狮虎、麒麟等，再绘制植物纹、回纹围合中心瑞兽图，外围边框彩绘植物纹饰；四周均漆红地彩绘植物纹；四周牙子及横枨下牙条均红地彩绘植物纹。该方桌原为王爷或贵族所用。（c）图所示方桌长630mm、宽630mm、高280mm，材质为松木，框架结构；桌腿为外翻马蹄足，束腰结构，腿足与桌下做壶门装饰结构。装饰手法为彩绘、雕刻，木桌四周依据雕刻金漆彩

绘，束腰处有雕刻。（d）图所示方桌是辽金时期蒙古地区方桌样例。

图3-85所示长方桌长1415mm、宽350mm、高360mm，材质为松木，框架结构；抽屉配铜质拉手，抽屉可取出；前部两腿足外侧边设挂牙，腿足间内侧装牙板。木桌装饰手法为雕刻、彩绘，桌面漆红地彩绘；屉面均漆红地，金漆彩绘植物纹；边框漆墨地，金漆彩绘兰萨纹；两侧牙子有雕刻，漆墨地，金漆描饰；下部牙板有雕刻，漆墨地，金漆描饰。此桌原为盛放供奉用。

图3-86所示供桌长965mm、宽520mm、高620mm；该供桌正面浮雕彩绘双狮图案，桌腿漆红地，彩绘摩尼宝珠图；侧面漆红地，金漆彩绘植物团花纹。此桌原为王府中供奉所用。

图3-87所示为两款宗教用经桌。（a）图所示经桌红地彩绘卷草纹，设有一屉，可从侧面抽出。（b）图所示经桌红地描金漆彩绘璎珞纹，由桌面、箱体和支撑架体组成，可拆装。

（2）案类家具

蒙古族传统家具中宗教用途的案的形制较

（a）红地单面彩绘龙纹方桌

（b）红地五面彩绘瑞兽植物纹方桌

图3-86 蒙古族供桌

（c）红地四面浮雕彩绘方桌 （d）辽金时期（公元10—11世纪）方桌

图3-84 蒙古族方桌

（a）单屉单面红地彩绘卷草纹小经桌

（b）红地单面金漆彩绘描金璎珞纹经桌

图3-85 蒙古族长方桌

图3-87 蒙古族经桌

大，尺度大于桌，案面一般为矩形，主要用于供奉、置物，鉴于蒙古包内的空间限制，在寺庙、王府等固定居所内才会有尺度较大的案类家具。彩绘、描金、雕刻、沥粉都是案类家具常用的装饰手法。

在图3-88中，（a）图所示供案长1240mm、宽445mm、高1000mm，框架结构，两侧案头上翘，三弯腿结构，马蹄足落地，三抽屉可取出。装饰手法为通体彩绘，屉面漆金地，彩绘植物纹；案头沥粉描金彩绘动物纹；其余各面均漆金地，彩绘植物纹。该供案彩绘内容丰富，描饰工艺细腻，是王府或寺庙中用于供奉

的案形家具。（b）图所示供案长1650mm、宽410mm、高900mm，框架结构，直足无屉。装饰手法为彩绘，三块嵌板漆金地，其上彩绘3幅内容不同的佛教故事中的瑞兽图；正面其余部分均漆红地。

3.5.2.4 床榻类

床榻是生活中休息就寝使用的家具，在中原传统家具中，"床"和"榻"是有区别的。由于游牧的生活方式，传统的蒙古族家具中鲜有床的样本案例，其尺度和形制更近乎榻，而榻也兼备床的功能。蒙古包内的床榻常称作"包床"，兼备坐卧功能。包床左右通常配有侧边箱，

前部床沿和侧边箱是平齐的。包床的后沿是带有弧度的，这是为了摆放时与弧形的哈那（蒙古包外侧由柳条编制的围壁结构，蒙古语称其为"哈那"）贴合靠紧。传统的包床在后侧一般由几块木板连接形成围板，起到围合遮挡的作用。床榻的结构一般由四部分构成，依次为床（榻）板、两个床（榻）侧边箱、床（榻）后可折叠的围板，通过组合实现使用功能，可拆装的结构便于叠放，更便于搬移和运输。整套床榻结构中贯穿了组合、拆装和折叠的设计思想。图3-89所示为蒙古族传统家具三围子双边柜彩绘组合榻，为喀尔喀蒙古部传统家具。

3.5.2.5 椅凳类

蒙古族传统的起居方式为席地而坐，椅凳在蒙古族传统的日常生活中较少用到，只有贵族府邸等固定居所才有精美坐具。现藏于内蒙古博物院的"扎萨克王鹿角宝座"是研究蒙古族传统椅凳的经典案例，如图3-90所示。乌海蒙古族家居博物馆的"镂空浮雕花鸟纹长椅"也为该类研究提供了重要的实物样本，如图3-91所示。

图3-90所示宝座，高1140mm、宽

1140mm、深1000mm，由木材制成宝座主体，两侧扶手由成年公鹿鹿角制作，椅腿雕刻成兽足状，靠背金漆彩绘龙纹。此宝座从样式及用料均仿入关前蒙古王公使用的宝座形制，为国家一级文物，真品现藏于内蒙古博物院。

图3-91所示长椅为清末民初时期制作，榆木材质，浮雕、透雕花鸟纹装饰，原为寺庙中使用家具。

3.5.2.6 架具类

架具类家具主要指具有摆放及陈列神像、器皿、用具、艺术品等功能的架状家具，通常摆放在蒙古包正中央靠西的神圣区位及紧靠左面哈那墙的位置。其功能是整齐排放神像、祭祀用具、经文及餐具、器皿和日用器具，一些器皿架底部有悬空木架，用于安放圆底锅类器皿。架具类家具造型简洁实用，便于折叠及组合，其艺术特征为灵巧轻便、高挺细长。

宫廷、召庙内使用的架具类家具的尺寸稍高，适合于在站立、朝拜等行为方式下使用。图3-92所示为宫廷、召庙内使用的挂牙彩绘雕刻植物纹碗架。蒙古包内摆放的架具高度受制于空间，略显低矮，其使用功能只作为支

（a）金地沥粉描金彩绘花卉纹供案

（b）红地单面彩绘瑞兽纹供案

图3-88　蒙古族供案

（a）组合图

床榻后围板（三段式）

侧边箱　　床榻板　　侧边箱

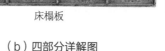

（b）四部分详解图

图3-89　蒙古族三围子双边柜彩绘组合榻

（a）宝座正面

（b）宝座靠背板

（c）宝座鹿角扶手

图3-90　蒙古族扎萨克王鹿角宝座

图3-91　蒙古族镂空浮雕花鸟纹长椅

（a）单屉单面浮雕菱
形纹木架

（b）木架与箱
的使用组合

（c）朱地单面浮雕璎
珞纹木架

图3-93　蒙古族木架

图3-92　蒙古族碗架

（a）

（b）

（c）

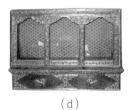
（d）

图3-94　蒙古族单面金漆彩绘佛龛

（a）红地单面金漆彩绘吉祥纹供台

（b）红地单面浮雕彩绘吉祥纹供台

图3-95　蒙古族供台

架，如图3-93所示。

3.5.2.7 供器类

由于宗教信仰的缘故，供奉是蒙古族生活中不可缺少的内容。蒙古族的供器类家具主要有佛龛、供桌、供台、功德箱等，这些家具均为木制品，个别家具兼具供奉和实用功能，如供桌、供台。佛龛为木制，是专门用于供奉佛祖造像的家具，中间留有放置佛祖造像的空间，如图3-94所示。图中（a）～（d）所示佛龛均为单面金漆、彩绘佛龛。供台其实并不只具备单一功能，形制决定了其具有多功能性，既可做供奉用，也可以在日常生活中使用。其功能很大程度上是由彩绘和雕刻内容决定的，内容表达佛教题材越浓郁的，其功能更趋于作为供器使用；反之，随表达题材指向性的变弱，则兼为多用。图3-95所示，（a）图为红地单面金漆彩绘吉祥纹供台，（b）图为红地单面浮雕彩绘吉祥纹供台。供桌、功德箱在此不再赘述。

3.5.3 蒙古族家具的成因解析

3.5.3.1 多元文化对蒙古族家具形成的影响

蒙古族是草原文化的传承者、守望者和集大成者。蒙古族传统文化是以佛教文化、中原儒家文化、伊斯兰文化为基础，并受到了其他文化（萨满教、道教、喇嘛教等）共同影响形成的多元文化体系，其发展历程中具有很强的包容性。在多元文化背景下形成的蒙古族文化体系必然影响到其生活的方方面面，家具用品也不例外。在蒙古族传统家具的彩绘、雕刻及其他装饰中兼有中原文化、佛教文化和部分伊斯兰文化特征。

（1）中原文化的影响

蒙古族聚居地处黄河以北，与中原汉地长期保持着政治、经济、文化等各方面往来，中原地区与蒙古族地区的工艺美术和制造技艺必然会相互借鉴和学习。在家具制作方法上，蒙古族传统家具借鉴了中原传统家具的榫卯结构，样式丰富的榫卯结构促使单调的蒙古族传

统家具种类和样式逐渐多样化。在家具彩绘的内容和方法上，蒙古族传统家具受中原传统文化的影响，在彩绘内容上出现了大量中原传统文化的绘画题材，如：具有中原传统文化特色的植物纹——牡丹、竹、兰、梅、菊、莲；动物纹——孔雀、狮、虎、蝙蝠；器物纹——琴、棋、书、画；还有象征吉祥的福、禄、寿、喜等纹样。在王宫府邸及显贵家庭中使用的家具均有精美的雕刻和绘画，中原文化中象征至高统治地位的龙纹在蒙古族传统家具中也不乏精美的彩绘实物样本。图3-96所示为红地单面彩绘龙纹方桌。

现存实物样本"红地金漆彩绘牡丹万字纹木箱"在彩绘中同时出现了两种文化特征——将佛教中寓意轮回永生的万字法轮纹和中原寓意吉祥的牡丹纹结合应用于家具彩绘。这是蒙古族文化包容性的很好例证，如图3-97所示。

（2）藏传佛教的影响

藏传佛教传入蒙古族地区经历了漫长的过程，但其对于蒙古族传统文化的影响是至深至远的。公元1247年，蒙古皇子阔端与萨迦派首领萨迦班智达的凉州会晤，标志着蒙古族与藏传佛教正式结缘的开端。在这之后，藏传佛教（主要指格鲁派）逐渐在蒙古草原传播开来，与萨满教共同构成了蒙古族传统宗教信仰的两大主体。藏传佛教对蒙古族传统家具的影响非常大，主要表现在"绘画"和"雕刻"题材两方面。家具表面彩绘中大量佛教题材的绘画、图案和文字使家具的装饰更好地服务于功能，这样的家具用于供奉、诵经和藏经，家具表面各种关于佛教题材的内容寄托了使用者虔诚的祈祷和企盼。在普通牧民家庭中常见的诵读经文的诵经桌，既有诵经的台面又有储藏经卷的抽屉，这便于虔诚的信仰者在草原上随身携带。寺庙中用于贮藏经书和供奉的家具体量较大，在这类家具上通常有表现佛教题材的精彩绘画，如摩尼珠、护法神、莲花台、八宝纹等，在喇嘛和高僧使用的家具上则会出现八思巴文的装

饰，如图3-98所示的红地金漆彩绘八思巴文宝相花纹木盒（喀尔喀蒙古部传统家具）。

（3）西域文化的影响

"西域"这一地理名词源于古代，原指玉门关、阳关以西，帕米尔高原、巴尔喀什湖以东的新疆广大地区和亚洲的中西部。今天中亚诸多国家所处的地理位置在古时均为西域，伊斯兰教是西域诸国信奉的主体宗教。蒙古族信仰伊斯兰教的渊源可以追溯到元代。在蒙古军西征南下、平定中原、统一中国的过程中，大量来自中亚、波斯等地的穆斯林也随之迁徙至各地，使伊斯兰教在中国得到普遍传播，所以说伊斯兰文化曾经对蒙古族传统文化、社会经济产生过深远的影响。在家具中较多体现伊斯兰文化特征的是家具的金属装饰（其中以银饰居多）。技艺高超的工匠们在家具上打造出具有伊斯兰风格的精美装饰，这样的装饰形式体现了蒙古族传统文化的多元性和包容性。

3.5.3.2 居所形式对蒙古族家具形成的影响

（1）传统蒙古包的影响

传统蒙古包是一种穹庐式毡帐建筑，是游牧民族先民不断适应独特地域资源、气候条件以及生活方式而创造的居住空间，这样的居住空间决定了蒙古族传统家具较小的形态和尺度，这样的家具也更能适应传统蒙古包内较低的高度和有限的空间。传统蒙古包的哈那是弧形的，所有的家具在蒙古包内都背靠哈那摆放，如图3-99所示。形态较小的家具不仅不会占据蒙古包内过多的空间，更利于紧靠哈那墙弧形摆放，而家具形态较小的另一原因是便于家具的叠加摆放，如图3-100所示。

（2）王府及衙门府邸的影响

王府和衙门是达官贵人的居所，尽管和蒙古包一样都属于居住空间，但由于其居所的固定性，这里家具的种类和特征也显著区别于普通牧民生活中的家具，该类居所内的

图3-96　蒙古族红地单面彩绘龙纹方桌

图3-97　蒙古族红地金漆彩绘牡丹万字纹木箱

图3-98　蒙古族红地金漆彩绘八思巴文宝相花纹木盒

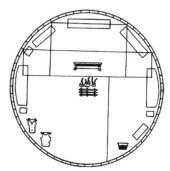

图3-99　蒙古包室内空间布局示意图

图3-100　传统蒙古包内部家具陈设

图3-101　蒙古族双门红地描金彩绘八宝纹藏经柜

家具种类繁多、形态较大、装饰精美。在王府和衙门内，固定的生活状态使家具的种类多样化，出现了如梳妆台、碗架、衣柜等家具类型。王府和衙门家具不受摆放空间的约束，这促使大型的蒙古族传统家具出现，如供案、橱案、立柜等。由于生活方式受到汉文化和儒家思想的影响，家具装饰题材也较多样化，并出现了中原文化特征，如龙凤图、牡丹纹、孔雀纹等具象绘画内容出现在家具彩绘中。

（3）寺院及庙宇的影响

寺院及庙宇是固定建筑，是牧民祈拜和朝圣的重要场所。由于寺院及庙宇的固定性，这类场所使用的大型家具结构也较固定，在家具表面多有关于宗教题材的绘画、雕刻和文字等精美装饰。图3-101所示为双门红地描金彩绘八宝纹藏经柜。

3.5.3.3 传统生活方式对蒙古族家具的影响

蒙古族是北方草原的游牧民族，游牧是蒙古族传统的生产方式。传统的游牧方式依靠天然草场放养牲畜，这种粗放型的畜牧方式效率较低，牧民辛苦游牧只为了适应低下的社会生产条件，而这种经济状况反过来影响着蒙古族传统生活的方方面面。在此基础上产生的游牧文化与农耕文化有着重大的区别，传统游牧形态特点对民族学、蒙古学的研究意义重大。蒙古族的传统生活方式是更接近于席地而坐的起居方式，在蒙古包或草地上餐饮、劳作和诵经时通常为盘腿坐，这样的生活方式决定了多数家具高度较矮，如方桌、橱柜、箱、经桌、供台等类型中均有较多的低矮家具案例。宗教信仰是蒙古族传统生活中的一项重要内容，诵经对于信奉宗教的蒙古族人来说是生活中不可缺少的重要功课，诵经桌自然成为生活中的重要家具，为了满足盘腿坐的使用习惯，诵经桌的高度都较矮。

折叠结构的家具为蒙古族传统家居生活节约了大量空间，在长途迁徙时更利于捆扎携带，也便于利用较小的空间盛放，这比固定结构家具更适应蒙古族传统的游牧生活方式，而多屉结构和各种分隔结构则实现了家具上更多的储存功能。蒙古族传统家具中的各种结构和功能都和游牧的生活习惯息息相关，是蒙古族工匠智慧的结晶和对生活感悟的表现。为了寻找丰美的水草，牧民每年至少进行两次迁徙，在迁徙时有专门装运家具的勒勒车。长期的迁徙使得家具和勒勒车的盛放空间有了尺度联系，家具和勒勒车轴距尺寸的关系决定了是否能最大化地利用勒勒车的盛放空间。通过实测装载货物的勒勒车轴距并将其与家具尺寸对比，结果很好地印证这一尺度关联性的观点。如勒勒车的轴距为1200mm±200mm，车厢板宽度为800mm左右。而蒙古族传统家具中数量最多的橱柜和木箱的宽度均接近400mm，这样的尺寸关系使家具在搬迁时能最大化地利用勒勒车空间，如图3-102所示。

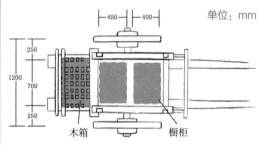

虚线部分为虚拟木箱和橱柜的外轮廓线

图3-102　橱柜、木箱与勒勒车的尺度比例关系示意图

专门载人的勒勒车称作"棚车"，如图3-103所示。车棚后部有一段延伸出的木搁架，此木搁架的尺寸宽约800mm、深约500mm，这个尺度恰好与蒙古族传统家具中木箱的尺度接近。根据实测数据可以得出一种观点：该种棚车后部的木搁架是可以平行放置木箱的结构，搬迁时可将装有随身物品的木箱捆扎在车后。

图3-103中所指"棚车"样式与山西晋作

棚车样式相近。据传闻及考证，此样式大约在明代中晚期由晋北传入蒙古地区，最初由晋作木匠制作，后期工艺逐渐被蒙古匠人所掌握。在苍茫的历史岁月中，有不少来自山西的工匠留在了蒙古高原地区，继续从事相关木作生意。

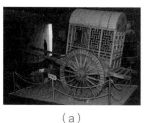  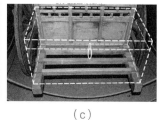

（a） （b） （c）

图3-103 棚车及放置木箱示意图

思考题

1.请查阅藏族文化艺术（包括藏族建筑、服饰）的文献资料，试比较我国不同藏区藏族家具的异同，并结合实例分析藏族家具"民族性"和"地区性"的关系。

2.请以藏族家具、白族家具、傣族家具、纳西族家具、蒙古族家具中的一种为对象，根据产品设计的一般流程和方法，通过分析少数民族文化中具有代表性的设计元素，结合现代人的生活方式，对其进行创新设计。要求：产品类型不限；提炼设计符号，应用于家具形式及结构；表达设计思维演绎过程；撰写设计说明；绘制设计图。

中国传统家具装饰专论

　　家具装饰是指在满足家具功能的基础上通过美化构件的方法进一步追求家具的视觉审美和精神内涵。中国传统家具的装饰历经漫长的发展演变，融入了传统文化的内容，形成了系统的造型审美体系，在工艺美术领域表现出了鲜明的中国特色。我们认识传统家具的装饰，大多是从美观的角度出发，但纵观传统家具装饰的演变历程，其来源和发展动力并非如此单一，而是基于古人丰富的物质生活与精神追求综合的结果。具体来说，既有实际功能上"用"的需求，也有思想观念意义上"巫"的体现，还有心理愉悦上"美"的追求，体现了原始崇拜、宗教思想和等级观念，反映了人们祈愿理想的美好愿望，也有教化风尚的价值。中国传统家具的装饰主要以各种纹样和图案题材为基础，借助特定的工艺技法来实现。中国传统家具的装饰方法随着不同时期生产力的发展和科学技术的进步不断创新发展。中国传统家具的装饰题材来源于不同时期人们对所处空间事物的概括和抽象表达，其表现取决于中华民族发展过程中形成的文化观念和特有的思维方式。

　　本章主要从中国传统家具的装饰方法、装饰题材两方面来组织内容，归纳了髹漆、雕刻、镶嵌、五金装饰、结构装饰等工艺技法，介绍了中国传统家具装饰中的动物题材、植物题材、宗教典故类题材和其他装饰题材。

4.1 中国传统家具的装饰方法

中国传统家具的装饰方法作为中国传统家具研究体系中的重要部分，在不同时期有不断的变化发展，从商周的青铜家具，到魏晋南北朝时期的佛教装饰题材家具，再到辉煌的明清家具，装饰方法在不断地进步和丰富。在本章中，笔者将从髹漆、雕刻、镶嵌、五金件及结构装饰5个方面对中国传统家具的装饰方法进行归纳解读。

4.1.1 髹漆

髹漆工艺在中国有着悠久的历史，漆木家具在中国家具史上占有十分重要的地位。据史料记载，自新石器时代晚期，我国先民们就开始使用漆来保护和装饰器物了。战国至秦汉时期，漆饰家具是主要的家具种类之一，漆料以朱色及黑色为主，这也是天然大漆的主色。魏晋南北朝时期，漆饰家具依然是主流，并出现了漆画等新的漆饰技艺。到了宋代，单色漆饰依然较常用，但出现了在漆底上镶、嵌、钑及多种工艺相结合的装饰工艺，使得器物装饰方法继续丰富。元代时，出现了剔红、剔黑、剔犀等工艺技法。明清时期，又出现了剔彩技法，且多种髹漆技法在不同材质的地子上纷繁呈现，装饰方法呈现得更加多样化，这时是中国传统家具髹漆装饰的鼎盛时期。二十世纪初至八九十年代，漆器家具的制作也未曾间断。从中国家具发展史看，漆饰家具贯穿始终，不论在宫廷华堂，还是在寻常百姓生活中，均占据着相当的比例和重要的地位。

髹漆有多种工艺类型，再配合不同的漆饰材料，可以在家具表面营造出不同的装饰效果。传统家具装饰中的髹漆工艺有素漆、雕漆、描金、填彩、钑金（银）、堆灰、菠萝漆等，并配合使用金、银、宝石、螺钿等装饰材料。髹漆家具一般生产周期较长，在大量的家具案例中，同一家具常使用几种不同髹漆技法，而定位高端的髹漆家具，更是制作繁缛。

4.1.1.1 素漆

素漆家具又称"单色漆家具"，即以一色漆涂饰的家具。常见以黑漆、朱漆、紫漆涂饰，其他颜色漆也有单一使用的。黑漆又名"玄漆""乌漆"，是生漆（又称"大漆"）经过氧化的颜色，故古代有"漆不言色皆谓黑"的说法。因此，黑漆工艺是漆工艺中最基本的做法，其他颜色的漆皆是经调配加工而成的。素漆家具在众多漆器中是等级较低的品种，也是用量最多的品种。单色漆分"揩光"和"退光"两种做法。揩光要求漆面莹润如玉，光可照人，呈现高光效果，如图4-1（a）所示；退光要求使漆光内蕴，古色如乌木，呈现亚光效果，如图4-1（b）所示。

（a）明榆木素漆扶手椅　　（b）清紫檀素漆长方桌

图4-1　素漆家具

4.1.1.2 雕漆

雕漆是指在素漆工艺的基础上反复涂饰，少则涂饰几十遍，多则涂饰百余遍。每次在漆膜八成干的时候再次涂饰，涂饰完成后，在漆膜表面描绘画稿，再采用雕刻的方法完成所需的图案，最后阴干，使漆膜固化。

雕漆又名"剔漆"。漆色以红色为主的称作"剔红"，如图4-2（a）所示；漆色以黑色为主的则称作"剔黑"或"剔犀"，如图4-2（b）所示；多种色彩叠加再雕刻出层叠效果的，则称为"剔彩"，如图4-2（c）所示。雕漆的效果温润柔和、色泽鲜亮，经过打磨后有"藏锋不露"的装饰效果。所谓"藏锋不露"，即经过打磨、抛光处理后不露雕刻刀痕的工艺技法。明代的雕漆家具浑厚、圆润的特点就是俗称的"藏锋不露"。明代嘉靖以后，刀痕明显、锋芒毕露的雕漆家具渐多，出现了不同地区的风格特点。

4.1.1.3 描金

描金指描金漆的工艺，是在素漆家具上用金色漆描绘花纹，然后放入温湿室待漆膜固化。如果描金是在红漆地上完成就叫"红漆描金"，如图4-3（a）所示；如果是在黑漆地上就叫"黑漆描金"，如图4-3（b）所示。黑色漆地或红色漆地与金色花纹互相衬托，形成了绚丽华贵的装饰效果。为了进一步增强装饰效果，还有的在金色花纹上，再用黑漆或红漆勾画细部花纹，则称为"黑漆理描金"或"红漆理描金"，如图4-3（c）所示。

识文描金中，"识"是凸起的意思；"文"指纹样，是指在用漆堆起的各种纹样上描绘金漆。识文描金的纹样高于器物表面，用手抚摸，花纹隐起，有凹凸不平之感，如阳刻浮雕。辅以漆地的衬托，色彩反差强烈，使图案更显生动活泼。识文描金是清代漆器制作中常见的漆器表现手法之一，如图4-3（d）所示。

沥粉描金是"沥粉"和"描金"两种工艺的合称，是以沥粉为基础，再进行描金的工艺技法。沥粉是按照画好的图案，将一种类似软腻子的膏状物像挤牙膏一样按轮廓挤出，以形成凸起的效果。在沥线的过程中，要掌握好力度，方能挤出粗细均匀、线条流畅的图样。待粉膏干燥固化后，再用金色漆沿着粉膏形成的立体线条进行描绘，如图3-80（a）所示。沥

（a）清剔红龙游海水纹小柜　（b）清剔黑彩绘梅花杌　　　　　　（c）清剔彩案

图4-2　雕漆家具

（a）清红漆描金云龙　（b）明黑漆描金　（c）清红漆理描金云　（d）清金漆识文描金风景图
　纹宝座　　　　　山水人物顶箱柜　　龙纹箱　　　　　　提匣

图4-3　描金家具

粉工艺可施加在各种不同材料的基底上，在素漆家具上、匾额、楹联、廊柱、横梁等木制材料表面上都可施以沥粉工艺。

4.1.1.4 罩金漆

罩金漆是指在素漆家具上通体贴金箔。不同于描金工艺，这种工艺的做法是先在漆地上打金胶[①]，待金胶七八成干时开始贴金箔。金箔贴完后，再往金地上涂饰透明漆，故名"罩金漆"。除了通体罩金漆的家具，如图4-4（a）所示，还有部分罩金漆的家具，露出黑漆地或红漆地零部件，如图4-4（b）、（c）所示。这类家具大多在皇家重要的礼制建筑和皇帝家庙中使用，如故宫太和殿、中和殿、保和殿、乾清宫等，这些空间中的家具是紫禁城中最高等级的家具。还有皇家各处道教、佛教的殿堂等其他皇帝家庙，这些殿堂内也使用罩金漆家具。

此外，还有两种特殊的罩金漆做法，一种是彩金象，另一种是洒金漆。彩金象即一件器物上用几种不同成色的金箔。一般地子用较浅淡的金色，而装饰花纹则要用较深的金色，图案边缘金色与地子的金色又有明显的区别。洒金漆泛指在漆地上洒片状和点状的金箔，上面再罩一层透明漆的做法。在实际涂饰中，金箔分布根据情况可疏可密，漆膜可薄一些或厚一些。

4.1.1.5 填漆

填漆也称为"填彩漆"，是先在做好的素漆家具上描画花纹，再用刀尖或针尖依画稿阴刻出花纹，然后依花纹所需的色彩用彩漆填平花纹。如果是花叶或花朵则需用刀铲去一片片的地子，如图4-5（a）所示。如果是各式锦纹则需刻出深浅相同的阴线，然后再将各色漆填在花纹内，如图4-5（b）所示。待色漆干燥固化后，打磨处理使纹地分明，并使花纹与漆地齐平。明清时期，该类髹饰家具多出现于达官显贵的府邸中。

4.1.1.6 戗金（银）

戗金（银）的做法是先在素漆地上描画花纹，再依花纹纹路用刀尖或针尖刻出纤细的花纹，然后在阴刻的花纹内打金胶，再把金箔或银箔粘贴进去，形成金色或银色的花纹，如图4-6（a）、（b）所示。

戗金（银）与填漆的不同之处在于前者的花纹与漆地不齐平，而是仍保持阴刻纹路。填漆和戗金虽属两种不同的工艺手法，但在实际制作中经常混合使用。填漆和戗金两种手法结合制作的器物在明清两代倍受欢迎。

4.1.1.7 堆灰、刻灰

堆灰是指在家具表面根据花纹要求用漆灰[②]堆成高低不平的地子，然后在高低不平的地子上雕刻各式花纹。堆灰做法又称"隐起"，其特点是花纹隆起较高且高低错落，犹如浮雕效果。对隆起部分的处理，可以再施加雕刻、描金、描漆等工艺，如图4-7（a）所示。

刻灰又名"大雕填"，也称"款彩"。一般在漆灰之上涂数遍黑漆，漆膜固化后在漆地上描绘画稿，然后把花纹轮廓内的漆地用刀挖去，保留花纹轮廓；最后在低陷的花纹内根据纹饰需要填以不同颜色的漆料，形成绚丽多彩的装饰效果。特点是花纹低于轮廓表面，视觉效果上，类似木刻版画。刻挖的深度一般至漆灰层为止，故名"刻灰"。在明代至清代前期，这种工艺极为常见，传世实物较多，小至箱匣，大至围屏，如图4-7（b）所示。

4.1.1.8 菠萝漆

菠萝漆是指将几种不同颜色的漆混合使用。做法是在漆灰之上先涂一层稍厚的色漆，待色漆涂层八成干时，用手指在漆皮上揉动，使漆皮表面形成明显的皱纹；然后再用第二种色漆涂刷第二遍；最后再以同样做法用第三种

---

① 金胶：粘接金箔的传统胶黏剂。
② 漆灰：古法用生漆将青砖、瓦片磨成的粉调制成的膏状物，也有用石膏粉的，需要根据图案因地制宜地调制其稠度。

色漆涂第三遍。第二遍以后每层漆膜要相对薄一些，待涂过的漆膜固化后用细石磨平，露出头层漆的褶皱来。这种工艺做出的漆面花纹酷似菠萝皮或犀牛皮，因此称"菠萝漆"或"犀皮漆"。有的漆面花纹酷似影木，因而又有"影木漆"的俗称，如图4-8所示。

4.1.1.9　仿洋漆

清代髹漆工艺在明代基础上又出现了一些新品种，仿洋漆是其中较多见的一种髹漆工艺。仿洋漆的本质是在洋漆的基础上又有所不同，它是中国与日本、西方在文化艺术方面互相交流借鉴的产物，又形成了自己的独特风格。有史料记载，从清代康熙晚期至乾隆初期，宁波和厦门开放通商口岸长达20余年。在此期间，中国从日本和西洋各国进口了大批洋货。其中包括大批漆器家具和日用品，以日本货物占多数。这些东洋漆器装饰华丽，极受雍正帝和乾隆帝的赏识，宫内开始大批仿制。清朝中后期，西方传教士带来了西方的装饰艺术，在家具的装饰中，出现了多样化的"西洋"装饰艺术，如图4-9所示。

明清两代漆家具除上述一种工艺或两种工

（a）清金漆龙纹宝座

（b）清黑漆髹金云龙纹交椅

（c）清红地金漆云龙纹交椅

图4-4　罩金漆家具

（a）清填彩漆勾莲蝙蝠纹长桌（局部）

（b）明填彩漆戗金云龙纹琴桌（局部）

图4-5　填漆家具

（a）明黑漆理沟戗金云龙纹宴桌

（b）宴桌桌面细节

图4-6　戗金家具

（a）清黑漆地堆灰龙纹顶柜

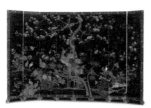
（b）明黑漆款彩百鸟朝凤图八扇屏

图4-7　堆灰、刻灰家具

图4-8　清紫檀边菠萝漆面圆转桌

图4-9　清紫檀边油彩绘仕女图围屏（局部）

艺结合外，还有集多种工艺于一身的代表作品。在故宫博物院收藏的传世实物中，这方面的实例也很多。

除此之外，在硬木家具上直接用彩漆描画花纹，也是清代漆饰家具的新品种。这类作品尽管不是很多，在清代彩绘家具中仍可算一个单独的品种。纵观中国漆器家具全貌，可谓千文万华、绚丽多彩，论工艺水平，不在硬木家具之下。它们与硬木家具一起，以不同的艺术风格，渲染着中华民族灿烂悠久的文化艺术传统。

4.1.2 雕刻

我国的雕刻工艺起源很早，新石器时期的制陶工艺中已应用了阴刻技法，到战国时期，青铜家具和漆木家具上已经大量应用线雕（阴刻）、浮雕、透雕和圆雕。魏晋以后，随着佛教建筑和造像的发展，木雕在建筑和家具上的应用愈加成熟，长盛不衰。此后，这4种工艺技法一直沿用至今。明清时期，雕刻技法有机地融合家具构件的形状、家具的功能和木材质地，起到了很好的装饰作用。线雕（阴刻）、浮雕、透雕、圆雕是单一的雕刻技法名称，在传统家具装饰中，常会将多种雕刻技法同时表现于同一家具上。

4.1.2.1 线雕（阴刻）

线雕又称"线刻""阴刻"或"阴文线雕"，是低于木材平面使线条凹下去的一种雕法，花纹呈"V"字形的线状雕刻。一般用单刃刀两次刻出，或者用双刃刀一次刻成。有的还在线雕（阴刻）中加以髹漆工艺，使纹饰更

为醒目，能产生一种黑白分明、近似中国水墨画的艺术效果，如图4-10所示。

4.1.2.2 浮雕

浮雕又称"凸雕"，就是所雕纹样凸出地子的雕刻技法，依据雕刻力度呈现深与浅的不同变化，分为高浮雕和浅浮雕。高浮雕用料较厚，图案构图丰富，少的两三层，多的七八层，具有进深感和空间感。浅浮雕的进深感和空间感较弱，往往以图案表达为主，线形突出。传统家具中的浮雕纹饰，有的满布花纹，不露地；有的花纹疏朗，露地。露地的又有锦地和平地之分。锦地是用规则的纹样作为地纹来衬托主题纹饰，如图4-11（a）所示。平地是与锦地相对而言的，一般无地纹，如图4-11（b）所示。

4.1.2.3 透雕

透雕也称"镂雕"，也就是去掉纹饰形象以外的虚体部分。有"一面做"和"两面做"两种方法。"一面做"是对正面进行雕刻，背面几乎是平的，大多用于只需一面外露的家具零部件，如桌案的牙子。"两面做"是对正反两面都进行雕琢，一般用于两面都能被看到的部位，如衣架的中牌子，座屏的绦环板、站牙等。在明清家具中，透雕也是一种较为常见的装饰手法，如图4-12所示。

4.1.2.4 圆雕

圆雕是一种完全立体的雕刻，它的上下、前后、左右各面均须被实际雕刻，可以从任何角度欣赏具有三维空间的雕刻艺术。它的形态随着观看视线的移动而不断变化，每个角度皆具备独特的形式感。圆雕纹饰多取材于人物、

图4-10　线雕如意平安纹　　　　（a）浮雕锦地龙纹（b）浮雕平地牡丹纹
　　　　架子床围子　　　　　　　　　图4-11　浮雕纹饰　　　　　图4-12　透雕麒麟纹木饰件

动物和植物，多见于家具端头的装饰，如图4-13所示。

传统家具中有很多的雕饰是把浮雕和透雕相结合，或者浮雕和圆雕相结合，如图4-14所示。明代的家具用浮雕较多，往往在靠背板、牙板处的显要位置做恰到好处的雕饰，在家具的静态中展现灵动。清代家具多用透雕，在椅子的靠背板，桌案的牙条、挡板等部位，使用整块透雕，突出剔透、空灵的效果。到了清中期以后，雕饰达到了高潮，有时一件家具会通体满雕。

（a）凤纹圆雕　　　（b）龙首圆雕

图4-13　圆雕纹饰

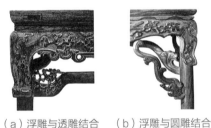 

（a）浮雕与透雕结合　（b）浮雕与圆雕结合

图4-14　雕刻工艺的结合表现

经过历代匠人的悉心努力，我国形成了众多的雕刻流派，如潮州木雕、东阳木雕、宁波金漆木雕和徽州木雕等。潮州木雕精雕细刻，主要包括凿粗坯、细雕刻、髹漆贴金等工序，有些木雕还要绘上金漆画，如图4-15（a）所示。东阳木雕一般不做大面积髹漆，以保留木制的本来面目，注重雕刻表面的打磨工艺，以圆滑细腻、精美光润著称，如图4-15（b）所示。宁波朱金木雕已有1000多年的历史，"三分雕刻，七分漆匠"是朱金木雕艺人的经验总结，如图4-15（c）所示。徽州木雕是一种文

人木雕，创作风格古拙而朴实，造型浑圆结实，其风格近似汉代画像砖，如图4-15（d）所示。

（a）潮州木雕

（b）东阳木雕

（c）宁波金漆木雕

（d）徽州木雕

图4-15　不同的雕刻流派

4.1.3 镶嵌

镶者，以物相配合也。如，镶边、镶框等。凡言"镶"，必有内外之分。如果由内向外，一般称作"镶边"或"镶框"；如由外向内，则称作"框内镶心"或"镶板"。在家具的应用上，则有心必有框，有框必有心。如桌面、案面、椅面、柜门、插屏、挂屏等，都是由四框和板心组成的。做法都是两边两抹攒成方框，里口起槽，内镶板心，木工术语名曰"攒框镶心"。嵌者，以物陷入也，即先用各种物料雕成各式花纹，然后在器物上挖槽，把雕好的花纹嵌进槽内。这里所说的物，指各种螺钿、玉石、象牙、金、银、铜、珐琅、木件等；这里所说的嵌入，即指把各种物料雕制的各式花纹嵌进雕好的槽内，形成画面。严格来说，"镶"和"嵌"各有不同特点，该两种工艺手法在家具上的运用，并非直接联系。无论板心、边框、牙子、枨、腿，家具的任何部位都可以施加嵌的工艺。但是，在家具结构上，常用镶的工艺，久而久之，两种工艺手法长期结合出现，匠人便把"镶""嵌"两字组合，形成专用名词"镶嵌"，凡嵌有各式花纹的器物皆以"镶嵌"称之。

镶嵌工艺是中国传统家具常用的工艺手法，因镶嵌用物料的不同，镶嵌分为单一材质镶嵌与多种材质镶嵌。单一材质镶嵌中最为多见的是嵌螺钿，还有嵌牙骨、嵌玉石、嵌珐琅、嵌瓷板、嵌木及嵌金属等。为了增强装饰效果，中国传统家具逐渐出现了使用多种镶嵌物料和技法的情况，也可称为"综合镶嵌"，俗称"百宝嵌"。

4.1.3.1 单一材质镶嵌

（1）嵌螺钿

嵌螺钿工艺起源较早，河姆渡遗址中，就有嵌有松石的器物。战国时期，有嵌玉的漆

几。在唐代时，嵌螺钿技术已经成熟，如图4-16（a）所示；宋代时，嵌螺钿技术得到了更广泛的应用。

嵌螺钿家具常见黑漆螺钿和红漆螺钿，螺钿又分"硬螺钿"和"软螺钿"。硬螺钿又称"厚螺钿"，所用材料多为海蚌的硬壳，较大的钿块多为砗磲[①]钿，切而磨之，则如白玉，可为装饰品。其工艺按素漆家具工序制作，在上第二遍漆灰之前，将螺钿片按花纹要求研磨成形，用漆粘在灰地上，晾干后，再上漆灰；要一遍比一遍细，使漆面与花纹齐平，漆灰干后略有收缩，再上大漆数遍；大漆干后还需打磨，把花纹打磨显露出来，再在螺钿片上施以必要的毛雕，以增强纹饰效果，即为成器。软螺钿又称"薄螺钿"或"五彩螺钿"，是与硬螺钿相对而言的。软螺钿取自较小海螺、贝壳之内表皮做镶嵌物。因其质既薄且脆，极难剥取，故无大块。软螺钿表面有天然色彩，从不同角度看可以变换颜色，多用在家具的椅背、桌沿、屏框上，个别也有整件家具通体镶嵌的，如图4-16（b）所示。

（2）嵌牙（骨）

牙指象牙，骨指牛骨或象骨，也包括犀牛角或水牛角。古时，匠人把牙、骨或角雕刻成各种图形，镶嵌在家具上称为"嵌牙（骨）"。有时也用象骨经染色后代替象牙，镶嵌在家具上。明清时期，广州和北京的造办处制作的嵌象牙家具最为著名，嵌牛骨、嵌象骨及嵌牛角家具则以浙江宁波地区最为著名，如图4-17所示。因现在大象及犀牛均属保护动物，其牙、骨、角制品已不能作为家具装饰材料。

（3）嵌玉（石）

玉石类原料均是琢玉的边角料。有青玉、碧玉、墨玉、白玉、牛油玉等，还有翡翠、玛瑙、水晶、碧玺等，常用于家具的板面、牙条、屏心、屏框等处的镶嵌装饰，如图4-18（a）所示。

---

①砗磲：一种大型海蚌，属于文蛤类最大者，长径三尺许，壳甚厚，内白色而光润，外呈褐色且有凹渠5条。

镶石心或石面的做法，镶嵌材料以大理石为主。大理石在古代多用以镶嵌屏风，明代开始用于镶嵌在桌、案、椅、凳、几、榻等家具的面上。天然形成的石材纹理，有人物、鸟兽、山水、云烟等图案，装饰效果优异。除大理石外，还有永州的永石、祁阳的祁阳石、南阳的南阳石、兖州的土玛瑙石等石制镶嵌材料，嵌石心家具如图4-18（b）所示。

（4）嵌珐琅

嵌珐琅又名"景泰蓝"，始自元代，曾一度失传，明景泰年间又重新兴起。做法以铜板制成器形，表面粘焊用铜丝或银丝掐成的各式花纹，再将各色矿物质的珐琅彩料涂在器物的丝纹里，然后以高温烧制而成。景泰蓝制品在明景泰、成化年间较多，工艺精细。明代珐琅胎一般用紫铜，造型多仿古代铜器样式，镀金稍厚。色料有蜜蜡黄、油红、松石绿等。尽管掐丝粗，花纹简洁，但图案气韵生动。明代珐琅蓝釉上多有砂眼，而且都带年款，有"大明景泰年款"或"景泰年制"的字样。清代珐琅的铜胎比明代薄，色料近似蛋黄色或紫红色，掐丝细，镀金薄，花纹造型较明代多且复杂，彩釉上大都无明显砂眼。清代的广州和北京是主要的珐琅制品产地。嵌珐琅家具如图4-19所示。

（5）嵌瓷板（玻璃）

瓷板即以各种工艺手法制作的彩瓷，明清时常用于镶嵌家具，多用于镶桌面、凳面、柜门及插屏、挂屏、围屏的屏心。有青花、粉彩、五彩、刻瓷等不同品种。瓷板上彩绘各种山水风景、树石花卉、人物故事等图案题材。这类家具以江西地区制作较多，江西景德镇是全国著名的瓷都，有着得天独厚的优越条件，不仅为家具提供了充足的原料，也为家具艺术增添了色彩，如图4-20所示。

（a）唐玳瑁嵌螺钿荷花鸳鸯八方盖盒（现藏于日本奈良正仓院）

（b）明黑漆嵌螺钿花鸟纹架子床

图4-16 嵌螺钿家具

图4-17 清紫檀嵌牙菊花纹宝座

（a）清紫檀嵌玉六角墩

（b）清酸枝木嵌石罗汉床

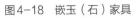
图4-18 嵌玉（石）家具

（a）明紫漆嵌珐琅云龙纹圆机

（b）清紫檀嵌珐琅花卉纹绣墩

图4-19 嵌珐琅家具

图4-20 清紫檀嵌青花瓷插屏

图4-21 清紫檀嵌油画玻璃围屏

图4-22 清紫檀嵌黄杨木雕罗汉床

图4-23 清紫檀嵌铜花宝座

玻璃制品在古时被称作"琉璃"，战国墓中就出土过用琉璃制成的珠串，明朝时玻璃在上层贵族中流行了起来。明末清初之际，西方人发明了平板玻璃，并随着传教士来到了中国，这时中国建筑的门窗及装饰品开始使用平板玻璃。清代的玻璃主要靠进口，乾隆时期曾有镶玻璃的器物被进贡到皇宫，有的直接在玻璃上画油画，然后镶以木框，用于陈设，有的则是在木框上镶以透明玻璃，保护嵌心，如图4-21所示。

（6）嵌木（金属）

嵌木有两种常见的形式，一种是嵌小块木板，另一种是嵌木雕板。前者用的小块木板一般为素面，通过材色、纹理的差异形成装饰效果，如瘿木；后者在前者的基础上又以雕刻技法处理木板，增强装饰效果。如图4-22所示为嵌木雕板家具。

在我国漆器上早就出现了镶嵌金银片的工艺，盛行于唐代，主要在贵族及僧侣间流行。与黄花梨、紫檀、鸡翅木等深色硬木相比，金、银、铜材色亮度较高、材质光洁，与木材形成了质感对比，有强烈的装饰效果。镶嵌金属饰件的方法有两种：平嵌法和凸嵌法。平嵌法即在家具安装饰件的部位剔下与饰件造型、大小、薄厚相同的木材，将饰件平放在槽内，装好后饰件表面与木框表面齐平。这种做法多用暗钉，即在饰件背面焊上铜钉，铜钉分两叉，先在大边上打眼，将铜钉钉入打好的孔后，再把透出的双钉向两侧劈分，饰件便牢牢地固定在家具上了。如图4-23所示为平嵌铜花家具。凸嵌法的家具表面不起槽，只在家具上打眼，把饰件平放于木框表面用暗爪或泡钉钉牢，装好后，饰件高出地子表面，与平嵌法形成不同风格的装饰效果。

4.1.3.2 多种材质镶嵌

多种材质镶嵌装饰家具,在传统工艺中称作"百宝嵌"。百宝嵌是传统家具镶嵌工艺中的一类综合镶嵌技法,做法是在漆地上或木胎上挖出凹槽,将珊瑚、玛瑙、琥珀、玳瑁、螺钿、象牙、犀角、玉石等各种珍贵材料加工成的嵌件嵌入凹槽内形成装饰图案[①],并随着光线角度的变化和材质对比,产生五光十色、绚丽华美的装饰画面,如图4-24所示。

镶嵌装饰在明清时期形成了许多地方风格,如北京的嵌螺钿,江苏的嵌玉,江西的嵌瓷,广州的嵌牙、嵌螺钿、嵌珐琅、点翠,宁波的嵌骨,山东潍坊的嵌金银丝,等等,都是久负盛名的镶嵌做法。明清两代家具的镶嵌手法和镶嵌材料是丰富多样的。尤其是清代,将多种工艺技法、多种材料结合,巧妙地装饰在家具上,从而形成了以"雍容华贵""富丽堂皇"为特点的清式家具。

4.1.4 五金件装饰

五金配件作为传统家具上的附属构件,主要有三类:一是辅助加固家具的部件,如包边、套足;二是增加家具辅助功能的部件,如拉手、提手;三是点缀装饰功能的部件,如面叶。它们以铜材为主,也有金、银、铁等材料,起到了保护端角、加固节点、连接部件、锁合空间和装饰美化的功能。铜饰件有白铜、黄铜等材质,与深色硬木形成色彩、质感对比。五金配件自身也有较多的装饰方法,如錾花、鎏金、金银错、刻划、嵌珐琅等,在五金件的表面上再加工出装饰性图案。五金件安装的方法有两种,一种是平卧法,另外一种是浮钉法。前者安装后和家具表面齐平,后者是五金件高出家具表面。传统家具上常见的五金配件主要有合页、面叶、拉手、提手、包边、包角、拍子、套足等。

4.1.4.1 合页

合页是安装在箱类家具的盖与箱体或柜类家具的框架与门边上的连接件,一般由两块金属板与一根圆轴组成,如图4-25所示。安装时,一块金属板固定在框架(或盖)上,另一块金属板固定在门边(或箱体)上。合页有长

（a）明黑漆百宝嵌立柜　（b）清黄花梨百宝嵌官皮箱

图4-24　百宝嵌家具

（a）方形錾　（b）多边形　（c）菱形鎏
花合页　　刻划合页　　金合页

图4-25　合页

（a）寿字纹　（b）云纹面叶　（c）宝瓶纹
面叶　　　　　　　　　　面叶

图4-26　面叶

---

①由于玳瑁、象牙、犀角材料取自濒危保护动物现已不能使用。

方形、圆形、六角形、八角形等形状。合页的安装分明钉和暗爪两种：明钉常用特制的浮钉固定；暗爪则用钻打眼，将暗爪穿过，再将透过的暗爪向两侧劈分，使合页面附着牢固。

4.1.4.2 面叶

面叶是在柜子或箱子中间衬托拉手、拍子和锁件的金属件，如图4-26所示。由两块或三块组成，通常左右或上下排布。面叶多为圆形，也有正方形、矩形和不规则几何形的。传统家具在面叶上装钮头，拉手或锁件穿过钮头固定后，和面叶共同构成家具的视觉中心。

4.1.4.3 拉手、提手

拉手和提手是为方便开启和搬运而备的功能性装饰件，如图4-27所示。为方便开启的称作"拉手"，而方便搬运的称为"提手"。拉手通常在抽屉的屉面中心、箱盖前边缘中间、橱柜或立柜对开门的大边上安装；提手一般装在箱体或柜体的两侧或正面。常见金属拉手的形状有圆环形、三角形、菱形等形状，材质有铜质、银质、铁制等材质。圆环形的拉手有通体光素的，也有在圆环上錾出波浪纹理的。三角形及菱形的拉手多呈实心金属片状，通常在拉手表面还要錾出纹理，增强其装饰效果。提手有金属材质的，也有皮质的。

图4-27　拉手和提手

4.1.4.4　包边、包角及套足

包边和包角用于包覆家具边角和关键的转折部位，也称为"卡子"，如图4-28（a）、（b）所示。这类金属饰件多出现在传统家具中

的箱、桌、案、椅、镜台等上。这些金属件多亮度较高，与家具木料形成明度对比，亮光闪闪，有很好的装饰效果。套足是家具足端的一种铜包件，既可防止腿足受潮腐朽以避免端头开裂，又具有特殊的装饰作用，如图4-28（c）所示。铜饰件上错金银的一般做法是先在金属件表面预先錾刻出图案所需的凹槽，然后嵌入金银丝、片，锤打牢固，再打磨光滑，形成图案凸出的装饰效果，如图4-28（b）所示。

（a）桌角、腿角上的包边包角　（b）交椅上的包边包角

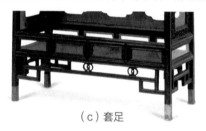

（c）套足

图4-28　包边、包角及套足

4.1.5　结构装饰

在中国传统家具中，经常可以看到一些与家具结构紧密结合的装饰构件，它们既有结构上的功能，保证了家具结构的稳定和坚固，同时，它们也是家具形体中的装饰件，美化了家具形态。这种融装饰于结构的做法称为"结构装饰"。家具结构装饰的形成与中国传统木构建筑技术的发展密不可分，这在第5章中有具体阐释。中国传统家具的结构装饰主要有搭脑、牙子（牙条与牙头）、枨子、矮老（包括卡子花）、券口、圈口、挡板、束腰、托泥与龟足、攒斗、线脚、亮脚、绦环板、开光、腿型与足型等。

4.1.5.1　搭脑

搭脑是椅子上端的横梁，因人坐时后仰脑袋搭于其上而得名，如图4-29所示。另外，衣架、盆架、毛巾架上面横梁也引申为搭脑。按断面形状分，其基本形式有圆形、扁圆形和方形3种。在3种形式的基础上，又有直线形、弓背曲线形、圆弧形等，形式丰富多样。椅子的搭脑又有出头和不出头的区别，此结构以灯挂椅和官帽椅较为典型。

图4-29　官帽椅上端搭脑

4.1.5.2　牙子

在中国传统家具的结构中，竖向构件和横向构件所形成的木构架的交角处或之间的结构零部件称为"牙子"，用来加固横竖材的连接节点并起到装饰作用。

安装在横竖材交角处的短小牙子俗称"角牙"，如图4-30（a）、（b）所示。"角牙"又可分为"挂牙"和"站牙"。纵边宽于横边，安装在椅背、衣架、屏风等家具立柱上端内外侧的牙子俗称"挂牙"，如图4-30（c）所示；安装在屏风、衣架等家具底座端头、立柱侧边的牙子俗称"站牙"，如图4-30（d）所示。牙子的使用类似于梁柱端头的雀替和替木，使得结构更加稳定牢固；牙子又以自身的形态轮廓，营造了曲与直、虚与实、轻与重等视觉上的对比，塑造了传统家具造型形式中的生动和灵巧。

安装在两根竖材与一根横材所形成的"门"字形木框之间、横向较长的构件俗称"牙板"，其中竖向尺度较小的也可称为"牙条"。依据牙板造型，又有壶门牙板、洼堂肚牙板、直牙板、短材攒接牙板等，如图4-31所示。

4.1.5.3　枨子

枨子就是传统家具木框架中的横向和竖向

   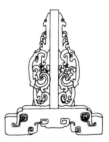

（a）云纹角牙　　　（b）棂格纹角牙　　　（c）卷草纹挂牙　　　（d）凤草纹站牙

图4-30　角牙

（a）壶门形卷草纹牙板

（b）喜上眉梢纹牙板

（c）云纹直牙板

（d）短材攒接方胜拐子纹牙板

图4-31　牙板

构件，如腿足之间的横枨。至明代，枨子摆脱了直枨的基本形式，兼顾了结构功能和装饰功能；竖向的枨子通常设置在椅背、柜门等部件。结构装饰中的枨子大多是横向的枨子，种类繁多，有罗锅枨、霸王枨、裹腿枨、十字枨、花枨等，如图4-32所示。

4.1.5.4 矮老(卡子花)

矮老是一种短而小的竖向木条，往往用在跨度较大的横枨上。有单个使用的，也有2个或3个为一组使用的。矮老常用于面框（桌案面、座面等）与其下的横枨之间。从结构上看，矮老的作用与传统木构建筑中的矮人柱类似，均能起到均匀分布载荷、保证载荷竖向传递、加固结构体系的作用。卡子花由矮老发展而来，在结构上，其与矮老的使用位置和作用

类似。从装饰上看，传统家具的矮老形式较单一，大多为竖向的圆柱形木棍条；卡子花的形式较丰富，常被雕刻成方胜、卷草、云头、玉璧、铜钱、花卉、寿字、珠花、锦结、回纹、单环、双套环等图案和形状，具有较强的装饰效果，如图4-33所示。在图2-77（b）、（d）、（e），图2-85（d）和图2-86（a）中有矮老的使用。在图2-110（a）和图2-117（a）中有卡子花的使用。

4.1.5.5 券口、圈口与挡板

券口与圈口是镶嵌在木框内侧的薄嵌板，如两腿之间的薄嵌板，是一种建筑化的做法。如果木框四边内侧只有左、右、上部装有嵌板则称为"券口"，若四周均装有嵌板称为"圈口"。券口与圈口常用于椅凳、桌案、柜架等家

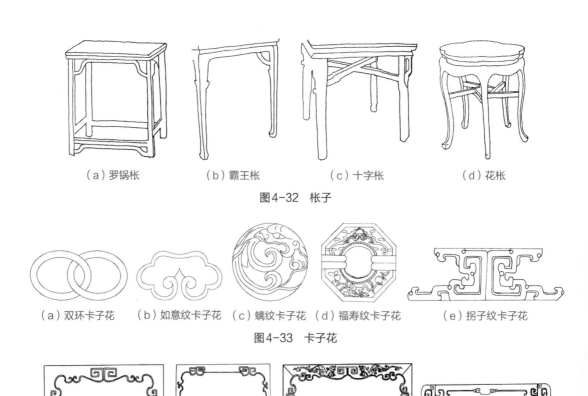

（a）罗锅枨　　　　　（b）霸王枨　　　　　（c）十字枨　　　　　（d）花枨

图4-32　枨子

（a）双环卡子花　　（b）如意纹卡子花　　（c）螭纹卡子花　　（d）福寿纹卡子花　　　（e）拐子纹卡子花

图4-33　卡子花

（a）壸门云纹券口　　　（b）卷云纹券口　　　（c）壸门龙纹券口　　　（d）仿古玉纹券口

图4-34　券口

具上，床榻的屏背上也有使用。根据券口和圈口的轮廓形状，常见的有壸门形、海棠形、长方形、鱼肚形、椭圆形等形式，图4-34所示为券口形式，图4-35所示为鱼肚形圈口形式。

在案类家具的前后腿之间，镶嵌各种纹饰的嵌板，或者用木条攒接成棂格形状的侧板，称为"挡板"。挡板不仅加固了腿足的稳定性，同时也有较好的装饰效果。传统家具上的挡板形式多样，常见的有云头纹挡板、万字纹挡板、葫芦纹挡板、草龙纹挡板、灯笼锦纹挡板等，如图4-36所示。

4.1.5.6 束腰

在传统家具的面板（桌案面、椅凳面等）与腿之间的一圈内凹形构造称为"束腰"或"束腰做法"。束腰有高束腰和矮束腰之分，在高束腰之下牙子之上往往还加一根长条的构件，叫"托腮"。束腰做法的来源有两种说法：一是对古代仕女形象的借鉴，二是对佛教建筑塔基造型的借鉴。无论哪种来源，束腰的存在均改变了传统家具在高度方向上的凹凸变化，丰富了传统家具高度方向上的线条感，在明清时期的传统家具上应用极为普遍，如图4-37所示。

4.1.5.7 托泥与龟足

托泥是装在家具腿足下的一种构件，即在家具腿足下加底框或垫木，使腿足下端不直接落地，而是落在底框或垫木上，这种底框或垫木就称为"托泥"。托泥既有稳定和加固家具腿足的作用，也有塑造家具体量感的作用，还有防止家具腿足受潮变形的作用。托泥有方形和圆形之分，在中国传统家具中应用广泛，如图4-38所示。

有的家具的托泥不直接落地，往往在托泥下装有3个、4个或更多的像乌龟状的三瓣尖足，称为"龟足"。龟足的存在，将面接触变为点接触，增强了家具使用的稳定性。

图4-35 鱼肚形圈口

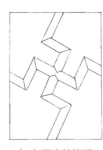

（a）万字纹挡板

（b）云龙纹挡板

（c）牡丹纹挡板

（d）云头纹挡板

图4-36 挡板

（a）明代黄花梨束腰火盆架

（b）清代高束腰条桌

图4-37 束腰

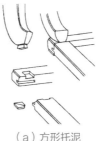

（a）方形托泥

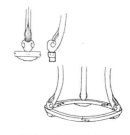

（b）圆形托泥和龟足

图4-38 托泥

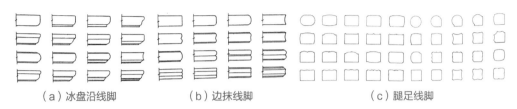

（a）冰盘沿线脚　　　　　（b）边抹线脚　　　　　　　（c）腿足线脚

图4-39　线脚

4.1.5.8　线脚

"线脚"一词是建筑用语，中国传统家具中的线脚指的是构件截面的轮廓形状。线的高低变化形成了阳线和阴线，面的高低起伏形成了凸面（混面）和凹面（洼面）。线有宽窄、疏密，面有凹凸、圆方，因而就出现了千姿百态的线脚。在中国传统家具中，家具边框上舒下敛的线脚统称为"冰盘沿"。由于线脚出现的位置不同，分为边抹线脚和腿足线脚两种。明清时期，线脚的种类样式有上百种之多，如"灯草线""两炷香线""皮条线""委角线""瓜棱线"等，还有许多没有具体称呼的线脚，如图4-39所示。

线脚也是传统家具最基本的装饰要素之一，即使是最朴素的传统家具也会用到线脚，线脚有着引导视觉方向的作用。明式家具的装饰比较少，但线脚应用很多，这些线脚的存在使得明式家具看起来更为简练、流畅，而又不显单调。清式家具中的线脚样式尽管承袭了明式家具的做法，但清式家具上多样而繁杂的装饰却淡化了线脚的表现力。相比之下，明式家具上的线脚应用显得十分成功，更值得借鉴。

商周甚至更早，几案组的面边沿有高于面心的矮围护构造，以防止汤水等流质流下或溢出，故称为"拦水线"，如图4-40所示。唐宋以后，拦水线逐渐失去了最初的功能，成为一种工艺做法。

4.1.5.9　亮脚

亮脚是传统家具座椅靠背板下端与座面相接部位镂、雕出的各种纹样的透空装置，如图4-41所示，亮脚有改变竖向板面构件单调沉闷的装饰作用。

4.1.5.10　绦环板

四周起线中间镂空的镶板称为"绦环板"。常见的镂空形状有长方洞、菱花洞、鱼门洞、捏角长洞、线长洞、炮仗洞等，如图4-42所示。绦环板往往镶嵌于床围、柜面、屏座等家具部件上，增强装饰效果。图2-96（b）所示明榉木开光架子床的承尘及图2-97中的（a）图所示明拔步床的承尘中都有光素绦环板的应用。

（a）方形桌面的拦水线　　　　（b）圆形桌面的拦水线

图4-40　拦水线

（a）壶门卷草纹亮脚　　　　　（b）壶门如意纹亮脚　　　　　　（c）壶门云头纹亮脚

图4-41　亮脚

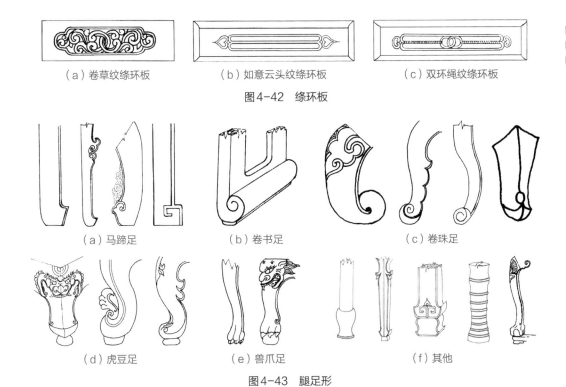

（a）卷草纹绦环板　　（b）如意云头纹绦环板　　（c）双环绳纹绦环板

图4-42　绦环板

（a）马蹄足　　　　　　（b）卷书足　　　　　　　（c）卷珠足

（d）虎豆足　　　　　　　（e）兽爪足　　　　　　　（f）其他

图4-43　腿足形

4.1.5.11　开光

开光是指坐墩的墩身或座椅的背板等处做出的各种形状的透空。明清时期，在床、架格等家具上也有开光的做法。开光可以显示出结构的通透感，以增强美观性。在图2-91（c）中紫檀四开光弦纹坐墩和图2-116（d）中紫檀五开光坐墩上均有开光的做法。

4.1.5.12　腿足

传统家具的腿足有许多样式，随着家具整体造型的变化而变化，这些变化是依附结构进行的。传统家具的腿足变化主要体现在两方面：一是腿足形状的变化；二是腿足上雕刻纹样的变化，还包括所刻的阴线及阳线的线脚变化。

传统家具常见的腿形有方形、圆形断面的直腿，向外或向内弯曲的三弯腿、蚂蚱腿、撇腿、展腿，等等。三弯腿的上、下两部分鼓出，中部内收，形成三道弯曲，故名"三弯腿"。蚂蚱腿的中部有凸出的花翅，形如蚂蚱

的腿的形状。展腿形似由上下两截组成，实为一根整木，上截较短，为完整的腿足状，下截较长，一般断面形状有别于上截。传统家具中常见的足形有马蹄足、卷书足、卷珠足、虎豆足、兽爪足、柱础足等，如图4-43所示。马蹄足因形如马蹄而得名，如向外兜转，称为"外翻马蹄足"；向内兜转，则称为"内翻马蹄足"。马蹄足大多以一块整料做成，是明清家具中常用的一种腿足形式。卷书足因形如卷书而得名，为明清家具条案、条几腿足的常用形式之一。

4.1.6　攒斗

攒斗有攒、斗和簇3个工艺环节。"攒"就是攒接，是把短小料连接起来形成较大构件的工艺技法。"斗"是传统木工中的用词，既有斗榫、斗缝、拼合之意，也是一种构图法则，带有构图上的对立和呼应的意义；在图案装饰中，就是一种通过对立经过协调而达到融

合的状态。"簇"就是簇合，是指把攒接起来的小构件簇拥在一起构成装饰性的图案。攒、斗与簇经常结合使用，故将这种装饰工艺简称为"攒斗"。攒斗既是一种小材优用的工艺，也可避免短料顺纹理发生断裂现象。攒斗大多用于床榻围子、桌案牙子及架格栏杆等处，在苏式家具上尤为多见，如图4-44所示。攒斗的装饰技法往往可以给人以疏可跑马、密不透风的艺术观感。

图4-44　十字四簇云纹攒斗

4.2　中国传统家具的装饰题材

数千年来，人们把自然界中的物象加以艺术概括，形成了源于自然而又高于自然的装饰图案。诸如动物、植物、生产生活、天气天象、神话传说、民间故事、英雄豪杰、文艺作品中的典型人物等等，从兴旺齐家到平安吉祥，从忠孝仁义到佛符瑞相都映射其中。仅明清时期的传统家具装饰题材就有数百种之多，众多的中国传统家具装饰题材可大体归纳为动物题材，植物题材，宗教、典故类题材和其他

类题材四大类。下文从每类题材中遴选出较典型题材并加以阐释。

4.2.1　动物题材

动物装饰题材可以追溯到原始社会时期的图腾崇拜，有些来源于现实生活，有些来源于想象，有不同的寓意，承载着中国传统思想里的祥瑞与美好寄托。

4.2.1.1　饕餮纹、夔龙纹和龙纹

饕餮纹和夔龙纹是商周时期青铜器的主要装饰题材。饕餮纹又称"兽面纹"，基本形象是牛首羊头等动物正面头部的抽象表现，有首无身、凶恶贪婪。饕餮纹构图以平面对称造型为主，在静态造型中体现视觉张力，指向某种似乎是超越世间权威神力的观念，如图4-45所示。图2-6所示的商代悬铃青铜俎的板足面雕刻有云雷纹地的饕餮纹饰。夔龙纹是一种近似龙纹的纹样，夔龙多为一角一足，口张开，尾上卷。夔龙纹的变化形象很多，如窃曲纹，甚至发展到凡是只有一足的类似爬虫的物象都称为"夔龙"或"夔"。夔龙纹在历代家具装饰中的应用均较多。

龙纹最初是一种以蛇为基础形象的动物纹样，随着时代的发展，它从原始图腾发展成为中华民族的象征，在甲骨文、金文中出现的数十种"龙"字均以扭动的蛇形身躯为特征。在器物装饰中，龙纹表现为宫廷用龙纹和民间用龙纹。先秦以前的龙纹形象较质朴粗犷，大部分没有四肢、龙爪。秦汉时的龙纹肢体齐全，常呈行走状，形象基本定型。隋唐时，龙纹的嘴、角和腿部很长，尾部似蛇，形体饱满

(a)　　　　　　　(b)　　　　　　　(c)

图4-45　饕餮纹

丰腴。宋代的龙纹下颚开始上翘，应用更加广泛，宫廷龙纹和民间龙纹同步发展。宫廷龙纹造型突出神性，金碧辉煌；民间龙纹则寓意吉祥，素雅秀美。元代时，龙纹出现了毛发的设计运用，腿部有"露盘露骨"的纹饰。明代时的龙纹筋骨演变为在腿上拉线，毛发上冲，龙须外卷或内卷。双角五爪的龙为皇帝专用，三爪、四爪的蟒纹可民用。造型上，有行走状的行龙，盘成圆形的团龙，展露正面头部的正龙，显露侧面头部的坐龙，头上尾下的升龙、回升龙和回降龙，还有尾上头下的降龙，等等。清代时的龙纹体形巨硕，龙头毛发横生，出现锯齿形肋，尾部有叶形装饰。

龙的形象集中了许多动物的特点，由鹿、牛、蟒、蛇、鱼、鹰等动物肢体组合而成。传统家具中的龙纹有具象与抽象两种。具象是指对龙的肢体真实刻画，多用于宫廷。抽象指将龙的肢体高度图案化，只抓取龙的主要特征，如与卷草纹结合，形成的草龙纹可用于民间。图4-46所示为传统家具装饰中常用的龙纹图样。

4.2.1.2 麒麟纹

麒麟与龙一样，也是虚拟出来的瑞兽，性情温和，传说能活千年。麒麟形象是鹿、龙、马、牛等动物肢体的组合。古人把雄性称为"麒"，雌性称为"麟"。古人认为麒麟出没处必有祥瑞，故麒麟被制成各种饰物和摆件，用以祈福和祈愿。麒麟纹有单一纹样的，也有组合纹样的，均表达仁德、长寿等祥瑞寓意。传说孔子出生时，有"麒麟吐书"的现象，后来就有了"麒麟现，圣人出"的说法。这个传说后被创作为"麒麟送子"的吉祥图案，寓意生贵子、贤才栋梁。在传统家具中，麒麟纹的组合图案较多，常见与葫芦、书、松树等纹样的组合。如图4-47所示为中国传统家具装饰中

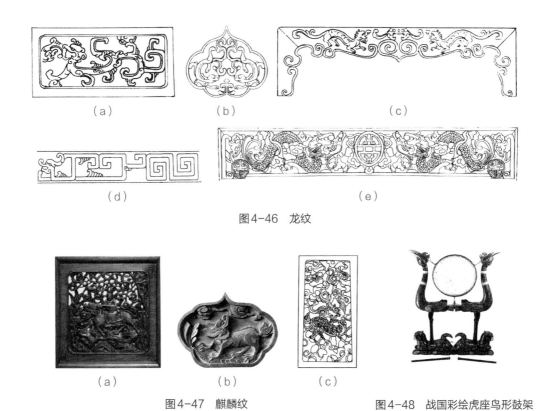

图4-46 龙纹

图4-47 麒麟纹　　图4-48 战国彩绘虎座鸟形鼓架

的麒麟纹。

4.2.1.3 虎纹

虎是中华民族原始先民的图腾崇拜物之一，也是一种瑞兽，有驱邪避凶的寓意。早在商朝时期，先民们就开始尊老虎为神。秦汉时期，白虎为四灵之一，代表秋季和西方。如图2-11所示的蟠虺纹铜禁和图4-48所示的彩绘虎座鸟形鼓架均以虎的形态作为家具底座及装饰。

4.2.1.4 鹿纹

古人以鹿为神，在封建思想中，白鹿是帝王或圣人出现的征兆，是国家祥瑞的象征。在民间传说中，鹿角通天的观念是勇士登天的母题之一。鹿又与"禄"谐音，古人以鹿象征长寿和地位高贵。以鹿为题材的组合纹样较多，如鹿鹤同春、福禄长寿、加官受禄、鹿寿千岁、松鹿同春和禄寿康宁等。如图4-49所示为松鹿同春纹，图2-2中的战国楚墓漆木座屏中和图2-10（b）所示的战国漆木禁的支架中

有透雕的鹿纹应用，如图4-50所示的蒙古族木盒表面彩绘有双鹿图案装饰。

4.2.1.5 狮纹

狮属于外域的动物，随佛教一起传入中原。它具有多种象征意义：一是作为百兽之王，狮子在传统文化中是权威和力量的象征；二是中国古代官制中有"太师""少师"之称，宋朝时"太师"更为三公之首，所以一大一小的狮子象征官运亨通、飞黄腾达；三是狮与"事"谐音，从而组成了诸如"事事如意""财事不断"等吉祥题材；四是传说中雄狮和雌狮一起嬉戏，狮子毛会缠在一起滚为球，球内生出小狮子，所以"狮子滚绣球"图案又有祛灾祈福、子孙繁盛的寓意。如图4-51所示为中国传统家具中的狮子纹装饰应用。此外，在佛教经典中，狮子被神化，被认为可以辟邪护法，成为佛法威力的象征，如图4-52所示。狮子历代被视为祥瑞的象征，在传统家具中，

图4-49　松鹿同春纹

图4-50　蒙古族彩绘双鹿纹木盒

（a）透雕狮子纹

（b）清三狮进宝图插屏

图4-51　狮子纹

（a）彩绘白狮纹抽屉面板

（b）红地彩绘狮纹木箱

图4-52　蒙古族家具中的狮子纹

常见的狮子纹样有双狮、三狮，且常与彩带、绣球、火、山、云朵等组合出现，在少数民族家具中应用也较多。

4.2.1.6 象纹

据历史文献记载，距今3000多年前"象"文化是古代殷商文化的重要组成部分，象纹又称"瑞象"。象性格温和柔顺、安详端庄，寓意富贵诚实；象与安定盛世、太平祥和的美好向往相契合，所以象又是太平、平安的象征；又因为象与"相"（宰相）谐音，因此也是地位的象征。象纹在传统家具中很少独立出现，多以组合纹样的形式出现，如象驮花瓶组合、象纹与如意的组合、象纹与博古纹的组合。在"万国来朝图""番人进宝图"和"职贡图"中，均为象纹组合装饰图案。如图4-53所示为中国传统家具中象纹装饰的应用。

（a）太平吉祥（象）纹 （b）翘头案牙子上的浮雕象纹

图4-53　象纹

4.2.1.7 羊纹

羊曾经是游牧民族的主要食物来源之一，后面逐渐成为一些游牧民族的图腾崇拜。汉代后，儒家学说中的"仁义道德"思想占据了社会意识形态的主流，讲究君臣上下、父子尊卑等关系，而羊温和善良的形象逐渐成为士人比拟内心世界的象征之一。于是，羊纹有美丽、仁义、吉祥、祈福禳灾、趋吉避凶的寓意。《易经》中记载："正月为泰卦，三阳生于下。"羊与"阳"谐音，有否去泰来的含意，"三阳开泰"图案以3只羊来象征；如画9只羊，则谓"九阳启泰"。图4-54所示为中国传统家具装饰中的羊纹应用。

（a）羊纹装饰　　　　（b）羊纹插屏

图4-54　羊纹

4.2.1.8 鱼纹

鱼是一种古老的图腾崇拜，对中华先民来说，鱼是生产生活中不可缺少的食物来源。在神话传说中，鱼同雨水和丰收富裕密切相关。民间通常也以鱼借喻婚姻，以表达男女双方对婚育的祈求，有爱情的象征。早期的鱼崇拜具有明显的神秘色彩，中古以后的鱼崇拜逐渐由神圣向世俗演变。鱼纹象征的内容主要包括：一是鱼与龙有关，两者共生水中，龙为神兽，鱼属凡物，两者仅以龙门相隔，所以鱼跃龙门成了金榜题名、功成名就的幸运象征；二是鱼的繁殖力强，所以就有儿孙满堂的象征；三是鱼和"余"谐音，年年有余、多福多财多寿为世人之所求。鱼纹出现得较早，形态较具象，被用于多种器物装饰之中。在传统家具中常见的鱼纹多以双鱼、三鱼的形式出现，如鲤鱼跃龙门、莲瓣三鱼等吉祥图案。如图4-55所示为传统家具中的鱼纹应用。

（a）商周时期的鱼纹

（b）鱼纹浮雕　　　（c）双鱼金属件

图4-55　鱼纹

4.2.1.9 凤纹

凤纹是以鸟纹为原型，综合了自然界中多种飞禽的美好部分而形成的一个被理想化和人格化了的纹样形象，凤纹也与原始图腾有关。凤纹是历史悠久的传统装饰纹样之一，商周时期的凤（玄鸟）的形象多出现在青铜器物和陶制器物上，成为除饕餮纹以外主要的青铜器装饰题材之一，具有神秘威严的色彩；春秋战国时期，凤纹变得自由奔放；秦汉时期，凤开始具有女性化的意象，汉代的凤鸟姿态挺胸展翅、高视阔步，纹样线条挺拔简练；魏晋时期的凤鸟形象开始和花卉纹样结合，凤鸟的姿态开始变得飘逸柔美；唐代的凤鸟更加具备了鸟的特征，有了鸟冠、尾巴、羽毛等；宋代以后，凤鸟的形象趋于写实，也有程式化的抽象凤鸟纹，应用也愈加广泛，出现在宫廷到民间的多种用品上。在传统文化中，龙被抽象为皇帝的象征，凤被抽象为太后、皇后的象征。凤纹寓意富贵贤德、天下太平、镇邪避恶、家道兴旺、家庭和谐，在传统家具装饰上的应用十分普遍，常以组合纹样的形式出现，如：象征富贵喜庆的凤穿牡丹纹、百鸟朝凤纹和云凤纹，象征天下太平的丹凤朝阳纹，象征家庭和谐的龙凤呈祥纹和鸾凤和鸣纹等。传统家具上的凤纹应用如图4-56所示。

（a）丹凤朝阳纹

（b）龙凤呈祥纹

图4-56　凤纹

4.2.1.10 鹤纹

鹤是仅次于凤的祥瑞禽纹。鹤与神仙、道教联系密切，相传八仙中的吕洞宾是鹤的化身。鹤还是张天师的坐骑，也是神仙的使者。鹤纹常常出现在山水人物画中，与神话传说中的仙道和修身洁行的名士构成画面。鹤纹寓意高官权贵、长寿永生、羽化升仙、平安祥和，常以组合纹样的形式出现。如：鹤纹与高士组合的梅妻鹤子、鹤鸣之士等题材表现贤能之士的高尚品德和高情远志；鹤与松组合的鹤寿松龄、松鹤延年等题材用于祝寿；鹤与鹿组合的鹿鹤同春象征万物欣欣向荣的景象；等等。图4-57所示为松鹤延年纹。

图4-57　松鹤延年纹

4.2.1.11 蝙蝠纹

中国的福文化源远流长，根深蒂固。因蝠与"福"谐音，因此蝙蝠被认为是吉祥之物。蝙蝠纹可以单独使用，也可以组合使用。如单绘的5只蝙蝠为五福纹，分别象征高寿、富贵、康宁、德行和善终，后来简化为福、禄、寿、喜、财之意；5只蝙蝠环绕着寿字或是寿桃为五蝠捧寿纹，象征福寿双全；蝙蝠与鹿的组合象征福禄双全；蝙蝠和铜钱组合象征福在眼前；蝙蝠和马的组合象征马上得福。蝙蝠的形象有倒挂式和斜挂式两种，有福到之意。图4-58所示为3种常见的蝙蝠纹。

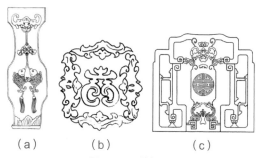

（a）　　　　（b）　　　　（c）

图4-58　蝙蝠纹

4.2.2 植物题材

植物题材主要源于花形、草形与植株形。花形有花头、折枝花、果实等题材；草形有变形卷草纹样及与其他题材组合构成的纹样；木本折枝花卉常见的有梅花、桃花、海棠花、石榴花、桂花等。

4.2.2.1 忍冬纹、缠枝纹与卷草纹

忍冬纹是一种外来纹样，随着佛教的传入出现在中国早期的佛教装饰中，在佛教中国化的进程中与佛教一同被中国化，这也是中西方文化交流的一个佐证。忍冬是一种蔓生植物，耐严寒，越冬而不死。忍冬纹通常是3个叶瓣互生于茎蔓两侧的图案纹饰，与忍冬植物形态有一定的区别。忍冬纹借忍冬植物的习性，被大量运用在佛教文化装饰题材上，比喻人的灵魂不灭、轮回永生，魏晋南北朝时期广泛用于绘画和雕刻等艺术品的装饰上。忍冬纹的波状曲线结构对中国传统装饰艺术有较大的推动作用，改变了我国传统装饰艺术基于云纹的单一变化，成熟于唐代的卷草纹就是在此基础上发展起来的独具中国民族特色的装饰纹样。图4-59所示为忍冬纹，常作为家具的边饰，至唐代逐渐演变为卷草纹，原来的忍冬纹较少使用了。

缠枝纹与忍冬纹一样，也是随佛教传入的一种外来纹样，之后逐渐被中国化，促进了卷草纹的形成。缠枝纹也是以藤蔓卷草作小型和涡形结构，并具有连绵不断、委婉多姿和富有动感的艺术特色。缠枝纹大多枝、叶、花、茎区分明确，植物特征表现明显。缠枝纹多见组合图案，如缠枝莲花、缠枝葡萄、缠枝牡丹、缠枝石榴、缠枝葫芦纹等纹样，在佛教装饰中，缠枝纹往往与动物、人物组合，有人物缠枝纹或鸟兽缠枝纹等。在传统家具装饰中，缠枝纹既有带状边饰纹样，也有团簇状纹样，图4-60所示为缠枝纹靠背板。

卷草纹是在结合忍冬纹、缠枝纹和云纹的基础上创造出来的一种中国式的植物纹样，集多种植物特征于一体。卷草纹的特征是以连绵的波状藤蔓为结构，配以卷曲肥硕的叶片或花朵，有丰厚饱满、委婉多姿和奔腾流动之势，意寓典雅华丽、生机勃勃。卷草纹出现并盛行于唐代，又称"唐草纹"。唐以后卷草纹广泛应用于器物及家具装饰。图4-61所示为卷草纹牙板局部。

4.2.2.2 灵芝纹

灵芝是自然界中有药用价值的一种植物，形态曲线富于自然的旋律感。自秦汉以来，灵芝纹成为石刻、雕塑、绘画及宗教用品的装饰题材之一。加之神话传说的渲染附会，更增加了灵芝的神秘色彩，成为一种寄寓长寿富贵、如意吉祥的祥瑞植物纹样之一。在随后的演变中，由灵芝纹衍生出了如意纹，俗称"如意灵芝纹"。在传统建筑和家具的装饰中，灵芝纹应用广泛，有单独使用的，也有与动植物等其他纹样组合使用的。图4-62所示为灵芝纹在传统家具中的应用。

4.2.2.3 莲荷纹

莲荷又名"莲花"。佛教常以莲花作为重要的装饰纹样，象征神圣、圣洁；道教也用莲花作为装饰，象征净土；民间常以莲花喻君子。莲荷纹的寓意较多，主要有：一是象征宗教的信物；二是象征高雅纯洁、不染俗尘的高尚君子；三是其谐音有和美、和睦之意，也有连绵之意；四是因莲荷多子，有人丁兴旺、子孙富贵之意。莲荷纹的组合图案也较多，如莲花和鱼的组合寓意连年有余，莲荷与鹤的组合寓意和合美好。图4-63（a）所示为连年有余纹透雕件。图4-63（b）所示为明莲荷纹宝座。

4.2.2.4 牡丹纹

牡丹有"万花一品"之美誉，是富、贵、寿的象征，逐渐成为一种常见的吉祥物。历代以牡丹为奇花，常用于装饰日用器物，有单独纹样，也有组合纹样。牡丹纹多与动物、植物、文字、几何图形等纹饰题材构成组合纹样，如：牡丹与佛手、花瓶的组合寓意平

图4-59 忍冬纹

图4-60 缠枝纹靠背板

图4-61 卷草纹牙板局部

（a）明灵芝纹画桌侧面

（b）清嵌石灵芝纹椅背

图4-62 灵芝纹

（a）连年有余纹

（b）明莲荷纹宝座

图4-63 莲荷纹

（a）牡丹纹浮雕

（b）牡丹纹牙板

图4-64 牡丹纹

安如意；牡丹与寿桃、猫、蝴蝶的组合寓意富贵长寿。此外，还有象征婚姻美满、夫妻恩爱、白头偕老的牡丹组合纹样，如白头富贵、花蝶牡丹等。图4-64（a）、（b）所示为牡丹纹。

4.2.2.5 花中四君子——梅、兰、竹、菊纹

梅被誉称为"雪中高士"，代表坚贞自守、清心雅骨的君子形象，既与兰、竹、菊组成"花中四君子"，又与苍松、翠竹组成"岁寒三友"。梅花的高洁品格被古人赋予倔强、坚韧、百折不挠的寓意。梅能于老干上发新枝，又能御寒开花，故古人用其象征不老不衰。梅花在春秋时期是友谊之花，自北宋以来成为文人画家的专有题材。梅与"眉"同音，故有梅花展开、枝头栖双鹊构成的喜上眉梢纹，如图4-65（a）所示。竹子是具中国特色的植物之一，古人从竹子的形态特征中感悟到了正直、虚心、清高、自洁的精神风貌，衍生出以竹寓意志向高洁、有操守、不畏艰险、团结之志等。又因竹竿燃烧会炸响，古人认为这种声音能驱鬼逐魔，有竹报平安的美好寓意。竹子的诸多特征逐渐与士人文化相结合，形成了中国独有的竹文化。竹枝竹叶纹如图4-65（b）所示。古人认为兰花品性幽远而芳香、雅洁自芳，用其称赞美丽的女子和他人的子弟。如兰花和桂花组合构成的兰桂齐芳纹、兰子桂孙纹等寓意后世子弟上进显达，兰花纹如图4-65（c）所示。菊有"节花""延年""更生""帝女花"等别称，可观赏，也可入药。菊花又称"秋花"，《神农书》称菊为"养性上药"，能"轻身延年"。自汉代起，有了重阳节登高，饮菊花茶、赋菊花诗的风俗。历代文人的画作中常以菊花象征隐士。于是，菊花有了傲岸、隐逸、清奇、坚贞、刚毅、无畏、长寿等寓意。菊花作为装饰题材在传统器物装饰中的应用较多，有的用菊瓣，有的用菊花，有的用作边饰，有的作团花状，还有的与其他题材组合。菊花纹如图4-65（d）所示。

（a）梅花纹（喜上眉梢纹）

（b）竹枝竹叶纹

（c）兰花纹

（d）菊花纹

图4-65　花中四君子纹样

4.2.2.6　桃纹

中国有许多关于桃树的神话故事，受其影响，桃的象征意义主要有：一作为寿桃，有长寿之意；二作为桃符，有辟邪之意；三比拟女子，有人面桃花、美艳动人之意。在传统家具的装饰中，桃纹既有单独纹样，也有连续纹样，如图4-66所示。

（a）单独纹样

（b）连续纹样

图4-66　桃纹

4.2.2.7　石榴纹、葫芦纹和葡萄纹

石榴籽粒成堆，但百子如一，自古以来寓意多子。传统家具中，石榴纹饰含有子孙繁茂、家族兴旺之意。类似的，有相同象征意义的纹饰还有葫芦纹和葡萄纹。由葫芦、桃、莲花、牡丹等组成的一团和气纹和葫芦生子纹是

常见的传统家具装饰题材，均有子孙万代、家庭幸福的寓意。

（a）石榴纹壁画图案

（b）石榴纹透雕图案

图4-67　石榴纹

4.2.2.8　西番莲纹

西番莲俗称"西洋花"。自清代雍正时期，我国出现了一些模仿西式建筑及室内装饰的风气，随之出现了西番莲装饰纹样，并被用于家具装饰中。西番莲是生长于西方的一种植物，茎干匍地而生，花朵形似中国牡丹，花色淡雅，自春至秋，相继不绝，春间将藤压地，隔年凿断分栽。西番莲纹通常以一朵花为中心，向四周伸展枝叶，可用于大面积的装饰，还可以做成缠枝花纹用于边缘装饰（图4-68）。

4.2.3　宗教、典故类题材

4.2.3.1　宗教类题材

（1）佛八宝纹

佛八宝是一类体现佛教氛围的装饰题材，既有装饰图案，也有陈设品。佛八宝又称"八吉祥"，说法之一分别为法螺、法轮、宝伞、白盖、莲花、宝瓶、金鱼、盘长，如图4-69所示。佛八宝各个宝物有不同的象征意义，法螺是礼佛的神器，法螺之音是佛法中的妙音，宣教佛义，可沟通人神；法轮表示佛法轮转，生命不息，代代相续；宝伞表示张弛自如，保佑众生；白盖表示遮覆世界，净化宇宙，解脱贫病；莲花表示佛出莲花，神圣纯洁，一尘不染，洁身自好；宝瓶表示福智圆满，毫无遗

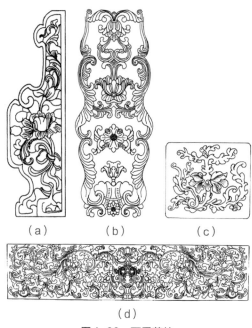

(a)   (b)   (c)

(d)

图4-68　西番莲纹

(a) 宝伞　　(b) 宝瓶　　(c) 法轮　　(d) 盘长

(e) 法螺　　(f) 白盖　　(g) 莲花　　(h) 金鱼

图4-69　佛八宝纹

图4-70　摩尼宝珠纹

漏，成功将至；金鱼表示活泼健康，充满活力，趋吉辟邪；盘长表示回环永复，贯彻通明，长寿长命。

（2）摩尼宝珠纹

摩尼宝珠是梵语之意译，是一种佛教装饰，表示佛法功德无量，又有"如意宝""如意珠""末尼宝""如意摩尼"的称谓。宝珠有能如自己意愿，变化出种种珍宝之意，也有除病、去苦之意。在传统家具装饰中有带状散珠装饰，还有堆置盛放的摩尼宝珠装饰。如图4-70所示为摩尼宝珠的装饰应用，摩尼宝珠在藏族及蒙古族家具装饰中应用较多。

（3）护法纹

护法神是保护佛法的神明，还负责保护众生，具有息灾、增益、敬爱、降伏等四种济世功德。护法神的形象有善相和怒相两类，善相护法神造型简单，姿态和平宁静；怒相护法神造型复杂，神秘恐怖，姿态变化各异。护法神在藏传佛教地区应用广泛，建筑装饰、器物装饰中均有应用，如图4-71所示。

（a）彩绘护法神蒙古族　　（b）彩绘护法神蒙古族
　　　木橱　　　　　　　　　　　木橱法器柜

图4-71　护法纹

（4）八仙纹

八仙是道教中八位神仙的总称，八位神仙人物分别为汉钟离、吕洞宾、张果老、曹国舅、铁拐李、韩湘子、蓝采和、何仙姑。八仙的图案形象常见于画轴、家具、杂器和礼物之上，以八仙为主题演变出了明八仙、暗八仙和八仙祝寿等纹样。明八仙就是将八位神仙的肖像用于装饰；暗八仙是将八位神仙所用的器具用于装饰，八件器具分别为扇子、宝剑、渔鼓、玉板、葫芦、紫箫、花篮和荷花；八仙祝寿是八仙与寿星老人同行去天宫为王母娘娘祝寿的纹样组合。这些纹样均有八仙齐来、祝颂长寿之意。八仙纹如图4-72所示。

4.2.3.2 典故类题材

典故类题材大多取材于历史史实、古代名人、古代小说、戏曲故事、神话传说、风俗和日常生活场景等，来源广泛，数量繁多。经过长期的发展，这些题材内容逐步符号化、大众化和世俗化，趋向于自然生活气息，寓意国富民强、生活美好、四季平安、风调雨顺，或者具有某种教育意义。诸如车马出行图类纹样、职贡图类纹样、文王访贤纹、酒仙纹、郭子仪拜寿纹、封神榜故事纹、三国演义故事纹、西厢记故事纹、牡丹亭故事纹、鹊桥相会纹、三娘教子纹、二十四孝纹、渔樵耕读纹等。

图4-73所示为楚汉漆妆奁上彩绘的车马出行纹样，共有5组，图示为其中1组，描绘了楚汉时期的婚嫁习俗。图中的题材主要有天上飞翔的大雁，地上奔驰各异的车马，随风摇曳的柳树，身份不同、揖迎往来的人物，等等，虽无鼓乐喧闹，但营造了欢快、喜庆的氛围，传递了当时婚嫁的礼节，有遵循传统、敬畏神明之意。

图4-74所示为挂屏中的渔樵耕读纹。渔樵耕读代表着我国古代一种"隐逸""隐士"的生活方式，渔、樵、耕代表着传统的生产劳作方式和乐山乐水的传统文化，读代表着士人。在不同时期，渔樵耕读纹有不同的历史人物与之相适应。如：有一说法认为，耕者是神话传说中的虞舜，曾耕田于历山下，为人贤良，继承尧政，是一位圣帝；读者是传道授业的鲁人孔子，周游列国，礼德为本，被后人尊为圣人；渔者为商时的吕尚，传说中的姜子牙，辅佐周武王灭掉了残暴的商纣王，被后尊为贤人；樵者指的是钟子期，相传钟子期在砍柴的归途中，听闻春秋时的晋大夫伯牙船泊江边抚琴，听出了伯牙琴声之意，被后世喻为"知音相知"。

《三国演义》是元末罗贯中的小说作品，是一部古典文学名著，描述了三国时期封建统治集团之间的矛盾和斗争。三国演义结构宏大、情节曲折、通俗易懂，描写了众多人物的忠义、智谋、英勇，也有奸诈、狡黠和阴谋，由此衍生出了众多喜闻乐见的装饰纹样。

4.2.4 其他装饰纹样

4.2.4.1 几何纹

几何纹在传统家具装饰中的应用较早。早

（a）明八仙纹

（b）暗八仙纹

图4-72 八仙纹

图4-73 车马出行纹

图4-74 渔樵耕读纹挂屏

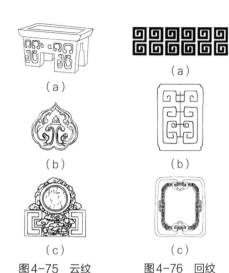

图4-75 云纹　　　图4-76 回纹

期的几何纹主要有涡纹、窃曲纹、云纹、三角纹等，在青铜器装饰中应用较多，多用做地纹或边饰，以烘托饕餮纹和鸟纹等主题纹饰。随着几何纹的发展，其逐渐拓展出了回纹、万字纹（卍形纹）、方胜纹、龟背纹、双环纹、冰裂纹等诸多纹样。

（1）云纹

云纹的应用历史久远，主要特征是以连续不断的回旋式线条构图。作圆形连续构图的专称为"云纹"，作方形连续构图的专称为"雷纹"，故有时，云纹又称为"云雷纹"。云纹变化极其丰富，有的呈"S"形环绕连续构图，有的呈"C"形环绕连续构图，还有的和其他纹饰组合形成图案，如卷云纹、云兽纹、流云纹、如意云纹等，如图4-75所示。云纹意寓高升、如意，形态卷曲起伏，动感强烈，在传统家具装饰中应用较广。

（2）回纹

回纹是由雷纹衍化而来的一种几何纹样。主要构图特征是用短横竖线环绕组成的回字形，构成单元呈方形，常见一正一反相连成对和连续不断的带状形，如图4-76所示。回纹寓意吉利深远绵长，民间又称之为"富贵不断

头"，主要用作边饰或地纹，有整齐划一且丰富的效果。织锦纹样中把以四方连续组合的回纹称为"回回锦"。

（3）万字纹（卍形纹）

万字纹（卍形纹）不是起源于汉字，而是梵文，原是古代的一种符咒或宗教标志，被认为是太阳或火的象征，在古印度、波斯等国家都有出现。卍形在梵文中意为"吉祥之所集"，佛教认为它是释迦牟尼胸前所现的瑞相，是吉祥之意。唐代武则天长寿二年规定此字读为"万"，故俗称"万字纹"。卍形纹四端向外延伸又可演化出多种锦纹，这种连续花纹常用来寓意连绵不断、万福和万寿不到头之意，也叫"万寿锦"，如图4-77所示。

（4）方胜纹

方胜是古代妇女的饰物，据说"胜"为古代汉族神话中西王母所戴的发饰，也称"叠胜"。方胜纹是由两个菱形压角相叠而成的几何纹样。除这个构图之外，方胜纹还有相套、错位、联结等形式。如：大方形里饰小方形，称为"套方"；还有的里面是一个小方形，外面错位以内方形之角对外方形之边，称为"斗方"；在宋代彩画中有方环，是方形上下左右

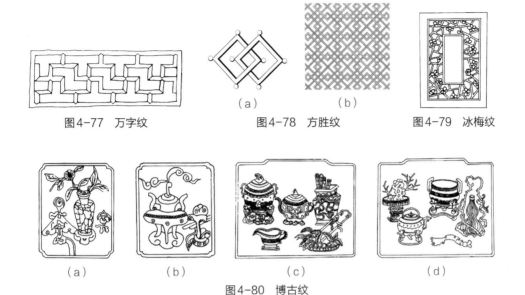

图4-77　万字纹　　　　　　图4-78　方胜纹　　　　　　图4-79　冰梅纹

（a）　　　　　（b）　　　　　　　（c）　　　　　　　（d）

图4-80　博古纹

并列连接，如棋格般。方胜纹是明清时期常见的吉祥纹饰之一。方胜纹有同心吉祥之意，象征无穷无尽的美好与吉祥。图4-78所示为方胜纹，图2-119（a）所示为清红木方胜式香几。

（5）冰裂纹

冰裂纹似冰碎裂后的花纹，因其裂纹无规则，又称"乱冰纹"。冰裂纹是将裂纹通过一定排列组合后形成的一类几何纹样。冰裂纹在传统建筑及家具中使用广泛，图4-79所示的冰裂纹又称"冰梅纹"。

几何纹既有理性的因素，也有感性的因素。格和数是几何纹中的理性因素，方与圆是格的基本形式，体现了直与曲、动与静、刚与柔的对立统一，反映了中国传统的审美标准，也是几何纹的感性因素，常以"方正圆满""外圆内方""刚柔相济"来标示纹样的性格属性。几何纹中单、双数的排列组合，可以创造出许多美观的图案，这是中国传统思想探索事物变化规律、变化方式的一种角度。而数的分布和格的交互联结则表示宇宙万物间存在的内在联系和规律，强调数、理、等级、秩序

的儒家思想观念，渗透在社会生活的方方面面，也规范着中国传统家具装饰图案的艺术内容与形式。

4.2.4.2　博古纹

博古纹起源于北宋宋徽宗年间，徽宗命大臣编写绘制宣和殿所藏古器，后成《宣和博古图》30卷。后人将该卷中所绘的瓷、铜、玉等各种古器物的图案称为"博古"，在实际应用中常与花卉、果品及其他器物组合，意寓清雅高洁。尤其进入清代后，博古纹在家具上使用较多，如图4-80所示。一般情况下，每组图案都能组成一句吉祥语，如：瓶和如意的组合为平安如意；花瓶中插入三只戟且旁边配芦笙的组合为平升三级。

4.2.4.3　汉字纹

汉字是一种象形文字，本身就是一类表意的图形。在器物装饰中，古人将福、禄、寿、喜等汉字作为装饰题材和内容，表达对美好生活的向往，如图4-81所示。为了扩展和美化寓意，字形变化是一种常用的构图方法，如：圆形的寿字叫"团寿"，传递了浓烈的中国传统文化氛围，有雅致与圆满之意。

4.2.4.4 自然现象类纹样

自然现象类图案符号主要有太阳、月、五星、山、云、水、火、石等。日月星辰题材来源于原始的自然崇拜，后来象征三光照临、福寿无量、风调雨顺、天下太平。图4-82所示的战国彩绘衣箱，应用了二十八星宿图案，表现了古人观察天象后对自然的归纳和总结。

海水江崖纹在传统家具装饰中使用较多，如图4-83（a）所示。在有龙纹的图案中常有海水江崖纹与之相配合，海水象征大江大河。在海水图案中耸立着山石，江水和山石组合，象征江山。海水江崖之上有双龙和祥云，构成真龙天子主宰江山的画面寓意。海水江崖纹也有与麒麟组合的构图，如图4-83（b）所示。海水江崖纹不仅应用在家具上，在其他日用器物上也常使用。

中国传统家具的装饰题材大多通过借形、借意、借音的方法来表达思想观念，并通过象征使得装饰题材变得情深意远，审美价值大为提高。中国传统家具装饰题材的选择及处理特点与时代背景、民族心理相关。中国传统家具的装饰题材也随着历史发展不断演进，不同时代的装饰题材各有特色，主要趋势是向美化或时尚化方向发展。

传统家具的装饰是以中国传统文化为背景的，不是纯客观、机械地模仿自然，而是对外在的自然形态进行高度的凝练和升华，形成一定的装饰纹样，附着于家具上，使家具形式具有高度的审美功能。

装饰是为了美化物体的表面而进行的修饰，其最初的功能是图腾的功能，后来逐渐成为一种表达寓意的符号，即象征功能。实物象征和语言谐音象征是传统家具装饰中最具特色的两种象征手法。实物象征就是以某种动物、植物或非生物来象征一定的意义，如：用松、鹤、龟、蟠桃象征长寿；用葫芦、石榴、葡萄象征多子；用梅、兰、竹、菊象征清廉高洁；用春燕象征劳作；等等。谐音象征是以谐音的事物或行为来象征愿望，如鱼和莲、喜鹊和梅枝、蝙蝠和蟠桃（或寿）、蝴蝶和瓜等。这些装饰中的表达性象征是对传统思想观念的表

（a）福字纹

（b）禧字纹

（c）寿字纹

（d）富字纹

图4-81　汉字纹

图4-82　战国彩绘二十八星宿
青龙纹衣箱

（a）海水江崖纹

（b）彩绘海水江崖捧麒麟纹木箱

图4-83　海水江崖纹

达，主要反映了传统思想观念中的等级、长寿、家庭和道德伦理等思想。它们作为数千年来中国传统思想的积淀，具有深厚的历史根基和广泛的群众基础，反映了人们"趋吉避害"的心理需求和价值取向，集中体现了中华民族与社会环境、自然环境相适应的精神力量和人格特征。

思考题

1. 中国传统家具的装饰方法主要有哪些？
2. 以某件（类）传统家具为对象，分析其用到的装饰方法有哪些？它们对传统家具的功能和造型有何作用或价值？
3. 试论述中国传统家具结构装饰，以及它们对家具结构的贡献。
4. 依据传统家具的装饰题材分类，手绘某类装饰纹样，并分析其构图特点。

第5章

中国传统家具结构性能研究专论

　　榫卯结构是中国传统家具的主要连接方式，在我国延续了数千年之久。然而，针对榫卯结构定性研究的文献较多，而定量研究的文献则较少。而且，随着家具工业的发展，传统家具的榫卯结构难以适应现代生产方式。针对理论研究的欠缺和传统家具现代化所引发的问题，需要从技术的角度来研究榫卯的性能，以获得可靠的设计参数，适应现代生产方式。因此，对榫卯结构的研究是中国传统家具研究中的基础性学术命题，可以为传统家具的现代化发展提供依据。

　　本章主要从传统家具的结构发展、典型结构的力学性能测试和结构改造等方面组织内容，以突出中国传统家具研究中的结构技术问题。为了更好地理解和掌握本章内容，建议文科背景的同学或行业人员提前阅读木材学、木工机械、家具结构设计、木制品制造工艺学、工程力学、试验设计与数据处理等课程内容，建议理工科背景的同学或行业人员提前阅读家具结构设计、木制品制造工艺学、中国家具史、建筑史等方面的文献资料。

5.1 中国传统家具的结构概述

5.1.1 中国传统家具结构的发展脉络

在使用木材制作家具和营造建筑的历史中，中国的木构连接方式被很好地记录了下来。从河姆渡遗址的简单榫卯接合到明式家具复杂精细的榫卯结构，可以看出榫卯连接一直被我国先民使用，并不断地得到改良与创新。

传统家具结构与传统家具的发展演变过程密切相关。起居方式由席地而坐到垂足而坐的演变对传统家具结构的变化产生了深刻的影响。首先，高型家具出现后，对接合部位的力学性能提出了新的要求。简单地说，随着高度的增加，家具某些构件的力臂也随之增大，因此需要强度更高的材料才能承受载荷。其次，强度较高的木材大都脆性较大，由于对构件的加工精度要求较高，榫卯须有适当的公差配合，如果榫大卯小，装榫时则易开裂，榫小卯大则易脱落。再次，家具的品类增多，使得结构种类增加。即使是相同部位的结构，也因家具品类的不同而有不同的处理方法。如图5-1所示床、椅、柜的门板采用攒边打槽装板结构，也称"木框嵌板结构"。功能不同，构件接合部位的处理随之不同。如床的边框较宽，常采用保角榫，即大边除留长榫外，还加留三角形小榫，小榫分为暗榫与明榫两种，是在单榫的基础上分别在大边开榫的尖端开一斜眼，在抹头开眼的尖端留一小榫；椅子一般使用夹角榫结构；柜类门板横竖材的连接多使用揣揣榫结构，有的正面格肩背面不格肩或者正反面都不格肩。

传统家具结构经历了从粗放到细致的演变过程，明榫到暗榫的变化是这一过程的重要体现。在早期的家具中经常可见出头榫，这种结构保留着大木梁架的特征。图5-2所示为河北宣化下八里辽张文藻墓出土的椅子，3个方向的构件互相搭嵌，是当时具有代表性的家具构件连接做法，也是传统木构建筑梁架结构对家具结构影响的体现。又如明式家具中的管脚枨，多采用明榫且出头。在明代早期的家具中，多见明榫，其优点是榫头深而实，可在榫头中间加木销，防止木材干缩而引起榫头脱落。这种结构弥补了当时的加工技术、加工工具和胶黏剂的不足。明代后期及清代初期开始使用暗榫，暗榫的优点是美观，缺点是容易产生虚榫，即眼深榫短，或眼大榫小，需要用胶来填塞，会影响接合强度和耐久性。图5-3所示的榫卯斜切加半直榫成为后来榫卯普遍使用45°角接合的雏形。

传统家具经历了构件尺寸由大到小、榫卯形式由简单到复杂的变化。图5-4所示为敦煌第85窟壁画《庖厨图》中的高桌、架格。当时桌子用料普遍较大，腿与座面的连接仅为直榫，没有牙板、横枨等横向构件，直至宋代才开始在桌案上使用夹头榫结构。明中期之前，银杏、松木等软质木材的漆木家具仍然流行，因为多用柴木，榫卯内部还不能做各种互相勾连的精巧细致的造型。明中期之后，硬木家具成为风尚。范濂所撰《云间据目抄》中提道："细木家伙，如书桌禅椅之类，余少年曾不一见，民间止用银杏金漆方桌，自莫廷韩与顾、宋两公子，用细木数件，亦从吴门购之。"硬木材料的应用丰富了家具的种类和款式，也使许多精致复杂的榫卯结构得以实现，榫卯结构类型进一步丰富。图5-5所示河北宣化下八里辽张文藻墓出土的木盆架显示了早期的弧形弯曲家具构件的接合形式。弧形弯曲连接常应用于圈椅的扶手、部分圆形桌几的面板框架连接。这个时期弧形接合的做法是两个构件各出榫卯，但这种连接方式不能限制构件前后方向的自由度。后来的做法是两

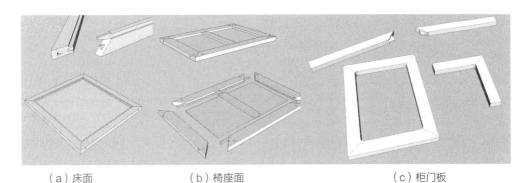

（a）床面　　　　　　　　（b）椅座面　　　　　　　　　（c）柜门板

图5-1　不同家具中的攒边打槽装板结构

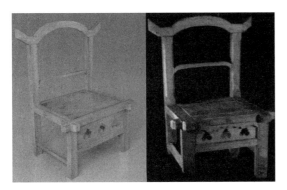

图5-2　辽张文藻墓木椅

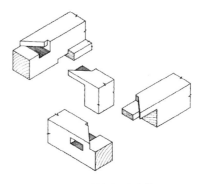

图5-3　斜切加半直榫

图5-4　早期桌面与腿的接合形式

图5-5　早期弧形构件接合的形式

构件榫头之端又各出小榫舌，小榫舌入槽以限制前后方向的自由度。此后，更在搭口中部凿成长方孔，插入一枚纵向断面为梯形的榫钉，更好地控制了三维方向上的自由度，使弧形构件连接更严密。

此外，中国传统家具经过不断的发展改良，结构与材料、造型、工艺结合愈加紧密，结构更加合理，如装饰件完成了从单纯装饰到装饰与功能兼备的过渡。

5.1.2　中国传统家具与传统建筑的关系

中国传统家具和建筑在结构方面是相通的。首先，传统家具存在于建筑中并与建筑相适应，这两种艺术形式相互影响，彼此促进。唐代之前，人们习惯使用矮桌和矮型坐具，并通过屏风来分隔空间。垂足而坐的生活方式出现以后，建筑的比例发生了改变，房间和窗户变得更高，以符合人的坐姿与站姿高度；室内空间被分为不同的房间，每个房间和其内的器具都有特定的功能，出现了更多品类和款式的家具。其次，与雕塑等其他立体艺术形式不同，家具与建筑的目的在于满足使用需求，因此都需要考虑构件的接合形式和结构强度。

5.1.2.1 大木作与小木作

古代从事木作的匠师分工明确，《周礼·冬官考工记》中记载道："攻木之工七：轮、舆、弓、庐、匠、车、梓。"其中匠人专为营造，梓人专为制器，制器也包括属于小木作的家具。元代薛景石著的《梓人遗制》中提及："今合而为二，而弓不与焉。匠为大，梓为小，轮舆车庐。"此时木工的种类被合并，首次出现"营造为大木作、制器为小木作"的说法。宋代李诫的《营造法式》中，将大木作的范围界定为起承重作用的主要构件。姚承祖所著的《营造法源》中小木作专指器具之类。《清式营造则例》中将家具归属到"装修"。现在人们习惯将传统建筑结构称为"大木作"，所有非结构的构件，如隔断、门、窗、栏杆称为"小木作"。与大木作不同，小木作的特点在于细致的工艺和对材料的重视。《园冶》中认为"凡造作难于装修"使用优良硬木制作的家具因其自然美受到人们的欣赏。公元前2世纪，汉景帝之子鲁恭王得材质致密的文木，用之做成器具，刘胜为之作《文木赋》，文中对文木木纹及其万千姿态的变化进行了详细描绘："或如龙盘虎踞，复似鸾集凤翔，青绸紫绶，环璧圭璋，重山累嶂，连波迭浪，奔电屯云，薄雾浓雾"，材料加工后"裁为用器，曲直舒卷"。

5.1.2.2 框架结构与梁柱系统

中国传统家具和传统建筑都以木材为主要材料，这使得家具能够成功地移植建筑中合理的元素，因此两者在结构、造型、装饰等方面具有同构性。为更好地理解家具和建筑之间的共性，有必要先了解建筑中的典型结构。中国建筑往往起台后，以梁柱榫卯接合为屋身，加上曲线优美的屋顶，形成与其他建筑体系不同的外形特征。这种结构在宋代已经成熟，名为"三分"，"凡屋有三分自梁以上为上分，地以上为中分，阶为下分"。梁柱结构通过斗拱支撑和传递屋面载荷。为了保持稳固，外围柱子向内倾斜，柱子截面逐渐缩小，从而形成视觉上的稳定感。墙壁不承重，其功能类似于隔断，使得内部规划和家具布置更灵活。柱和梁嵌在墙壁中或半露在外面呈明显的线状排列，也可单独建在墙外。室内屋顶通常可见，其横梁也多有雕刻装饰。这样一来，木框架不仅支撑着建筑，也是一种装饰。有时，前后外墙都有木制花格窗，夏天热的时候可以取下来，文震亨称之为"敞室"。

与建筑一样，明式家具也为框架结构，以非承重板划分空间。这个框架是由横竖材组成的梯形构件，其中带侧脚的腿子或立柱支撑着顶部结构。框架可以通过嵌入整块面板、格子或者更窄的面板来划分空间。由于采用了木框嵌板结构，面板的干缩湿涨有收缩或扩展的余地，不易变形。

传统建筑中的竖向构件主要是柱。柱与基础的连接能较好地约束柱子在3个方向上的移动，但不能约束柱子绕基础转动，因此柱与基础的连接可以简化成固定铰支座。发生灾害时，墙倒屋不塌。同样，椅子和橱柜上的面板可以移动，而整个结构框架是固定的。木结构建筑和木家具都是通过榫头和榫眼组装起来的模块化部件，如需增加接合强度可使用木销或木钉，而不是使用胶水或钉子。这种结构允许拆装框架，因此建筑物可以方便拆除，然后在其他地方重建；架子床等大型家具可以被迅速拆开，以便于运输和储存。

传统建筑中的隔断巧妙地分割了内部空间，并起到装饰作用。形状各异的隔断墙使室内与外部空间隔而不断，这样既能引入外部空间的景色，又能使内部通风透光。视觉上与传统建筑形式最相似的家具是架子床，它形成了三面围合的空间，通过立柱支撑顶板，立柱提供结构支撑，而围子等构件提供横向稳定性。如果是拔步床，前面还有短小的回廊，这种结构在外观上像建筑物前面的游廊。

5.1.2.3 传统建筑与传统家具结构部件的比较

传统建筑与传统家具同构，不仅体现在梁柱结构与框架结构的同源上，还体现在榫卯结构的形式和构件上，见表5-1所列。下面介绍几种具有代表性的结构。

（1）斗拱与栌斗

斗拱是中国传统建筑中屋顶造型的重要组成部分，具体指在传统木构建筑中将屋檐托起的相互交叠的曲木。斗拱可以让纵向的载荷往横向拓展，从而构造出多种多样的飞檐。栌斗是斗拱中连接柱头与斗拱的构件，由柱头发展而来，也是承受集中载荷最大的构件之一。唐中期高元珪墓壁画的扶手椅中，扶手以栌斗相承托的形式即借鉴了当时建筑结构的做法。

（2）通雀替与夹头榫

托木在宋代称为"绰幕"，清代则称为"雀替"，俗称"插角"，有安置在梁柱交点的角落之意，具有稳定直角的功能。通雀替中的"通"是连通的意思，指夹在柱顶之中而过，而非像大雀替那样放在柱顶作为柱头。家具中将这种柱头开口、中夹绰幕的营造方式运用到桌案面板与腿足的连接上，即夹头榫和插肩榫。夹头榫和插肩榫都是把紧贴在案面下的长牙条（板）嵌夹在四足上端的开口之内，区别在于夹头榫接合中腿高出牙板和牙条的表面，插肩榫中腿和牙条（板）的表面平齐。由于纵向构件（腿子）和横向构件（牙条）的合理穿插，加大了接触面，搭起了牢固的底架，再由四足顶端的榫头和案面接合，构成了结构合理的条案。雀替形状的变化经历了从狭长到宽厚的变化，同样夹头榫的变化也是鉴

定明式家具和清式家具的一个重要依据，这说明人们对这种构件的作用有一个逐步认识与演化的过程。

（3）替木、花牙子与角牙

托角牙有牙头和牙条之分，多用在横材与竖材相交的拐角处，也有的在立柱中间横木下设一通长牙条，犹如建筑上的"枋"，它和替木牙子都是辅助横梁承担载荷的。如椅背搭脑和立柱的结合部位或者扶手与鹅脖的结合部位多使用牙头，而在一些形体较大的家具中，如方桌、长桌、衣架等，则多使用牙条。除牙头和牙条外，还有各种造型的牙子，这些富有装饰性的牙子在结构上也起着承重和加固的作用。

（4）月梁与罗锅枨

木构梁架是我国传统木构建筑的主要特征，梁架最主要的作用是承重。北方木构建筑中梁多为平直的，而南方则将梁稍加弯曲，形如月亮，故称之为"月梁"。罗锅枨因中间高拱、两头低，形似罗锅而得名，它与月梁的结构原理相似，在桌椅类家具中作为连接腿子的横枨。

（5）侧脚与挓

《营造法式》中将"侧脚"解释为："凡立柱，并令柱首微收向内，柱脚微出向外，谓之侧脚。"即建筑的檐柱不完全垂直，柱脚微向外撇，使柱身微向内倾的做法。宋代立柱采用侧脚做法，是为了增强木构建筑整体的稳固性。传统家具借鉴了建筑中的侧脚做法，称之为"挓"，有腿足向外张开之意。这种做法在桌、柜、凳等家具上常见，凡家具正面有侧脚的叫"跑马挓"，侧面的叫"骑马挓"，正、侧面都有的叫"四腿八挓"。《鲁班经匠家镜》家具条款中多次提到"上销"或"下销"，指的就是侧脚。下销即下端，上销即上端。如第16条"一字桌式"中有"下销一寸五分"，意即足下端比腿子上端外挓一寸五分。第28条"衣橱样式"中有"其橱上销一寸二分"，即柜

腿有侧脚，下大上小，腿上端比下端收缩一寸二分，相邻柜腿上端间的宽度也就比下端间的宽度小一寸二分。这种下微宽、上微窄的橱柜，俗称"面条柜"，不仅有稳定的视觉效果，给人以安定的心理感觉，且十分符合力学原理，柜门依势下宽上窄能够利用重力自动关合。除侧脚之外，建筑中的柱与桌案类家具的圆形腿都有收分。

此外，传统家具中的束腰、须弥座、矮老、门、围子、券口、圈口等构件均与传统建筑中的一些做法一脉相承。

表5-1 传统建筑与传统家具的对应做法

序号	传统建筑做法	传统家具做法
1	合院式布局	拔步床
2	屋顶（庑殿式、歇山式）	搭脑
3	飞檐	翘头
4	槅扇	床、榻围子
5	勾栏寻杖	床、榻围子
6	须弥台	束腰
7	建筑绦环板	家具绦环板
8	斗拱	栌斗
9	雀替（替木）	牙子
10	柱与枋之间的燕尾榫	格肩榫
11	梁柱鼓卯	抱肩榫
12	建筑券口	家具券口
13	侧脚	挓
14	卷杀	收分
15	管脚榫	挖烟袋锅榫
16	柱础	腿足脚型
17	月梁（冬瓜梁）	罗锅枨
18	错枨	步步高赶枨
19	箍头榫（接长）	弯材楔钉榫

5.1.3 竹家具的结构对传统家具结构的影响

从宗教题材绘画中的"坐禅"可以看到中国早期的高坐形式，坐禅需要"居一静室或空闲地，离诸喧嚣，安一绳床，傍无余座"。绳床是一种绳编的网状座椅，也称"禅床"。禅床有两种类型：一种直接从印度引进，由旋木腿或由法器叠加而成；另一种由竹、藤等原生态材料，根据材料本来的形态因材施艺制作而成。这两种禅床在唐代卢楞伽《六尊者像》中均有出现，图5-6为《第三拔纳拔西尊者》中的竹禅床，以竹的自然形态塑造形体。

竹家具有两种典型的样式：一种造型简单，端头开放，在明代之前作为禅椅在寺院广泛使用；另一种向精致化方向发展，结合藤编或大漆，端口为螺钿、骨片或金属装饰，尤其清代之后在官宦人家普遍使用，如图5-7所示《雍正妃行乐图》中的竹椅、竹桌等。竹家具对传统硬木家具的影响体现在形制和结构两个方面。

第一，形制方面。竹家具蕴含着强烈的人文色彩，表达了文人心目中恬淡无忧的意境，对明式家具的某些形制产生了一定的影响。图5-8为明万历年间仇英所绘《竹院品古图》中的禅椅，材料使用湘妃竹仿制此椅，形制沿袭了竹制禅椅清秀、脱俗的特征，结构简约有力，精简到了极致。后世以硬木替代竹材，采用圆柱形构件，使其成为传统硬木家具中的一个经典款式。再如灯挂椅，因搭脑出头与竹制灯挂相似而得名，最早完全有可能是竹制的。图5-9为南宋《张胜温画卷》中的一款禅椅，其搭脑和扶手出头，充分利用了竹的自然弯曲形态，且具有一定的功能性，可以方便僧人悬挂随身携带的器物。

明清时期还出现了以硬木模仿竹材的家具，成为传统硬木家具的一个独特类型，即线式结构家具。如《鲁班经》中"屏风式"的做法，"外起改竹圆，内起棋盘线"。圆柱形的构件以及构件之间形成相贯线是这类家具的典型特征，如图5-10所示。明式家具以较为简洁的圆柱形构件为主，竹家具可能在传统家具构件截面从方形变为圆形的过程中起到了重要作用。

第二，结构方面。古斯塔夫·艾克在《中国民间家具》一书中提到的中国家具结构形式有3类：一为箱框结构，二为立柱横梁结构，三为竹家具结构。竹家具结构为木作匠师所欣赏并被借鉴到传统硬木家具结构中，原因有四：其一，竹内部为空心，接合部位强度较弱，因此竹椅后腿之间或扶手与后腿之间往往以多根细竹并列。如图5-11所示的南宋《张胜温画卷》中的禅椅，靠背下半部分密排竹材，上半部分透空，增强了装饰性。宋代《十八学士图》中的扶手椅进一步提炼了竹家具的这种结构形态。其二，竹在种植时可以用木模具固定，以绳捆缚，很容易使其自然生成弯曲的部件形态。其三，硬木家具中的裹腿做法，是仿竹的弯烤包管做法，在民间仍有使用柳木完全按竹管弯曲工艺制作的圈椅。其四，圈椅

（a）《第三拔纳拔西尊者》图局部　　（b）竹禅床复原图

图5-6　《第三拔纳拔西尊者》中的竹禅床

图5-7　《雍正妃行乐图》中的竹椅、竹桌

（a）《竹院品古图》局部　　（b）禅椅复原图

图5-8　《竹院品古图》中的禅椅

（a）《张胜温画卷》局部　　（b）禅椅复原图

图5-9　《张胜温画卷》中的禅椅（1）

图5-10　仿竹玫瑰椅

（a）《张胜温画卷》局部　　（b）禅椅复原图

图5-11　《张胜温画卷》中的禅椅（2）

中搭脑与扶手连为一体的曲线与竹家具亦有传承的关系，从其楔钉榫的结构看，应该是借鉴了竹家具常用的竹钉楔入的连接方法。

5.1.4 中国传统家具结构的接合形式

中国传统家具的接合形式按照接合部位可分为基本连接、面板与腿足的接合、腿足以下接合、另加的榫销4类。按照榫头的形状可分为直角榫、格肩榫、燕尾榫及三维榫卯等。直角榫常用于垂直方向上的连接；格肩榫用在枨与腿的丁字形接合上；燕尾榫常用于板件之间的连接，如抽屉；三维榫卯综合运用了榫卯的基本连接方式，是较为复杂和特殊的做法。

传统家具零部件较多，且造型复杂，如一把南官帽椅就由40多个零部件组成。但传统家具框架结构具有一定的共性，即由柱（腿）、梁（枨）、面板和其他装饰性构件组成。柱（腿）是家具中的垂直构件，它将力垂直传递到地面；而梁（枨）是水平构件，它将座面或者桌面的力水平传递到柱上。传统家具的主要构件见表5-2，框架系统的构件之间通过榫卯接合形成整体，使家具在结构上牢固稳定，在造型上轻巧通透。

表5-2　传统家具的主要构件

构件名称	应用部位
柱（腿）	家具中的垂直构件
梁（枨）	家具中的水平构件
面板	家具中的面
其他构件	角牙、霸王枨等带有装饰性的辅助构件

因此，可以根据成组技术原理，按照相似性原则将几何形状与尺寸类似或加工工艺类似的零部件分类成组，形成面板、框架、箱体3个模块，见表5-3。传统家具的零部件通过榫卯结构组成模块单元，模块单元之间再进行组合，最后形成整体。这种局部模块单元之间的连接，称为"关键节点"。在模块化分类的基础上，根据传统家具关键节点的组装过程，将传统家具榫卯接合分为4类：面板接合、框架接合、面板与框架的接合以及装饰性构件的接合。

表5-3　传统家具零部件的模块化

部件类别	沙发类	椅类	桌案类	床榻类	柜类
面板	√	√	√		√
框架	√	√	√	√	√
箱体（抽屉）			√		√

5.1.4.1 面板接合

面板在传统家具中是最容易变形受损的部位，在传统家具制作中较为关键。框架与面板的接合采用攒边打槽装板结构。桌案、床、椅类家具的攒边打槽装板结构基本相同，但因为部件的尺寸及受力不同，做法也稍有不同。面板宽度的拼接，一般采用龙凤榫加穿带的结构。制作时在薄板的一个长边刨出燕尾榫头，在与其接合的薄板的另一个长边开出对应的燕尾榫槽，将两者涂胶后装配固定。龙凤榫结构加大了榫卯的胶合面，并限制了拼板横向的自由度。在拼接完成后，还需要在薄板的背面插入穿带，以限制拼缝部位纵向的自由度。具体做法是在拼板背面开燕尾形槽口，然后嵌入燕尾形穿带，横穿拼板。燕尾形穿带一端宽、一端窄，将穿带从宽处推向窄处，越穿越紧。穿带两端再做榫头，与面框的大边连接。

5.1.4.2 框架接合

框架接合指垂直构件与水平构件的连接。传统家具横竖材之间的连接主要通过格肩榫来实现，如官帽椅的搭脑、扶手、管脚枨等和腿足的连接，桌、柜的枨与腿足的连接，以及床围子、桌几花牙子的横竖材攒接等。不用格肩的直榫做法，也称为"齐肩膀"，在传统家具中用于视觉上不重要的部位，如侧面和背面。根据接合构件的截面形状，格肩榫又分为圆材连接和方材连接。圆材连接时，如果两个构件直径相同，则榫头在正中间，枨子裹外皮做肩。如果腿足粗于枨子，枨端的里半留榫，外半做肩。这样枨子和腿足的外皮在一个平面上，称为"飘肩"或"蛤蟆肩"。方材的格肩榫接合还有大格肩和小格肩之分。大格肩即宋《营造法式》中小木作所谓的"撺尖入卯"；小格肩用在交接构件尺寸较小时，把格肩的尖端切去，防止竖材上对应的榫眼凿透。

5.1.4.3 面板与框架接合

面板与框架的接合大多为三维榫卯结构，如抱肩榫、裹腿做、粽角榫等。抱肩榫多用于有束腰的方桌、条桌、方几等家具，腿和束腰、牙条相接合。粽角榫用在桌子、书架、柜子等家具上，家具的每个角由3根方材连接而成，因外形近似粽子角而得名。此外，还有案上常用的夹头榫、插肩榫。夹头榫腿足上端开口，嵌夹牙条和牙头，腿足在顶端出榫，连接案面，故其腿足高出在牙头之上。插肩榫腿足上端外皮削出斜肩，牙条与腿足相交处剔出槽口，牙条与腿足拍合时将腿足的斜肩嵌夹起来，因此插肩榫外观和夹头榫不同之处是腿足与牙头齐平。这两种结构都将腿与牙子连接至面框，上承桌（案）面，使桌（案）面和腿足接合紧密，很好地把桌（案）面的载荷传递到腿足上。

5.1.4.4 装饰性构件的接合

装饰性构件大部分通过栽榫与主框架连接。所谓栽榫，是用小木块做成榫头，在对应的构件上开榫眼，而不是将构件本身做出榫头。比较有代表性的栽榫是走马销，一般安装在可拆装的两个部件之间，如翘头案的活翘头与抹头、罗汉床的围子与床面边抹、宝座的靠背与扶手等部位；另外一种代表性构件是霸王枨，它的装饰性较强，其上端托住面板的穿带，下端用锁钉固定在腿足上。

5.2 中国传统家具的结构性能研究

榫卯连接是中国传统家具结构的主要做法，榫卯节点表现为介于刚性和铰接之间的非刚性

连接。榫卯间有一定的配合间隙，在节点转动的同时为节点提供抵抗弯矩的能力。此外，木材属黏弹性材料，外力撤除后会弹性回复，在塑性变形阶段，具有一定的吸收和贮藏能量的能力，可使构件之间分解载荷，整体受力。

5.2.1 中国传统家具的整体性能分析

5.2.1.1 中国传统家具结构的整体性

家具的力学性能不仅取决于所使用的材料，还取决于家具的结构形式。传统家具采用框架结构，即许多杆件由节点连接起来形成构架，各个杆件之间互相制约，形成一个空间整体，承受各方向可能出现的载荷，从而保证家具整体的刚度和强度。

（1）连接类型

传统家具的连接类型一般分为杆连接和索连接。家具构件之间的连接大部分为杆件连接，杆件既可受拉也可受压，决定杆件连接设计的因素主要是杆件之间的交角及杆件的截面形状。杆件交角由造型与结构体系决定，应避免非垂直接合；木制构件的截面形状对连接设计产生重要影响，在交角非垂直的情况下应注意截面形式及木材纹理方向，并使连接部分的过渡自然合理。

索连接在家具中的应用不常见，典型的例子是传统家具胡床或交椅的"X"形构件与座面形成的张力整体结构。张力整体结构由压杆和索组成，压杆在连续的索中处于孤立状态，所有压杆都必须分开同时靠索的预应力连接起来，在结构中尽可能减少受压状态，因为受压存在着屈曲现象，张拉整体使结构处于连续的张拉状态，结构整体不需要外部的支撑和锚固，像一个自支撑结构一样稳定。传统家具的非刚性连接以及构架相互牵制的特性，与张力整体结构的设计思想较为类似，这类结构呈现一定的弹性，能吸收相当的能量，如图5-12所示。

（2）结构自由度

自由度主要有两种形式：移动的自由度

和旋转的自由度。在平面中有3个形式的自由度：面旋转、前后移动及左右移动。在立体中，有6个形式的自由度，分别为前后、上下及左右3个移动和前后、上下及左右3面旋转。从家具节点分析的角度，将两个或两个以上的部件连接在一起有很多种方式，每一种方式又有不同的变化。要使连接能够发挥作用，必须限制6个运动自由度中的一个或多个。

图5-12 张力整体结构

根据自由度的空间限定，传统家具可分为二维榫卯结构和三维榫卯结构。二维榫卯在三维空间中有一个方向的变形不受约束，位置一般在垂直于卯口的方向，这种缺陷会直接对节点的某个方向的力学性能造成影响。如燕尾榫抵抗竖直向上荷载能力较差，直榫抵抗水平拔出荷载能力较差，这种局限性造成了榫卯和刚性节点之间性能的差异。在构架发生侧向变形时，这类榫卯缺乏抵抗能力，可能造成椅子结构中椅枨与腿连接部位榫头的拔出和牙头、牙子等装饰性构件的脱落。传统家具结构的设计也会应用某个方向的自由度，克服木材因材性引起的变形，比如攒边打槽装板结构，中间镶嵌的面板在平面左右、前后上的自由度并未限定。如图5-13所示，攒边打槽装板形成定向支座，被承担的部分不能转动，但可以沿一个方向平行滑动，提供反力矩和一个反作用力。三维榫卯在二维榫卯的基础上通过限制各个单独构件在各方向的运动，使所有构件成为一个整体。由于具体加强部位及视觉效果的要求不同，具体方式也不同。一般来说，有4种加强方式：第一种是通过构造手段确保有效约束。传统家具结构部件之间存在着层级关系，

这种层级关系体现在装配先后的差异，目的是实现榫卯结构由二维向三维的转化。如直榫这类缺乏可靠约束的节点类型，可利用上部接合构件的重力作用限制自由度，使榫头向上；再如嵌板或拼板面积较大，垂直方向上没有约束，面板背后通常开槽插入两条截面呈梯形的穿带，防止拼板产生垂直方向上的变形。第二种是在同一截面出横、竖榫头，通过与第三构件的连接，实现多向固定，限制自由度，如抱肩榫、粽角榫、裹腿做等结构。如图5-14所示，传统椅子通过座面出抹将一木连做的腿子固定，形成整体，互相牵制。第三种是在构件接合部位的受力平面形成角度或者梯形结构，增大抗弯或抗拔强度。如丁字形接合中的格肩榫，通过45°斜面增强了抗弯矩能力，虚肩结构又增大了胶合面积，提高了榫头的抗拔强度。第四种是通过楔、砦等进行补强。如楔钉榫，用于弧形弯材的连接，先通过水平方向组合两个部件，让榫头互相咬合，限制垂直方向运动，再用梯形楔钉限制水平方向的运动。为解决榫头干燥收缩后容易拔出的问题，在民间家具中常使用销栓、砦来固定。砦常用在直榫内，在榫头锯开豁口，然后将破头砦敲入卯眼里撑开后，榫头将很难再退出，这种结构非常坚固且不可逆，如图5-15所示。

（3）结构的层级性

传统家具的结构系统表现出家具零部件之间的层级关系。结构的基本元素是零件，零件组合成为功能性单元，比如拼板、木框等，单元组装成框架并通过辅助性构件（如各类牙子、枨）来增强其稳定性。传统家具所有的零部件通过这种方式定位、安装，通过层级结构承受各种条件下的载荷及由湿涨干缩引起的变形。

5.2.1.2 传统家具体现的梁柱结构体系

传统家具采用框架式结构，继承了传统木建筑的梁柱结构体系。在框架结构中梁是重要的构件，承受纵向荷载，家具结构中经常采用

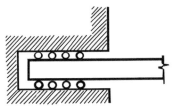
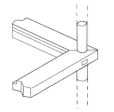
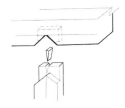

图5-13 攒边打槽装板　　　图5-14 椅座面结构　　　图5-15 破头榫结构

的是木建筑中固端梁和悬臂梁的结构形式，如书架上存放的书籍是在固端梁施加均布载荷，拖动桌子腿是将载荷集中在悬臂梁，横梁承担载荷后在弯矩作用下产生弯曲变形直至断裂，因此梁构件是传统家具结构设计中考虑的重点。

梁的设计需要考虑两种载荷：第一种是弯曲应力。弯曲应力在梁的底部引起横跨木纹的开裂，位置通常在跨度中间的三分之一处。第二种是剪切应力。剪切应力的关键点是靠近支撑点的位置。如果荷载没有正确地施加在支撑柱上，而是落在柱子附近，则可能导致梁受剪切应力而破坏。对于两端固定的矩形截面硬木梁构件，为了提高承载力，可通过增加其截面尺寸来实现。

（1）梁的设计

①变截面梁　弯曲强度计算是为了保证梁的危险截面上的最大应力满足强度要求，大多数情况下梁上只有一个或少数几个截面上的弯矩达到最大值，因此只有极少数截面是危险截面。当危险截面上的最大应力达到许用应力值时，其他大多数截面上的最大应力没有或者远远没有达到该值，这意味着大多数截面处的材料没有被充分利用。为了合理地利用材料，减轻结构重量，很多构件都设计成变化的截面：弯矩大的地方截面大，弯矩小的地方截面也小一些。如传统家具中椅或案的壶门结构，其各点的截面高度设计基本随该点所承受的弯曲应力的不同而变化，截面下缘最终形成一条自然的曲线，在提高构件抗弯强度的同时也产生一

定的视觉美感。

此外，梁的截面在垂直方向上分为上、中、下3个部分，如图5-16所示，承受荷载时梁的截面上沿受压，中间为不受拉亦不受压的中性层，因此如果减少中性层的材料，并不影响梁的抗弯性能。明式家具中牙板、束腰、托腮一木连做，也称为"假三上"，托腮凹入意味着截面上中性轴附近的材料减少，形成工程结构中的工字形截面。

②外伸梁　外伸梁是一端或两端伸出支座外的简支梁，即位于一个固定铰支座和一个活动铰支座之上，伸出一端或两端的梁。与桌不同，传统家具中的案较为狭长，腿不与桌端面平齐，而是缩进形成两端皆外伸的梁，因此案比普通桌的跨度大，在结构上有其合理性。

③连续梁　连续梁是有3个或3个以上支座的梁。连续梁有中间支座，所以它的变形和内力通常比单跨梁要小。案一般在2.4m以上，有些甚至达到3.6m。对于跨度较大的案，可以通过增加支撑点形成连续梁，如图5-17所示。

（2）梁与补强结构

传统家具梁的补强结构主要体现在腿、束腰与桌面（座面）的接合关系上，总体来说有3种方式，即横向枨、霸王枨和角牙。横向枨一般用在桌案的深度方向，也有四周都有枨的情况，这种结构补强效果最好。根据枨的造型又可分为直枨、罗锅枨、窗格枨、曲尺枨、霸王枨等类型，其中从桌腿延伸到桌面穿带的霸王枨既有补强结构的作用，也展现了造型的张

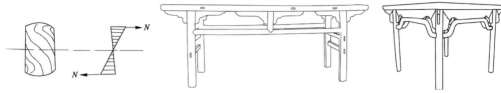

图5-16　梁的中性层应力分布　　图5-17　应用连续梁原理制作的长案　　图5-18　一腿三牙罗锅枨方桌

力感。角牙是在桌面四角的小型托架，装饰性较强。角牙的形制与传统建筑中的替木相似，作用是加固桌（椅）腿、桌（椅）面及束腰的组合，增强抗水平力的能力，防止枨榫头被拔出，并能减短梁的跨度。明式家具中的夹头榫通过接合桌脚与桌面，起到夹紧牙条及固定桌面的作用，形成连接裙板与上部面板的整体结构。这几种结构方式也可以配合使用，如霸王枨与角牙同时使用，或霸王枨与罗锅枨、角牙同时使用。图5-18所示为常见的一腿三牙罗锅枨方桌。

5.2.2　传统家具结构与木材性质的关系

木材是传统家具的主要材料，传统家具结构与木材性质有着密切关系。首先，木材是一种强重比较大的材料，构件强度受截面几何形状、尺寸的影响。其次，木材是一种天然材料，具有节子、腐朽等天然缺陷，这些缺陷若在节点位置，往往会导致结构失效。再次，木材具有干缩湿涨性，木材的含水率会随着环境相对湿度的变化而变化，从而影响到构件的尺寸稳定性。最后，木材是一种各向异性材料，构件的纹理方向不同，所能承受的荷载也不同。总之，家具结构设计要充分考虑木材的性质，中国传统家具通常采用开放式结构、线性构件为主、端头封闭和镶板槽内预留空间等有效方法来积极应对家具结构缺陷的发生。

5.2.2.1　木材性质与传统家具构件的基本破坏模式

木构件在外力作用下会产生变形甚至损坏，力的作用方式不同，构件的表现也不同。

构件的基本变形有轴向压缩或拉伸、剪切、弯曲和扭转。木构件受拉和受剪都是脆性破坏，强度受木节、斜纹及裂缝等天然缺陷的影响很大，但在受压和受弯时具有一定的塑性。从更广泛的意义上讲，构件的破坏是因为连接表面积的减少及应力偏移后集中在较小的区域。构件的错误设计，意味着节点榫肩或截面尺寸不合适，或者接触面缺少共面性，导致应力集中引起构件劈裂。

大多数传统家具损坏的部位多发生在榫卯接合处，如榫眼开裂、榫头脱落等现象。除去木材的天然缺陷，环境温度和湿度的波动、木材的纹理与受力方向以及错误的结构设计是引起传统家具损坏的常见原因。总体来说，传统家具的性能并非取决于单独的部件，在使用过程中破坏往往出现在节点位置。除了装饰性构件容易脱落之外，接合部位只是开角或开裂，整体框架并未受损。

（1）压缩与拉伸

根据对木材纹理的作用方向，压力可分为顺压和横压。长轴压缩应力主要发生在纵向压缩应力柱，当构件的一端受载时，基础或靠近的区域会变形，木材产生纵向裂缝。传统家具结构中榫头部分穿过榫眼后，如果还需要钉入砋，榫头受压后内部可能会产生楔形劈裂现象，如图5-19所示。这种破坏在短期内因为砋的挤压，不会产生较大影响。待砋松动后，会造成榫卯结构失效。木材的横向压缩强度要比纵向弱得多，在承受较大荷载时会产生永久变形。为了防止横向压缩产生破坏，案的托子大部分用料较厚，并在不承重的中间部分做透空处理，破除视觉上因托子厚度增加产生的沉闷感，如图5-20所示。

根据对木材纹理的作用方向，拉力可分为顺拉和横拉。木材的抗压强度较大，压力作用于长柱时，即长度远大于直径的杆件，称为"纵向压缩"，如图5-21所示。杆件在施加一定量的荷载后产生挠曲，一旦发生挠曲后即使增加非常小的压力，也会导致较大的变形，从而在中间部分形成杠杆作用，构件产生破坏。此时破坏由弯曲产生，而非压碎或劈裂。这种侧屈现象可以通过加粗柱子中间部分来解决，传统家具中椅子收分做法的目的在于一方面在视觉上形成稳定感；另一方面是使腿的中间部分截面保持一定的厚度，以防止侧屈情况下杆件产生弯曲。

根据拉力与年轮的平行与垂直关系，横拉又可分为弦向和径向。木材横拉强度比顺拉强度要小很多，一般只为后者的1/40~1/10，因

此木材不能制作横拉构件。另外，木射线能增加径向横拉强度。如图5-22所示为木材横拉破坏模式。

（2）剪切

剪切应力一般作用在构件端部，外力作用线垂直于构件轴线。剪切可分为顺纹剪切和横纹剪切。木材横纹剪切强度约为顺纹剪切强度的3~4倍，因此构件很少横纹剪断，通常沿顺纹纹理方向破坏。传统家具中榫眼部分的开裂即由顺纹剪切引起，图5-23为走马销的拔出破坏模式。因此，榫眼沿纹理方向应足够长且尽可能平行于长轴方向，以防止构件整体裂开。

（3）弯曲

大部分构件的破坏是由弯矩引起的。如果构件存在节疤或其他缺陷（虫蛀、霉变、错误的加工等），那么在拉应力作用下缺陷部位会产生破坏。如果构件下沿没有节疤或其他缺陷，当荷载大于抗压强度而低于抗拉强度

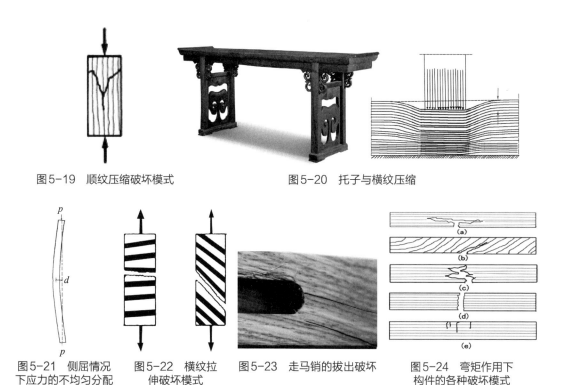

图5-19　顺纹压缩破坏模式　　　　　　　图5-20　托子与横纹压缩

图5-21　侧屈情况下应力的不均匀分配　　图5-22　横纹拉伸破坏模式　　图5-23　走马销的拔出破坏　　图5-24　弯矩作用下构件的各种破坏模式

时，构件长轴上部的压缩区域会产生破坏，随着拉力的增加构件下沿因为拉力而产生裂缝。破坏线的特征是沿构件的下沿，但并不一定沿直边破坏，因为其破坏形式受到诸多因素如构件形状、荷载模式、加工精度、纹理走向或木材因腐烂、干缩引起的开裂变形等影响，如图5-24所示为弯矩作用下构件的各种破坏模式。传统家具的破坏大部分是因为弯矩产生蠕变，这种破坏通常在跨度较大的桌、案类家具中表现较为明显。构件承受荷载而产生弹性变形，当荷载持续一段时间后再解除，构件不能再恢复到原始状态而产生永久变形的现象称为"蠕变"。蠕变在很小的应力下就可以产生，并能持续数年，最终可能导致构件破坏。温度和湿度会促进蠕变的发生。

（4）拔出

榫卯结构有一定的抗压、抗剪、抗弯能力，但基本没有抗拔能力。传统家具结构考虑到组装与日后的修理，往往留下一个方向的自由度，位置一般在垂直于卯眼的方向，这种依靠摩擦力的接合使直榫轴向抗拔力较差，尤其是构件因长期受外力作用而产生振动后，更容易造成榫头拔出。如图5-25所示，椅子、桌案结构中枨与腿的连接部位榫头容易拔出，牙子等装饰性部件也容易脱落。王世襄先生认为，用木条攒框的办法形成透空的牙条和牙头，它无法和四足嵌夹，只能靠几个栽榫来固定，其坚实程度无法和夹头榫或插肩榫相比。

为了克服榫头拔出的缺陷，一方面在搭脑等部位应尽可能使用竖向榫接合，而避免使用横向的直榫接合，如南官帽椅上使用挖烟袋锅榫的结构将横榫接合转化为竖榫接合；另一方面在必须使用横向直榫结构的部位，通常采用过盈配合，此时榫卯接触面在法向应力作用下，两表面的粗糙峰相互啮合并产生弹塑性变形，形成一定的机械互锁效应。但在长期作用下，榫头与榫眼接触部位发生

蠕变和变形，接触表面积减少，接触表面压力、摩擦系数均降低，从而导致拉应力降低，榫头产生松动。民间家具中常采用打入破头楔的方式，在榫头上切出豁口，将楔钉插入后，榫头受到挤压形成燕尾榫形状，榫头与榫眼形成过盈配合，从而使榫头不易拔出，如图5-26所示。

图5-25　榫头拔出破坏

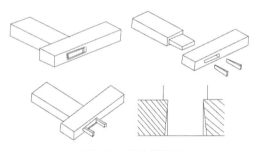

图5-26　破头楔加固

5.2.2.2　木材纹理与传统家具结构

木材树种不同，性质差别较大。木材纹理也不一定均匀，尤其是环孔材硬木及非均匀纹理针叶材。缺陷（如节疤）也会使纹理方向产生变异。结构的不规则性（如波状纹理或者交错纹理）会导致特殊的加工问题。此外，含水率也会影响木材的加工性质、力学强度，还有干燥效果。因此，木材的纹理方向是设计传统家具结构要考虑的重要内容。

（1）纹理与湿涨干缩

木材湿涨干缩所产生的构件尺寸变化是传统家具外观和结构上出现问题的主要原因。天

气或季节轮换会导致环境相对湿度的变化，这也会导致木材含水率发生变化。当空气潮湿时，木材吸收水分并可能产生膨胀；空气干燥时，木材损失水分并可能开裂。通过各种表面涂饰和处理方法会适当阻碍这个过程，但是总体来说，干缩湿涨并不能停止。因此，现代的干燥技术并不能阻止木材吸收水分，即使将木材含水率降低到6%，在自然环境中，木材最终也会重新回到当地的含水率水平。含水率的微小变化足以引起木材的干缩和湿涨。因此，传统家具中面板的开缝、拱起和框架开角几乎无法避免，图5-27所示为传统家具面板的常见破坏模式。为抵抗面板宽度方向的变形，面板框架接合的榫头应该设计在大边（长边）上，如图5-28（a）所示，这样虽仍不免有开缝、开角出现，但结构上仍然牢固。反之，将榫头开在抹头（短边）上，如图5-28（b）所示，面板变形后，框架失去了抵抗作用，会被完全破坏。如果说面板的变形对传统家具的影响仅在外观上，那么框架构件的变形则会使榫卯松动，影响接合的强度。为保证结构稳定，传统家具框架一般采用线性构件，其横纹尺寸小于40mm，这样变形就能控制在0.5mm以内。

径向和弦向的收缩系数不同导致木材在端部容易产生开裂，也解释了木材不同部位变形不同的原因。如图5-29所示，在选料时腿的材料选择应保证纹理是向外45°的方向，以避免木材变形后横枨与腿（床、桌或凳）之间出现缝隙。

（2）纹理与强度

木材是一种天然聚合物，通过木质素将束状平行的纤维素集中在一起。这些长纤维素链使得木材具有一定的强度，尤其是沿纹理方向抵抗压力及分散载荷的能力较强。纤维素比木质素强度大，顺纹方向容易劈裂，而横纹方向不易。纹理阐释了木材的构造，通过纹理可以辨别木材强度最强和最弱的部位。纹理也决定

了零部件的锯切方向，即零部件要保证纹理连贯，且沿面板的长度方向锯切。木材的这种特征同样适用于榫接合，即在加工榫头时，木材纹理方向需要沿榫头及木板的长度方向，以保证纹理是连续的。

木材强度与正交轴向相关，直纹理部件相比斜纹理或有节疤及其他缺陷的部件强度高。承受较大荷载的部件需要直纹理，如书架搁板。与长轴方向偏离的纹理会对构件力学性能产生影响。应力平行于部件的长轴时，与木材纹理方向相吻合，则木材平行纹理方向所承受的拉力或压力强度较大。在斜纹理的情况下，垂直于纹理方向的力学性能较弱。斜纹理对抗压强度影响最小。斜度在1：10之下时，几乎

（a）椅子后腿与椅面连接处　　（b）桌面格角

图5-27　面板常见的变形与开裂

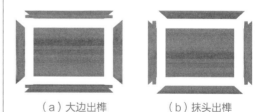

（a）大边出榫　　　（b）抹头出榫

图5-28　攒边打槽装板的不同连接方法

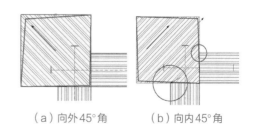

（a）向外45°角　　　（b）向内45°角

图5-29　纹理方向与变形

图5-30　构件的形状、应用部位与纹理选择

图5-31　不合适的纹理方向导致搭脑劈裂

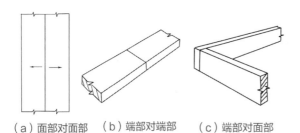

（a）面部对面部　（b）端部对端部　（c）端部对面部

图5-32　构件不同部位的连接方式

（a）券口局部脱落　（b）脚钉加固

图5-33　壸门式牙条的脱落

没有影响；斜度在1：5时，只有7%的强度损失。斜纹理对弯曲与抗拉强度影响较大。破坏荷载在斜度为1：10时，减少20%；斜度为1：5时，减少45%。如果材料纹理选择不当，容易产生顺纹理方向的剪切，进而使得木材开裂。因此，木材受顺纹拉力时，若存在斜纹理，必须把低值的横拉强度作为重要因子来考虑。在构件设计中应尽可能避免横纹拉力。此外，阔叶材在径向拉伸时，应力集中在早材，故横拉强度径向小于弦向，因此在选料时需要考虑纹理方向。在某些部件中，应该限定纹理的方向，如图5-30所示，腿上的纹理选择需要与构件的长轴尺寸保持一致。纹理平行或垂直于部件，都容易沿纹理方向产生破坏；同理，官帽椅搭脑的纹理选择也应与搭脑的长轴方向一致。图5-31显示了不合适的纹理方向导致搭脑的劈裂。

（3）纹理与端部处理

节点位于两个或多个零部件之间的连接处。木材具有各向异性的特点，因此节点处与应力相关的木材纹理方向是传统家具结构中考虑的重点。根据接合部位及纹理的不同，连接可分为面部对面部、端部对端部、端部对面部3种方式，如图5-32所示。

传统家具中水平框架的接合以及水平构件与垂直构件的接合通常采用端部对面部的方式，如座面或桌面等构件中大边与抹头的连接、腿与托泥的连接及腿与桌面的连接等。当互相搭接的构件纹理方向平行或垂直时，连接方式为面部对面部。面部对面部的平行接合常用在拼板结构，如平口胶合、龙凤榫、银锭榫等接合方式，在拼合时应注意拼板的纹理方向。

面部对面部的垂直接合用在板件与板件的接合（除十字枨搭接），有揣揣榫、合掌榫等。垂直相交的边部对边部及端部对边部的节点中，顺纹与横纹（尤其弦向纹理与径向纹理）的连接比节点自身受到的应力更大。应该关注节点因收缩系数不同而产生的潜在破坏，如搭接式接合，两条各留一片，另一背面以齐肩合掌相交，在胶合后一段时期内非常牢固，但因为连接的表面纹理交叉，可能会产生破坏，如壶门券口的水平或垂直构件的连接中常用到的合掌结构，其构件容易脱落。在构件松动后，有时会用扁平的熟铁脚钉前后加固，如图5-33所示。

端部对端部的连接常用于构件的接长。传统家具结构中最难处理的就是端部与端部的连接。合适的胶连接强度能和木材本身相当或大于木材本身的强度，但在端面胶连接是无效的，解决方法是在构件端部制榫使其互相啮合或者增加一个木片穿过节点，如圈椅弧形弯材的接合，其两个弧形部件之间有互相啮合的凹凸造型，并辅以楔钉榫穿过节点。

木材中的导管（阔叶材）、管胞（针叶材）等纵向结构发达，吸湿与解吸主要通过纵向结构进行。因此，端面的处理是传统家具结构设计的重要内容，不同构件的端部处理方法不同。

①**封闭** 如上文所述，构件端面最容易产生吸湿和解吸。将端头尽可能封闭起来，能有效缓解家具的变形。传统家具结构的特点是隐藏榫卯，即使用暗榫，如用于连接垂直板件的燕尾榫、连接扶手与鹅脖或搭脑与后腿的挖烟袋锅榫；再如端部封闭的矩形或圆形框架——托泥，不常拖动的家具其腿足置于托泥之上，可防止腿足端部长期吸湿而腐朽。

②**转化** 端部与端部的连接，往往通过榫卯之间的互相啮合，将端部横切面的接合转化成顺纹方向表面的接合。如插肩榫，牙条里面开槽挂销，将端部对端部的接合转化成面对面的接合；圈椅扶手是通过接长构件的两端各出榫头，形成面与面的接合，再钉入楔钉榫将两者固定。

对于有些较难处理的构件，其端面只能选择暴露时，通常尽可能缩小构件暴露的横截面，因此传统家具几乎看不到较大的端面裸露在外。构件横截面一般分为两大类：管状类（如官帽椅的四出头）及非管状类（如翘头案的翘头）。

③**整合** 立足于减少构件种类及数量，简化连接方式，强调结构形式的整体性，这类设计案例具有优雅的形象，如裹腿做、棕角榫、抱肩榫等。应用该方法的前提是节点至少在两个方向的受力方式相同，且构件截面形状类似、尺度近似，以保证结构受力科学合理、视觉效果整体统一。如棕角榫由相交成90°的3个构件组成，构件的截面形状与尺度完全一致，顺纹出榫的构件插入与之在同一水平面相接的构件卯眼，空间中垂直相接的构件出高低榫与前两者接合，三材穿插却不冲突，成就了内敛与理性的气质。

5.2.3 中国传统家具典型结构的力学性能研究

5.2.3.1 传统家具中45°角接合（二维）的力学性能试验

45°角接合是传统家具中极具代表性的做法之一，其广泛应用离不开传统的对称审美意识。在西方家具中，框架和门板、桌面、旁板等构件的连接通常采用典型的横竖材平接，框架斜接嵌板结构并不常见。中国工匠则尽一切努力，尽量避免两个部件以90°平接。通过将两部分斜交于45°，相交框架实现连续、和谐、流动的纹理，同时隐藏端头及由此引起的缺陷。如图5-34所示，直材的交叉接合形成十字枨，为使交接部分纹理变化不会太明显，一般都采用小格肩结构。

45°角接合形式种类丰富，可以应用于方形构件的接合，如腿与枨的丁字形接合；也可应用在圆形构件的接合，如南官帽椅的扶手与鹅脖接合。根据接合部件的空间形态可分为二维结构和三维结构，如二维的攒边格角结构和三维的棕角榫结构，见表5-4。

（1）传统家具中45°角接合（二维）的改良

传统家具采用框架结构，框架部件之间45°角接合一般采用夹角穿榫。夹角榫端有45°的格肩，开榫头需要多道工序，不适合批量生产。因此，现代工业生产中对45°角的框架接合结构进行了优化，较为常见的有以下几种接合方式。

①揣揣榫 在传统家具中，揣揣榫常用于板条之间的连接，接合的两个构件各出一榫互相嵌纳，如两手相揣入袖之状，故称为"揣揣榫"。在现代家具中，揣揣榫也用于面板框架的接合，其榫眼通过角磨机的锯片一次铣出半圆形，榫头则通过水平与垂直配合的圆锯片一次锯切成型，为配合榫眼，榫头铣成半圆形，正面背面都格肩相交，两个榫头均不外露，如图5-35所示。

②燕尾嵌榫 燕尾榫具有良好的力学性能，在传统家具中因其形似银锭，又称为"银锭榫"。燕尾嵌榫是将构件做成燕尾榫的样式，

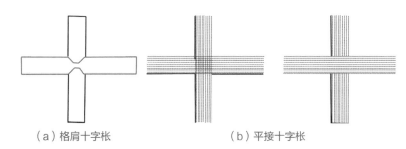

（a）格肩十字枨　　　　　　　　（b）平接十字枨

图5-34　格肩十字枨与平接十字枨的纹理比较

图5-35　揣揣榫　　　　　　图5-36　横向燕尾榫　　　　　图5-37　竖向燕尾榫

表5-4　传统家具中45°角接合的种类与应用部位

家具部位	家具类型				
	床榻类	椅凳类	桌案类	柜橱类	几架类
面板（攒边格角）	保角榫（宽框）	单榫	厚板拍抹头	来往榫 双榫（柜门）	单榫
腿足与面板、牙子的接合（三维结构）	抱肩榫 （彭牙、鼓腿）	后腿一木连做贯穿面板	四面平（粽角榫）或束腰（抱肩榫）	四面平（粽角榫）	面板与板足（闷榫角接合）
腿足与横枨接合	方材丁字形接合	方材、圆材丁字形接合	方材、圆材丁字形接合	方材丁字形接合	方材、圆材丁字形接合
装饰性构件	围子攒接斜万字（方材角接合）	券口（板条角接合）	腿与牙子（插肩榫）	揣揣榫（牙头与牙条）	插肩榫

嵌入两个木构件之间的榫槽内。根据燕尾榫嵌入的方向又可分为水平栽入和垂直嵌入两种做法。燕尾榫水平栽入是先用铣刀沿部件端面加工出燕尾槽，并沿槽滑入燕尾榫，连接后外观上不留痕迹，如图5-36所示；燕尾榫垂直嵌入做法与银锭榫拼板做法一样，直接在接合构件表面上开槽嵌榫，在专业化设备辅助下，其加工效率相比水平栽入更高，如图5-37所示。

（2）各种类型的45°角接合的弯曲强度测试

①试验准备　试件材料选择刺猬紫檀，含水率为8%。该木材纹理交错、结构中到细，略均匀，干燥后性能良好，较为稳定。根据5种接合方式分别制作5组试件，每组5个，试件厚26.8mm、宽65.0mm，与椅类座面框架构件尺寸接近。

②加载方式　试件的加载原理如图5-38所示，P表示垂直施加的静载荷，加压点距离接合部位200mm。匀速加载，加载速度为5mm/s，直至榫卯构件完全脱落为止。试验重复5次，测得试件破坏的强度值，表5-5所示。

③抗弯强度与破坏模式分析　如图5-39所示，传统夹角穿榫抗弯性能较好，受力曲线达到第一个极值后稍微下降，随着位移继续上升至最高点，出现破坏后急剧下降小幅度范围，持续很长一段较高抗弯力，然后缓慢下降至不受力。第一个极值为胶着力的最大破坏值，第二个极值和较长一段的抗弯力为榫头榫眼配合抗弯力的耐久性表现，与其他接合形式相比，传统夹角榫破坏后强度并非马上完全丧

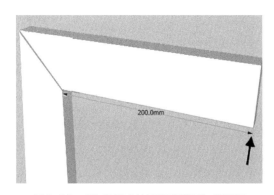

图5-38　45°角接合抗弯强度测试加载原理

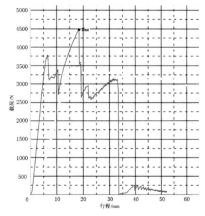

图5-39　夹角穿榫载荷-位移曲线

表5-5　各种类型45°角接合形式的抗弯载荷极值　　　　单位：N

接合形式	试件1	试件2	试件3	试件4	试件5
传统夹角穿榫	4600.63	4446.56	4288.44	4252.50	2869.38
直角榫	7378.44	3339.38	6925.94	7539.38	7153.75
揣揣榫	8114.38	8329.69	8260.94	8043.13	7900.26
竖向燕尾榫	2437.19	2157.19	2287.19	2360.55	2269.65
横向燕尾榫	2563.75	2430.94	2453.26	2362.66	2463.35

注：传统夹角穿榫试件5在2869.38N时破坏，经观察为材料有节疤，去除该数值。

失，原因在于传统夹角榫的榫头较长，在完全拔出之前一直产生弯矩。如图5-40所示为传统夹角穿榫在弯矩作用下的破坏过程，传统夹角穿榫因大边上的榫头贯穿抹头上的榫眼，试件承受荷载时榫头承受弯矩，在弯矩作用下大边沿纹理方向剪切破坏。因此对于传统夹角穿榫结构，抗弯强度取决于连接部件木材的顺纹剪切强度，最初的顺纹剪切破坏位置在榫头下沿的延长线。

如图5-41所示，直角榫在荷载达到一定值后突然下降，发生破坏时有较大的位移。破坏机理与传统夹角穿榫相似，如图5-42所示。直角榫榫头的长度、厚度与传统夹角榫榫头一致；高度（宽度）与传统夹角榫榫头的35mm不同，而采用"大进小出"的做法，即进口处

为50mm，出口处为25mm。有研究认为，榫头长度固定的情况下，弯曲强度与榫头的高度（宽度）密切相关。因此直角榫的破坏强度要大于传统夹角穿榫。

揣揣榫的配合较为紧密，在载荷达到一定值后突然下降，发生破坏时位移较小，如图5-43所示。试样中揣揣榫的破坏强度最大，原因在于一边出一榫的形式增大了胶合面积，揣揣榫的破坏强度取决于木材的顺纹抗拉强度，其破坏机理是纤维之间的滑移，如图5-44所示。

燕尾榫的破坏强度与上述连接方式相差较大，竖向燕尾榫拔出时引起部件顺纹剪切破坏，横向燕尾榫受压后沿45°角方向从榫槽滑出，分别如图5-45和图5-46所示。

图5-40　传统夹角穿榫的破坏过程

图5-42　直角榫的破坏过程

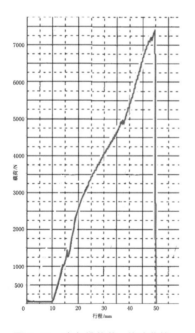

图5-41　直角榫载荷-位移曲线

图5-43　揣揣榫载荷-位移曲线

图5-44　揣揣榫破坏过程

图5-45　竖向燕尾榫破坏过程

图5-46　横向燕尾榫破坏过程

（3）结论

第一，在现代胶黏剂的作用下，节点的强度主要取决于胶合面积，揣揣榫胶合面积最大，强度最高；其次是直角榫；最后是传统夹角榫。传统夹角榫、直角榫、揣揣榫的结构强度都超过节点的容许破坏强度。第二，与其他接合形式相比，传统夹角榫抗弯耐久性较好，结构发生破坏后强度并非立刻完全丧失，而是在经过几段反复后丧失。第三，竖向燕尾榫容易从槽中滑出，后续可在燕尾形状方面再做改进，使其能够更好地勾挂。第四，增加配合的紧密程度有助于提高榫卯接合的抗拉强度，原因在于紧密配合使榫眼对榫头产生一个因挤压而形成的正压力。榫头从榫眼中拔出来，主要是要克服榫头与榫眼内壁之间的摩擦力，它的大小正好与榫眼对榫头侧面的正压力成正比。因此，增加挤压应力可以增加其摩擦力，提高榫接合的抗弯强度。第五，研究验证了其他学者所证明的抗弯强度与不同的连接类型相关。

5.2.3.2　传统家具中格肩榫结构的力学性能试验

在传统家具中，格肩榫具有典型的视觉特征。通过对格肩榫（实肩和虚肩）、直角榫进行力学性能比较，揭示格肩榫的承载机理，为其应用提供理论依据。

（1）试验准备

试件材料为白榆，含水率为8%。对部件底面施加全约束，榫头长度、宽度、工差配合、胶合系数等因素保持不变，只有榫卯结构形式发生变化。准备1组直角榫试件，2组格肩榫试件；其中格肩榫试件1组实肩、1组虚肩，如图5-47所示。方材截面尺寸为35mm×35mm，榫头厚度为9mm、宽度为35mm，加载点在125mm处，如图5-48所示。

（2）破坏模式与抗弯强度比较

如图5-49所示，格肩榫在榫头的上半部分开缝后曲线骤然下降，然后继续缓慢上升至最高值后下降，原因是横向构件端部下面的榫肩抵住纵向构件内侧面后，抗拔力因有支点而产生弯矩，直至榫头发生破坏。

直角榫与格肩榫的载荷-位移曲线类似，如图5-50所示。格肩榫和直角榫的破坏形式都是榫头上侧破坏，分别如图5-51和图5-52所示。原因在于榫头下半部纤维横纹抗压，上半部纤维横纹抗拉。

（3）结论

分析表5-6中的数据可以得出如下结论：第一，格肩榫的抗弯强度要高于直角榫。有研究认为榫肩对于节点的弯矩强度有显著的影响。格肩榫榫头在中间，两面格肩，沿45°角可以使节点之间传递一部分固端弯矩，这有利于提高节点的刚度；此外格肩对结构进行了约束，而直角榫在抗弯过程中产生绕支点的弯矩，榫头更容易滑出。第二，格肩榫中虚肩抗弯强度比实肩略有降低。原因在于格肩榫虚肩在榫孔位置再剔开口，减小了榫头的厚度；同时夹皮部位为斜面，胶黏剂未能完全发挥作用。但格肩榫虚肩的夹皮增大了榫头与榫眼之间的摩擦力，不施胶的情况下虚肩格肩榫的引拔强度应高于实肩格肩榫，虚肩格肩榫的设计主要是为解决传统家具中枨容易拔出的问题，并非为增强抗弯强度。

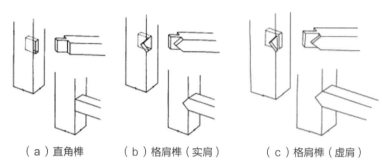

（a）直角榫　　　　（b）格肩榫（实肩）　　　　（c）格肩榫（虚肩）

图5-47　传统家具直角榫与格肩榫力学性能试验试件

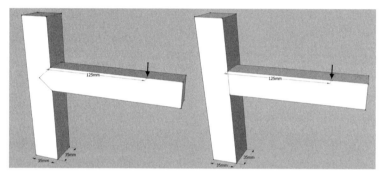

图5-48　格肩榫与直角榫抗弯强度测试的加载原理

图5-49　格肩榫抗弯强度载荷－位移曲线　　图5-50　直角榫抗弯强度载荷－位移曲线

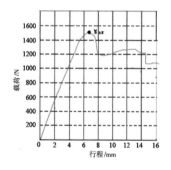

图5-51　格肩榫破坏过程　　　　　　图5-52　直角榫破坏过程

表5-6　格肩榫与直角榫的抗弯载荷极值
单位：N

接合形式	试件1	试件2	试件3	试件4	试件5	试件6
直角榫	850.87	1305.31	1193.91	674.06	976.40	917.96
格肩榫（虚肩）	980.08	911.87	1238.44	860.78	858.90	1493.13
格肩榫（实肩）	1191.88	1383.75	1550.00	1480.64	1630.76	1252.97

5.2.3.3　传统家具中粽角榫结构的力学性能试验

粽角榫也是传统家具榫卯结构的典型代表之一，因其外形像粽子而得名，民间工匠也称作"三碰尖"。粽角榫多应用于柜类、桌类等家具中，四面平方桌即为典型代表，特点是每个角都以三根方材格角结合在一起，每个转角结合都形成6条45°格角斜线。传统粽角榫制作时需在桌腿上端与板面框架边沿垂直的两侧削出45°斜肩，在斜肩内侧除了凿出长短两个榫头外，其余要掏空。然后，在需要支撑的面板框架外沿两侧也切出45°格角，与桌腿吻合。粽角榫的榫头在中间，用于支撑面框，同时两侧又有斜肩，可以辅助榫头承受部分压力，打破了结构线条过于平直呆板的气氛。面板框架由大边和抹头通过直角榫连接。将板面框架与桌腿相接之处挖出两个榫眼，大小与桌腿的榫头相匹配。

（1）试验准备

试件材料选用水曲柳，含水率为8%。构件为径切材，每个节点包括大边、抹头和腿3个构件，竖向柱截面尺寸为35mm×35mm，横枨截面尺寸为80mm×17mm，与桌类常用的腿和面板框架部件尺寸接近，试件的装配尺寸如图5-53所示。试件装配后，在力学性能试验机上进行测试。加载原理如图5-54所示，P表示施加的垂直静载荷，加压点距离接合部位180mm，匀速加载，加载速度为5mm/s，直至榫卯构件完全脱落为止。试验共分2组，每组5个试件（重复5次），一组在面板长边（大边）加压，一组在短边（抹头）加压。试验得到结构的破坏或变形模式，并测得试件抗弯力与位移量变化情况。

（2）破坏模式与抗弯强度比较

如图5-55所示，传统粽角榫（夹持长边）抗弯强度极值较大，抗弯耐久性较好。在整个载荷-弯矩的曲线图中，线性段出现在初始载荷的区域，随着弯矩逐渐增加整个曲线很快呈现非线性的状态，当曲线到达顶点之后，曲线的斜率随着弯矩的增加而渐渐趋于缓和，即接合部分已产生破坏。木构造的节点在达到屈服强度之后并未立即产生破坏，而是会发生塑性铰的行为，即在结构达到屈服强度之后，材料虽已破裂或破坏至某种程度，但仍能保持一定的强度，所以传统榫卯结构不会出现瞬间失效的情形。由于直角榫榫夹面积大，胶接强度高，破坏形式通常为腿与长边连接的长榫头被完全折断，腿与短边连接的短榫头拔出，如图5-57所示。

图5-56为夹持短边得到的抗弯强度载荷-位移曲线。该曲线图的趋势和夹持长边试件的相似，达到极值下降过程中出现两次较大波动，说明短榫头破坏后，长榫头在拔出过程中产生一定的弯矩，在破坏过程中两者反复受力。需要注意的是夹持长边和短边得到的抗弯

单位：mm

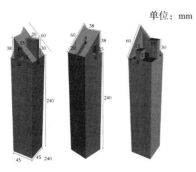

图5-53　传统粽角榫试件尺寸

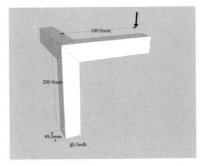

图5-54　传统粽角榫抗弯强度试验加载原理

强度不同，夹持短边得到的抗弯强度极值明显小于夹持长边的抗弯强度极值。原因在于传统粽角榫腿上出高低榫，与长边连接的榫头长，与短边连接的榫头短。根据Michael D. Hill和Carl A. Eckelman提出的榫卯结构抗弯强度公式$M=0.7×S×A×B×C×D$（其中M为最终的弯矩；S为剪力模量；A为$0.24d+0.57w$，d为横枨的宽度，w为榫头的宽度；B为榫头长度因子；C为胶合系数；D为公差配合度），榫卯结构的抗弯强度与横枨宽度、榫头长度、宽度、工差配合、胶合系数等都有关系。在保持其他因素不变的情况下，抗弯强度与榫头长度有线性增加的关系。腿与长边连接的榫头长度比腿与短边连接的榫头长度大，因此夹持长边得到的抗弯强度极值要大于夹持短边的抗弯强度极值。

（3）结论

试验结果（表5-7）表明传统家具粽角榫的结构设计与生活经验是一致的：一般沿桌面长度方向形成的悬臂梁结构力臂较大，抗弯强度也较大。这从另外一个角度说明传统粽角榫结构中腿端部开长短榫的设计是合理的，除了有避榫的考虑，更有结构强度上的考虑。

5.2.3.4 传统家具中走马销结构的力学性能试验

走马销常用于固定两个可移动的构件，因

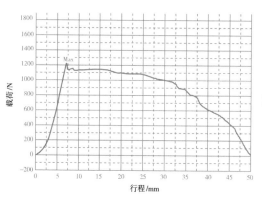

图5-55 传统粽角榫（夹持长边）的抗弯强度载荷-位移曲线

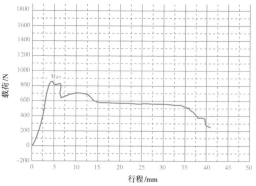

图5-56 传统粽角榫（夹持短边）的抗弯强度载荷-位移曲线

图5-57 传统粽角榫的破坏过程

表5-7 传统粽角榫的抗弯载荷极值　　　　　　　　　　　　　　单位：N

榫卯接合形式	试件A	试件B	试件C	试件D	试件E	试件F
传统粽角榫（夹持长边）	1100.23	1250.00	1300.00	1050.36	1205.21	1280.00
传统粽角榫（夹持短边）	996.84	989.06	1079.06	952.56	850.90	900.23

榫头和榫眼结合后还需要移动才能卡住起到销合作用，故称为"走马销"。如图5-58所示，走马销榫头前半部分外大内小，形同燕尾榫，后半部分为直角榫；榫眼部分与之相反。这种形态限制了榫头厚度和长度方向的自由度，只允许榫头沿宽度方向移动。走马销根据榫头的形状可分为单边走马销和双边走马销。在传统家具中，走马销一般用于座面与扶手的连接，如太师椅、宝座等家具的扶手及靠背，还有罗汉床的围子，等等，如图5-59所示。在现代社会，家具从生产到使用往往需要多次运输及装配，走马销的拆装功能非常实用，图5-60展示了太师椅通过走马销结构可以拆装为靠背、扶手、座框3个部分。

（1）试验准备

本试验探讨单边和双边走马销的引拔强度，并观察其破坏模式。试验材料为白榆和刺猬紫檀，含水率为8%。试验分4组共24个构件，其中一组为直角榫配合胶黏剂（白乳胶），另一组为单边走马销（白榆），其他两组为双边走马销（材料分别为白榆和刺猬紫檀），榫眼宽与榫头厚过盈配合，单边、双边榫角度都是14°。在垂直载荷匀速加载的作用下，速度设定为5mm/s，直至榫卯构件完全脱落为止。试验重复5次，从而测得试件破坏的强度值及破坏模式，如图5-61所示。

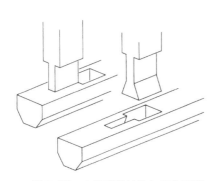

图5-58　走马销的结构与工作原理

图5-59　走马销在罗汉床中的应用

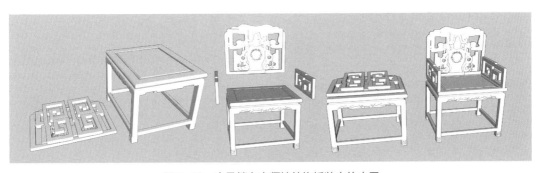

图5-60　走马销在太师椅结构拆装中的应用

（2）破坏模式与引拔强度比较

比较表5-8中4种试件的引拔强度极值，可以看出直角榫配合胶黏剂（白乳胶）的引拔强度最高，双边走马销比单边走马销的引拔强度略高。刺猬紫檀双边走马销比白榆双边走马销容易破坏，原因在于白榆的顺纹抗剪切强度较大。如图5-62所示，双边走马销（刺猬紫檀）锯齿状曲线的产生是因为榫眼所在构件受力后产生变形导致榫眼增大，榫头与榫眼之间产生空隙，榫头与榫眼反复摩擦产生力矩。图5-63为双边走马销（白榆）载荷-位移曲线。如图5-64所示，单边走马销（白榆）随着引

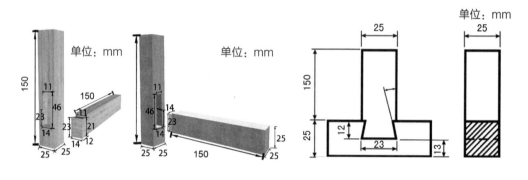

（a）白榆试件 （b）刺猬紫檀试件 （c）走马销结构

图5-61　走马销试件

表5-8　走马销抗拔强度试验

单位：N

接合形式	试件1	试件2	试件3	试件4	试件5	试件6
直角榫	1569.00	1680.59	1693.28	1753.91	1661.25	1607.34
单边走马销（白榆）	1212.50	1181.56	1243.12	1147.81	1281.25	1300.27
双边走马销（白榆）	1350.00	1285.88	1310.25	1346.56	1361.75	1357.56
双边走马销（刺猬紫檀）	960.19	968.13	908.94	914.75	850.31	890.65

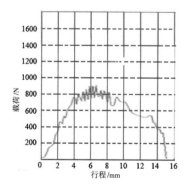

图5-62　双边走马销（刺猬紫檀）
引拔载荷-位移曲线

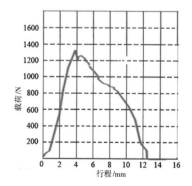

图5-63　双边走马销（白榆）引拔
载荷-位移曲线

拔载荷的增加出现锯齿状折线位移，说明单边走马销（白榆）受力后节点出现松动，榫头拔出过程不稳定，与榫眼反复摩擦产生力矩。如图5-65所示，直角榫（刺猬紫檀）达到破坏时位移很小，破坏后强度很快下降为0。说明试验中直角榫（刺猬紫檀）的破坏只是胶层破坏，脱胶后榫头很快被拔出并失去接合强度。

图5-66显示直角榫的破坏原因是脱胶，如果使用胶合强度更高的胶黏剂会大幅度提高其引拔强度。相比之下走马销强度较低，这说明走马销适合辅助固定或定位，不适合用于承重部位。

走马销接合最常出现的破坏模式为榫眼构件纵裂及榫眼边部压溃，如图5-67所示。破坏原因是试验提供向上引拔力时，榫头的斜角卡住榫眼，榫眼受力被分解成水平应力和垂直应力，榫眼在水平应力作用下变形，当内部应力大于榫眼材料的最大剪力时，榫眼会纵向劈裂。随着引拔作用的持续，裂缝逐渐加大直到最终被破坏。

（3）结论

第一，榫眼构件纵裂以及榫眼边部剪断是走马销接合最常出现的破坏模式。走马销引拔强度的大小与榫眼构件材料的顺纹抗剪强度相关。第二，椅子的损坏以椅后腿与座面侧枨接合部位松脱的情形最多，这是因为家具的整

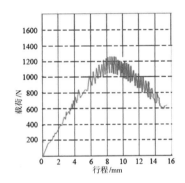

图5-64　单边走马销（白榆）引拔载荷-位移曲线

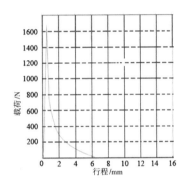

图5-65　直角榫（刺猬紫檀）引拔载荷-位移曲线

图5-66　直角榫引拔破坏

图5-67　走马销引拔破坏

体结构强度主要取决于各节点的强度，现代工艺往往侧重在接合部位使用胶黏剂，然而胶黏剂在长期使用过程中会老化，这将导致榫头松脱。燕尾榫给人的印象是强度高但不易制作，现代木工机械和加工技术使得燕尾榫制作的难度降低，也能保证配合精度。因此，在单体的组合中完全可以使用走马销结构进行拆装。根据上述试验数据，走马销的引拔强度较低，如果在椅类家具中应用，可以借鉴走马销的原理，实现椅类家具的拆装与结构加强。

5.2.3.5 传统家具典型结构的力学性能测试总结

从构架的组成到榫卯节点和构件的截面形状，中国传统家具结构体现了朴素的力学原理。首先，传统家具采用框架结构，通过利用或约束构件的自由度，使杆件之间互相配合与制约，形成一个空间整体。从构件上来说，传统家具中梁和梁的补强结构是结构设计考虑的重点，梁的设计分为变截面梁、伸臂梁、连续梁3种。梁的补强有3种方式，即横向枨、霸王枨和角牙。补强结构主要体现在腿、束腰与面板的接合关系上。其次，传统家具结构与木材性质有密切的关系，因为木材具有各向异性，所以接合部位与应力相关的木材纹理方向是传统家具结构中考虑的重点。总体来说，传统家具在使用过程中常见的破坏主要出现在节点位置，除了装饰性构件容易脱落之外，接合部位通常出现角部缝隙或开裂，整体框架并未受损。通过对45°角接合、格肩榫、粽角榫、走马销4种代表性接合形式进行试验研究，得出如下结论。

在现代胶黏剂作用下，节点的强度主要取决于胶合面积，揣揣榫胶合面积最大，接合强度最高；其次是直角榫；最后是传统夹角榫。但与其他接合形式相比，传统夹角榫抗弯耐久性较好，构件产生破坏后强度并非完全丧失，而要经过几段残余强度反复后才会完全丧失。格肩榫的抗弯强度要高于直角榫，格肩榫

的虚肩设计主要是为了解决枨容易拔出的问题，并非为了增强抗弯强度。传统粽角榫抗弯强度极值较大，其中夹持长边得到的极值要大于短边，抗弯耐久性较好。传统家具粽角榫的结构设计与生活经验是一致的，一般沿桌面长度方向形成的悬臂梁结构力臂较大，抗弯强度要求较高。这也证明传统粽角榫结构中腿端部开长短榫的设计是合理的，除了可以"避榫"，还有结构强度上的考虑。走马销的引拔强度较低，主要用于定位，不适合用在承重部位。榫眼构件纵裂及榫眼角部劈裂是走马销接合最常出现的破坏模式。走马销引拔强度的大小与榫眼构件材料的顺纹抗剪强度相关。

5.3 中国传统家具结构的设计转化

5.3.1 在榫卯接合形式的结构美感方面的设计转化

庄宗勋先生将传统木构建筑的榫卯接合形式作为探讨文化因素的目标，通过问卷调查与数理统计等方法筛选构件样本、确定感性意象词汇、获得样本的意向感知，再以此成分因素分析受测者与样本的意向属性区隔，最后进行文化设计的准则归纳与元素萃取，并通过将文化因素导入家居用品设计的实际案例来验证设计结果，以评估设计转化与运用的效果。

5.3.2 在结构特征应用方面的设计转化

梅平强先生就几何形体的特性及其相互衍生与组合关系做了进一步的研究解析，将几何组构手法归纳为衍生、组合和比例运用。其中衍生是基本形体经由某一种或多和塑造手法而产生新造型的过程，包括分割、增减、旋转、变异等手法；组合是两个以上基本形体经过一种以上的组构手法建立组织关系的过程，包括

平移、分离、毗邻、重叠、重复等；比例运用指由基本几何形体所引发相关比例的应用，包括数学比例和层级比例。

榫卯结构作为一种凹凸有致的立体构成形式，其本身就体现了结构的美感。图5-68为侯启全先生的作品《鲁班锁结构系列之六合》，该作品以传统鲁班锁的"六子联芳"结构为基础发散思考，运用组合手法，使其结构具有系统化、游戏性、拆组性等特点，使其形式追随功能。图5-69为永兴祥木业的作品《春天》，通过比例运用手法，夸张了传统木构形态，给人以蓬勃有力的印象。

图5-68 应用鲁班锁结构的作品

图5-69 应用传统斗拱元素的作品

5.3.3 在文化符码应用方面的设计转化

随着人们对中国文化热爱与追求的逐渐升温，榫卯结构作为中国文化的一个隐性符号被广泛应用。设计中应用榫卯结构不单纯为了结构，更多地是为了传达文化上的共鸣。图5-70为台湾设计师洪达仁先生的"守柔"系列家具，通过使用传统的裹腿做法，使作品呈现出中国文化一种意在言外的神韵。图5-71为自在工坊

的禅椅，其外观设计以明圈椅为原型，整体线条简洁流畅，亚克力制作的透明座面充分展现了座面下由传统的榫卯结构围合成的空间。

图5-70 "守柔"榻

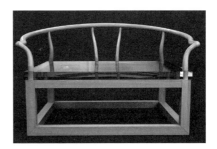

图5-71 自在工坊禅椅

5.4 中国传统家具结构的改良

5.4.1 面向拆装需求的传统家具结构改良

传统居住环境与现代社会不同，过去的家具一般就近制作，极少牵涉运输和装配问题，除顶箱柜、罗汉床、架子床等大件家具可拆装外，其他大部分家具都做成固定式结构。现代人一般居住在多层或高层建筑中，家具需要通过狭窄的楼道、电梯和入户门等空间，传统家具在功能方面存在与现代居住环境不适应的情况。现代连接技术具有设计的改良优化、生产的智能化以及安装的便捷化等优点，使得现代连接件成为家具结构中不可缺少的部分。传统家具企业可以在保留传统家具结构特点的基础

上，探索新的连接技术，从功能角度对传统家具结构进行改良。

家具从安装方式的角度可分为固定式和拆装式两种类型。人们普遍认为传统家具是固定式结构，往往忽视暗藏其中的拆装式结构。实际上，传统家具中存在着许多巧妙的拆装结构，如构件的勾挂连接、可拆的燕尾榫连接等形式。因此，通过外嵌的榫卯构件或构件自身之间的牵制，可解决框架式家具不易搬运、装配、存放的问题。研究古代匠师的创造，有利于传承传统手工艺，丰富现代设计内涵。

5.4.1.1 传统家具拆装结构的类型

（1）另加的榫销

王世襄先生将"另加的榫销"作为基本接合形式之一，"在构件本身上留做榫头，因会受木材性能的限制，只能在木纹纵直的一端做榫，横纹一触即断，故不能做榫，这是木工常识。如果两个构件需要连接，由于木纹的关系，都无法造榫，那么只有另取木料造榫，将它们连接起来。"另加的榫销包括嵌榫、栽榫、穿销、楔钉、栓等。嵌榫是将构件做成榫的样式，然后嵌入两个木构件之间的榫槽内。最常见的嵌榫是用于拼宽或补强时的银锭榫。与嵌榫不同，栽榫隐藏在构件内部，常用在腿与牙板、桌案面心板的连接及薄木制成的升、斗、匣等小型器物上。栽榫中比较有特点的一种是走马销，走马销的优点是构件容易拆装，便于搬运。穿销是断面为梯形的小木条，一端宽度较小，另一端稍大。穿销多用于牙板与大边的接合，接合时用长销穿过开槽的牙板，榫头

纳入大边底面的榫眼中。穿带形式与穿销类似，主要用于攒边打槽装板结构，管束拼板干缩湿涨的同时还可以增强面板的承重力。楔钉也称为"管门钉"，打入榫卯交接处以固定榫卯。楔钉常用于圈椅的椅圈接合，组装时敲入楔钉，可使两个构件的榫肩接合越靠越紧。此外，为防抽屉底板变形，可在使用时插入竹钉，并且随时可将钉顶出，便于修整。栓的主要作用是固定相交的两个构件，接合时首先在榫头伸出的构件上打孔，然后将上大下小的栓垂直打入孔内。明露在外面的部分，有阻挡榫头松动的作用。

（2）锁扣型构件的拆装

传统家具中最简单的锁扣形式是搭接结构和榫槽结构。搭接常用在机凳的十字枨、床围子攒接万字纹、花几上的冰裂纹等结构中的两个构件交叉的部位，两上构件上下各切去一半，合起来成为一个构件的厚度。搭接的形式除了直接，还有斜接。构件断面较小时，如床围子上的攒接图案，榫卯接合部用"小格肩"可以避免剔凿过多的木料而影响牢固。榫槽结构是在一件上开榫头，另一件上开槽，如同拼板结构实现部件的拆分。在《匡几图序》中这样描述："近通州张叔诚出所藏小漆阁二具，见示木胎金髹，张之为多宝阁，敛之成一匡箱，卯笋相衔，不假铰链之力而解合自然牢固，诚巧制也。器无定名亦不知出于何代工巧之手。"这里的"笋"同"榫"。这组匡几不用任何铰链，通过榫槽结构实现拆装，如图5-72所示。

传统榫卯结构逐渐向精密化与复杂化发展，

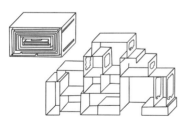

图5-72 匡几图

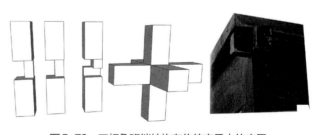

图5-73 三杆鲁班锁结构在传统家具中的应用

搭接结构和榫槽结构以燕尾榫为原型又衍生出诸如银锭榫、银杏榫、螳螂头榫等平面锁扣形式，以及斗拱、鲁班锁等立体锁扣结构。鲁班锁是一种三维组合结构，由基本的搭接榫结构通过位移实现杆件的互补与自锁，形成稳固的结构。在家具上应用的鲁班锁一般为三杆结构，图5-73为鲁班锁结构在架子床顶部的应用。

5.4.1.2 传统家具拆装结构的功能

传统家具的结构不全是非拆装结构，拆装结构的应用便于大体量家具的搬运，拓展了传统家具的功能，便于收纳置放，构件的接长拼宽，以及后期使用中的维护修复。

（1）便于搬运

传统家具中的床类家具，尤其是架子床、罗汉床、顶箱柜等大件家具通过使用栽榫连接，可拆装成几个单体进行搬运。在搬运和安装过程中，架子床可分解为顶盖、床围子和床身，罗汉床可分解为床围子和床身，顶箱柜可分解为顶柜和下柜。

（2）拓展功能

在传统家具中，有时为了实现附加的功能而应用拆装结构，如明代家具中的闷户橱、带闷仓的圆角柜和方角柜，清代家具中的狩猎桌等。在现代设计中，也有借鉴传统家具通过拆装结构拓展功能的案例。如图5-74所示，通过走马销使健身器具单体拼合成可供休息的长凳。

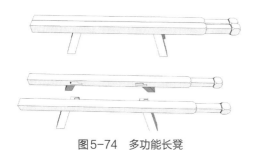

图5-74　多功能长凳

（3）便于收纳置放

传统器物中有成套的观念，一种器物常做几种尺寸，通过套叠进行收纳。如上所述《匡几图》即通过套叠实现收纳。再如《清代家具流变》中提及的乾隆时期"铁力木小折脚桌一张"与"紫檀书桌面一张，桌腿四条"则通过拆卸进行收纳置放，即所谓的"活腿桌"。

（4）构件的接长拼宽

为满足大尺度构件的需要、提高木料的利用率，在板材尺寸不足时，通过榫卯接合来接长拼宽。这样的做法一方面可以满足上述要求；另一方面通过嵌榫可以抑制板面过大而产生的开裂。

（5）维护修复

中国传统木构建筑有模数化、装配式的特点，局部损坏修复局部。传统家具也借鉴了传统木构建筑的这种结构设计方法，尤其是应用拆装结构的传统家具，制作安装完成后为整体结构，在日后的使用过程中，可对损坏部位进行针对性的修复修护。这种结构和工艺特点，工匠们称之为"绝户活"。

5.4.1.3 面向拆装需求的传统家具结构改良的原则

与现代家具相比，传统家具的拆装结构有其自身的特点。首先，传统家具的榫卯结构经历了从明榫到暗榫的发展过程，其主要目的就是隐藏结构。因此从人们的接受程度来说，对传统家具结构的改良最好要保持外观不变。其次，传统家具的生产方式是单件制作，随时调整装配；现代生产是构件化生产，构件从生产到装配需要一段时间。有研究对榫卯结构加工及组装时间与强度的关系研究表明，构件从加工到组装并形成较稳定节点的时间以及生产过程中构件的保存方式，对榫卯结构的接合强度有很大的影响，组装时间的延迟会导致抗拉强度的降低。因此，与现代板式家具不同，传统家具在制造过程中不能实现零部件的全部拆装，而是需要在"关键节点"做到拆装，达到方便搬运的功能即可。综上所述，现代生活方式和生产方式对传统家具结构提出了新的要求，面向拆装需求的传统家具结构的改良应遵循以下4个基本原则。

第一，保留传统家具的外在符号特征，尽量使用内部连接方式来改良传统家具结构。节点的连接方式主要有3种：一是胶接，二是内部接合，三是外部接合。现在制造商习惯将传统家具作为一个整体，结构中大量使用胶黏剂来固定，使得家具不可拆装。从可持续发展的角度来说，这种做法是不可取的。而使用外部接合方式则会暴露连接件，因此在设计拆装结构时应尽量采用内部接合的方式。第二，实现关键节点的拆装。传统家具如果所有零件都可以拆装，则整体会显得较为零散，榫卯结构也就失去了优势。因此，传统家具拆装的原则是局部拆装，即零部件首先经过榫卯结构组成固定式的局部单元，然后在局部单元之间实现拆装。这种局部单元的连接处即为"关键节点"。在关键节点，榫卯结构可以与五金件配合使用，利用榫卯结构的搭接、勾挂来限制两个方向的自由度，再使用五金件限制第三个方向的自由度，从而使家具装配牢固。第三，考虑拆装结构的可操作性，包括制作节点及组装过程的方便性，应尽量使用自动设备精准加工，使用电动工具组装。第四，一般来说，家具构件的强度足以承受外力作用，破坏点往往在节点位置。因此，家具的节点强度应适合长期和循环荷载，适应现代部件化生产方式的专业连接件开发应是研究的重点，连接件的设计需要考虑连接件自身的强度及连接件与木材连接的强度。表5-9为传统家具和现代家具拆装结构的特点对比。

表5-9　传统家具拆装结构的特点

属性	传统家具	现代家具
拆装目的	便于搬运	运输，多功能
拆装方式	局部拆装，隐藏连接	全部拆装，多种连接方式
组装人员	专业人员组装	消费者自行拆装
荷载情况	长期荷载	中短期荷载

5.4.1.4　面向拆装需求的传统家具结构改良途径

传统家具结构的改良可以通过旧法新用、数字化改良、应用专业连接系统等途径实现。

（1）旧法新用

传统器具和制作工艺是民间手工艺的载体之一，其意义在于手工技艺所代表的符号价值及其背后所隐含的文化价值。因此，传统榫卯结构不仅是一种实用的接合手段，更是一种装饰艺术，面向拆装需求的传统家具结构改良体现了传统工艺与现代形制的结合。

①银锭榫、穿带的应用　银锭榫和穿带的外形似燕尾榫，具有良好的力学性能。所有榫卯结构中，在未上胶的情况下，银锭榫承受拉应力的能力最大。银锭榫常用于板料间的拼接，在制作时将其置于构件的内侧，不让榫头外露，防止影响美观。图5-75所示为编者设计的书架，刻意将银锭榫置于器物表面并放大，利用不同色系的木料制作，凸显其独特的几何线条及对比效果。图5-76所示的包装盒则巧妙结合传统与现代元素，赋予穿带新的功能，使之成为开启包装盒的新方式。

②走马销的应用　与嵌榫不同，栽榫隐藏在构件内部，常用在腿与牙板、桌案面心板的连接及薄木制成的升、斗、匣等小型器物上。栽榫中比较有特点的是走马销。在现代家具普遍需要拆装和运输的情况下，走马销可以得到广泛的应用。如图5-77所示为编者设计的单体组合式功能桌，通过使用走马销实现单体的随意组合，满足集中或分组等多种需求。

③栓、楔钉的应用　栓既可固定也可拆卸活动，常见于民间家具。如图5-78所示为James Colley应用栓结构设计的桌，该设计通过夸张的造型和突出的色彩，使栓成为装饰性的元素。相比栓，楔钉的断面尺寸较小，尽管直接拆装性弱于栓，但楔钉体现了传统家具中层层互锁、互相制约的特点。如图5-79所示为编者设计的烛台，结构上借鉴了传统家具弧

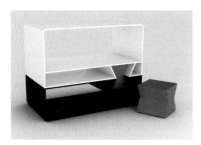

图5-75 以银锭榫为元素的书架

图5-76 应用穿带设计的包装盒

图5-77 利用走马销拼合的单体

图5-78 应用栓结构设计的桌子

图5-79 应用楔钉结构设计的烛台

形弯材接合中楔钉榫的连接方式。

④**鲁班锁的再设计** 图5-80为应用榫卯斜接结构设计的座椅和茶几；图5-81为应用3根鲁班锁的原理，对红蓝椅进行的重新阐释。两个作品都是通过杆型构件层层相扣，相互牵制，最终实现构件的完全拆装。

（2）数字化改良

中国传统家具榫卯结构部件一般以手工或半手工方式生产，使得传统家具行业的发展受到明显的制约。随着新设备、新技术在传统家具产业中的应用（如数控铣削或激光切割），传统榫卯结构得到了现代化的改造与优化，并不断以新的面貌出现。传统家具实现定制化生产需要设计适合数控生产技术的榫卯结构造型，在考虑成本效益的前提下，几乎所有的榫卯结构都需要重新设计，图5-82为根据数控加工中心（CNC）的加工特点改良的榫卯结构。

（3）专业连接系统的应用

①**新型嵌入榫的应用** 圆棒榫制造方便，材料利用率高，在现代家具中得到了广泛的应

用。嵌入式榫卯在提高木材利用率的同时，也保证了节点的强度，其强度介于传统榫卯和现代圆棒榫之间，因而成为传统榫卯之外的一种新选择。瑞士Lamello公司生产的"柠檬片"是这种嵌入榫的代表。柠檬片是一种经过干燥压缩的木片，上胶后膨胀，与榫槽配合得非常紧密。常用的柠檬片规格分为#0、#10、#20这3种，可以通过机器上的控制旋钮来选择相匹配的柠檬片槽深度，槽的角度及位置可以通过压板来调整。除柠檬片之外，较为常用的嵌入榫还有德国Festool公司生产的"多米诺"（Domino）系列片榫。此系统片榫的使用大量节省了材料，并提高了生产效率。此外，还有一种暴露在外面的嵌入榫，其代表是德国

的Hoffmann连接系统。该嵌榫形式来源于燕尾榫，采用复合方法制成，不易变形。利用这种嵌入方法接合后无须将部件固定加压，节省了胶黏剂干燥的时间。

②利用装饰件完成拆装　传统家具中的装饰件往往容易脱落，解决这个问题的一个思路是对装饰件的结构进行适当改良，即将装饰件设计成起到实际加固作用的构件，以实现拆装。如图5-83所示的案，角牙变形后与桌面成为一体，这样既保留了传统榫卯符号，又解决了角牙容易脱落的问题；如图5-84所示，案的正面两枨出头，此处是将一根枨分为3段，中间一段定位，两头两段分别锁紧，这样可以让腿部实现拆装，从而达到减小包装体积

图5-80　榫卯斜搭结构的座椅

图5-81　应用3根鲁班锁阐释的红蓝椅

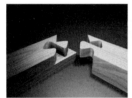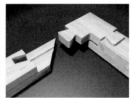

图5-82　根据CNC的加工特点改良的榫卯结构

图5-83　案的拆装结构改良之腿部

图5-84　案的拆装结构改良之枨子

和方便运输的目的。

③应用五金连接件完成拆装 拆装的原则是局部拆装，而非整体拆装。如果所有零件都可以拆装，则整体显得较为零散，对设计的限制太多。榫卯结构可以与五金件配合使用，利用榫卯结构的搭接、勾挂等形式限制两个方向的自由度，再通过五金件限制第三个方向的自由度。这也是今后传统家具进行拆装结构改良的一个方向。

图5-85是根据走马销原理设计的五金件，它很好地解决了传统走马销引拔强度较小、不耐反复拆装的问题，实现了椅子枨（侧牙板）与腿的拆装。图5-86为根据走马销原理设计的用于单体拼合的五金件，与传统走马销相比该五金件具有安装快速、强度高、可反复拆装的优点。

图5-87为瑞士Lamello公司制造的Invis隐形螺丝，该螺丝利用磁场原理连接家具，连接后隐藏于家具内部，完全看不出接合点，并可以随时拆卸。Invis磁性螺丝安装步骤为：固定定位销，并在腿上钻孔；安装螺杆；按照定位销的位置钻孔；安装螺母；使用磁性转头连接。

5.4.1.5 拆装结构设计案例1：传统鲁班锁的设计元素与现代家具产品开发

鲁班锁是一种三维组合结构，起源于中国古代建筑中的榫卯结构，由基本的搭接榫构件通过位移使杆件之间实现互补与自锁，从而形成稳固的特有结构，图5-88为常见的"六子联芳"鲁班锁。按照组合方式，鲁班锁可分为实心单组式、空心单组式与对组式3种。

实心单组式无论是组装还是拆开，一根移动一次就能完成。空心单组式因空心量的不同以及配位的不同，有时需要移动到许多根以后，才能组装或分开一根。对组式是在6根长方体中，两两形状相同，组装或分离时，并不是一根一根组装，而是3根为一组，相对地推进或推出。

图5-85 借鉴走马销原理改良的五金件（1）

图5-86 借鉴走马销原理改良的五金件（2）

图5-87 Invis系统的安装步骤

（1）鲁班锁与立体构成

鲁班锁多为对称式，整体呈现秩序、安静、平和的形态。各杆件在三维空间中通过重复、并列、叠加、相交、切割、贯穿等方法，相互组织在一起，表现出榫卯结构的美感，如图5-89所示。鲁班锁的种类不同，其杆件亦不相同，根据形态大致可以分为点、线、块3种。其中以点状材为主的鲁班锁具有活泼感和跳跃感；线材则具有线条感和方向感；块材是具有长、宽、高三维空间的实体，其表面有扩展感和充实感，切面之后侧面有轻快感和空间体量感，如图5-90所示。

（2）鲁班锁与正负空间

老子"有无相生"的命题在鲁班锁中得到充分的体现，图5-91展示了鲁班锁杆件之间的空隙所产生的虚实对比关系。同一基本形态在左、右和上、下的位置进行，正、负形交替变换，增强对比且产生画面的变化，造成空间的节奏感和流动感，给人以轻快、通透、紧凑的感觉。鲁班锁在空间的运用中，一是利用正形或正形围合的负空间，不再添加或改动任何造型要素，以此构成负空间的"图形"，从而达到正形与负空间双重传达信息的效果，如图5-92所示为鲁班锁符号在建筑中的应用，（a）

图5-88 "六子联芳"鲁班锁

  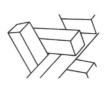

（a）贯穿　　（b）重复　　（c）叠加

图5-89 鲁班锁的立体构成

（a）点　　　（b）线　　　（c）块

图5-90 鲁班锁构件形式

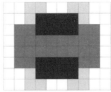

图5-91 鲁班锁的虚实空间分析

（a）直接模拟

（b）借鉴

图5-92 鲁班锁符号在建筑中的应用

图5-93　鲁班锁符号在旅游产品设计中的应用

图为鲁班锁在建筑造型中的直接模拟，（b）图是借鉴鲁班锁增强正形或正形围合的负空间，有增强视觉冲击力的艺术效果，增强了空间信息传达的视觉效果。如图5-93所示为鲁班锁符号在旅游产品设计中的应用。

（3）"六子联芳"鲁班锁的设计原理

鲁班锁按构件数量划分为三杆、六杆、七杆、八杆、九杆和十二杆，其中最常见的是六杆鲁班锁，亦称"六子联芳"。清光绪十五年刊行的《鹅幻汇编》中曾提到，把每一根组木都各取六艺"礼、乐、射、御、书、数"的名字，而6根结合，就叫作"六子联芳"。其内部是由6根开槽的长方体木条，按x、y、z三个方向各置两根，使它们凹凸相对地咬合在一起，形成一个内部榫卯相嵌的结构体。"六子联芳"外形相同，但内部构造千变万化。除最后一根完整无缺不做榫，以便能直接插入接合外，其余5根组件的开榫形式都不相同。"六子联芳"鲁班锁的设计重点在于通过六根组件重合体积的空间分配确定组件的开榫形式，使组件能按一定顺序组合并拆解，且组合后能有互锁的功能。

如图5-94所示为鲁班锁的原理分析：以一种颜色代表一根长方体，以32个单位立方体细分重叠的部分，然后将这些单位立方体依其位置装回原来构件上，为使红色长方体连为一体，至少还需要2个单位的立方体。同样，

其余5根也都需2个单位立方体才能形成一个长方体，故能任意分配的体积是32-（2×6）=20个单位，同时也可以决定出这6根长方体的最大及最小形状。以体积14个单位的组块形状作为最小形基础，不考虑体积有浮空或出现线线相连难以加工的形状，每次累加1单位体积就可绘出体积14~24间的所有形状。

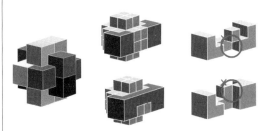

图5-94　鲁班锁的原理分析

（4）"鲁班凳"的概念与制作

①概念　"鲁班凳"的设计是一个转换过程，主要目的是将文化元素转换为特色产品，这个过程运用产品语意法将抽象的文化要素加以具体呈现。鲁班锁种类丰富，本方案中选择了其中最具代表性和文化渊源的"六子联芳"形式作为基础造型。此外，为使整个造型体现稳重感，设计中结合了形态稳重、方正的四羊方尊的造型元素，最终的外观形态如图5-95所示。

②模型制作　外形确定后，设计的重点在于结构设计。图5-96模拟了鲁班凳结构的组

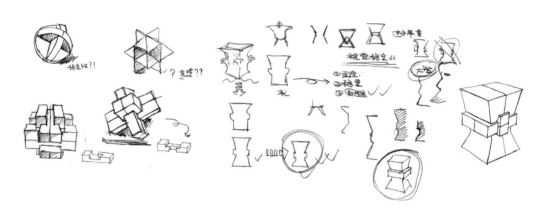

图5-95　鲁班凳设计方案

装过程。鲁班锁结构上的特点是榫卯间的严丝
合缝，一个部件的尺寸变动后，其他所有的部
件都要变化，因此在这个阶段要杜绝粗略的数
值尺寸。由于涉及精细的扣合、组装，所以
不能简单地在电脑上模拟，而应估算好尺寸
后，做草模以核实尺寸的可靠性。在所有的尺
寸都确定后，就是最后的完善阶段。完善阶段
需要考虑材料、制作工艺等综合因素，这些
因素对方案的整体调整是非常重要的，可以
弥补前期只从造型角度考虑所留下的结构问
题。根据尺寸、结构完善最后的方案，对造型
上做适当的修改。然后用电脑去模拟实物，看
整体的效果，对局部不满意的地方再做适当
调整。

　　鲁班凳的制作过程如图5-97所示。材料
选择当地的老榆木，使家具能够很好地适应当
地气温、湿度变化，并能凸显地域特点；在后
期喷漆处理方面，选择了带有沧桑古朴感"风
化纹"，切合设计的初衷。

　　目前鲁班锁结构的榫卯形式较为复杂，单
个部件需要经过多次锯切。为满足工业化生产
的要求，鲁班锁结构的简化需要进一步探讨；
后续还可通过使用塑料等材料替换木材，以优
化工艺，有效减轻重量，增强产品的功能性与
实用性。

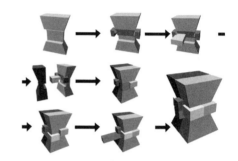

图5-96　鲁班凳组装过程

图5-97　鲁班凳制作过程

5.4.1.6　拆装结构设计案例2：Clamex P 连接系统用于传统家具拆装结构的探索

　　（1）传统家具拆装结构的改造方式

　　在现代，传统家具连接方式有榫卯结
构、圆棒榫或圆棒榫辅以金属连接件、螺钉连
接等。

　　①圆棒榫或圆棒榫配合偏心件连接　圆棒

榫可以在构件各个面上，依不同角度连接各种形状的构件，以此代替直角榫接合，如图5-98所示。目前，基于圆棒榫或圆棒榫配合偏心件的待装配式（RTA）系统在木家具制造中已经得到了广泛的应用。圆棒榫具有以下优点：可实现批量化加工，榫眼在多轴钻床上一次完成定位和钻孔，省去了传统榫卯结构中在构件端头切割出榫头的工序，提高了生产效率；圆孔应力集中小，去除木材少，构件强度受损失小；具有互换性，又可做定位销钉，无须夹紧即有一定强度，可实现自动化装配。在传统家具结构的应用方面，唐开军先生使用圆棒榫或圆棒榫配合偏心件的方式广泛替代原有复杂的榫卯结构，改良了传统家具常用的结构。

②插入榫型连接 插入榫型榫接合包括单独的榫及榫槽，榫接截面可以为任意造型，如图5-99所示。它与圆棒榫同样易于制造，强度介于传统榫卯和圆棒榫之间。Aman等对插入榫型接合的研究表明，插入榫的榫头与榫槽配合应注意控制节点的尺寸公差配合，接触部位应留有尽可能小的间隙，以便施胶后形成紧密配合。目前常见的插入榫类型是Festool的多米诺椭圆棒榫及Lamello的柠檬片榫。现在有的传统家具生产企业采用插入榫连接的结构方式，即在连接构件的两端分别铣出半圆形榫槽，栽入方榫后施胶连接。这种连接方式施胶后具有一定的强度，但椭圆形榫槽与方形榫头之间存在较大的间隙，强度会有所损失，结构

还有待进一步改进。

③斜穿螺丝连接 斜孔螺钉最早源于古埃及，埃及人将两个构件夹在一起，以一个角度钻孔并插入木销胶合，之后将木销出头部分与外表面切平。现在的斜孔螺钉接合是在一个构件上以一定角度（通常为15°）钻出斜孔，之后与第二个构件通过自攻螺钉连接，如图5-100所示。与插入榫（栽榫）或圆棒榫相比，斜孔螺钉连接工序简单，一般无须对接合的两个构件进行精确定位和加工，也无须复杂的数学计算或者测量，只需钻一次孔。此外，斜孔螺钉在端部的握钉力较强，尤其适合端部的斜面接合。螺钉有握紧力，施胶后无须外部夹紧，亦无须等待胶黏剂固化；补强时也无须拆开构件。斜孔螺钉与构件成一定角度，一般在构件的背面钻孔，可以隐藏螺钉。对于修复家具来说，这也是较为简单的方式之一。

（2）Clamex P系统在传统家具结构中的应用

①Clamex P系统及其应用 Clamex P系统是瑞士Lamello公司在柠檬片榫基础上研发出的可拆装式连接系统，可以广泛应用于家具、门窗等木质构件的连接。早期的Clamex P系统连接须使用螺钉定位，延长了安装时间，新一代的Clamex P系统连接件近似T形，滑入半椭圆形的槽后，能够自定位。Clamex P系统连接时在构件上开上大下小的半椭圆形槽口，将锁件滑入，通过旋转锁扣，使相交构件锁紧。Clamex P系统的优点在于连接各种斜接角度

图5-98 圆棒榫连接

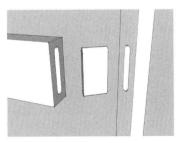

图5-99 插入型榫接

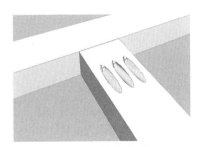

图5-100 斜孔螺钉连接

而无须胶或者螺钉，连接件也几乎不可见，可以预先安装，运输过程中可以叠落和包装而不会受损。预钻好槽后，现场安装非常简单和迅速。图5-101为Clamex P系统的连接过程：（a）使用CNC铣出表面的T形槽；（b）使用铣刀，铣到需要的深度；（c）从侧面钻6mm贯通孔；（d）将Clamex P-15插入T形槽孔；（e）使用六角扳手旋转90°，将两构件连接在一起。

②Clamex P系统的抗弯强度测试　　试件装配后，在力学试验机上进行测试，每个节点包括横竖两个构件，竖向柱截面尺寸为35mm×35mm，横枨截面尺寸为80mm×17mm，与椅类常用的腿和枨的节点尺寸接近。试件材料选用樱桃木，含水率为8%。构件为径切材，选用的Clamex P系统参数为宽度26mm、长度67mm、厚度3.8mm。试件的加载原理如图5-102所示，P表示施加的垂直静载荷，加载点距离接合部位200mm，匀速加载，加载速度为5mm/s，直至榫卯构件完全脱落为止。试验重复5次，测试试件的破坏强度，分析破坏模式。

如图5-103所示，为试件抗弯强度与位移曲线。试件破坏后强度骤然降低，之后略有上升，经过一段锯齿状反复后降为0。曲线从开始就呈现锯齿状反复，原因是随载荷增大横向构件上拉，预埋连接件在滑槽里产生了滑移，绕支点产生了弯矩。Clamex P系统最大破坏强度为1350N，破坏模式为塑料（玻璃纤维增强塑料）与金属挂钩的连接处断裂后，预埋连接件从滑槽中移出，构件木质部分未见破坏，如图5-104所示。

③连接方式的比较　　如表5-10所列，在强度极值方面，Clamex P系统＞直角榫＞栽榫＞圆棒榫＋偏心件＞斜孔螺丝。圆棒榫节点抗弯强度取决于其抗拔强度，该强度受到圆棒榫与构件胶合部分剪切力及圆棒榫本身的顺纹剪切

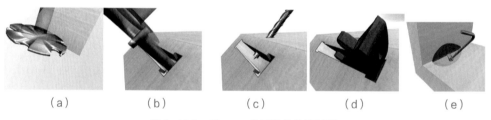

（a）　　　　　（b）　　　　　（c）　　　　　（d）　　　　　（e）

图5-101　Clamex P系统的连接过程

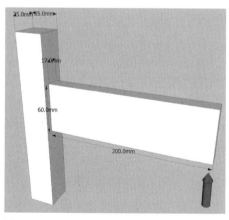

图5-102　Clamex P系统加压方式及节点尺寸

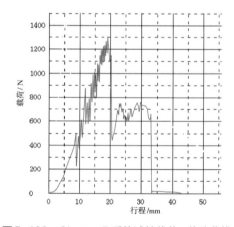

图5-103　Clamex P系统试件载荷-位移曲线

（a）   （b）

图 5-104   Clamex P 系统试件的破坏模式

表 5-10   几种拆装结构的综合性能比较

结构类型	抗弯载荷极值 /N	视觉效果	构件加工时间	组装时间
直角榫	1320	好	长	长
圆棒榫 + 偏心件	1012	差	短	短
栽榫	1188	好	中	中
斜孔螺钉	968	中	短	短
Clamex P 系统	1350	好	短	短

注：数据参考 Wood joint strength testing，Matthias Wandel，其中圆棒榫尺寸为 ϕ 10mm×50mm，间隔 18mm；栽榫为 10mm×27mm×55mm；木螺钉长度为 80mm。

强度影响。如果接合构件材料为软木，使用圆棒榫有一定的优势，因为硬木制作的圆棒榫比软木整体式榫头强度高。插入型榫接与榫卯结构类似，与圆棒榫接合相比有更多的有效胶合面积（边部纹理之间的接合），配合胶黏剂后基本可达到榫卯结构的强度。斜孔螺钉在剪力荷载下强度较大，正确安装后强度比榫卯结构有所增加，但螺钉破坏是逐渐进行的，表现是接合部位的开角逐步增大。因此对于传统家具来说，螺钉最终破坏的强度并不是有用的衡量标准，对强度要求较高的节点应避免使用螺钉接合。

从成本方面来看，连接方式的差异会影响安装时间，对于批量生产来说，长期下来单一配件所耗费的安装时间可能构成显著的成本要素。在目前的设备情况下，圆棒榫 + 偏心件和斜孔螺丝的连接方式加工最方便，安装最为快捷。但实际上哪种结构更有优势，其决定因素很多。最终使用何种连接取决于工厂所能拥有的设备，如果有排钻，使用圆棒榫效率更高；

如果有很快捷制作榫卯的工具，那么可以使用榫卯结构。在满足强度需要的基础上，选择的标准是精确和快速。

④结论   Clamex P 系统外观只有一个小孔，与偏心件相比，不易被发现。Clamex P 系统目前单个成本较高，但安装成本较低。随着劳动成本和运输成本的上升，Clamex P 系统加工的快捷性和可拆装性应该具有一定的优势，不足之处是目前只适合厚度大于 16mm、宽度大于 85mm 的构件。根据强度试验可知，Clamex P 系统的连接强度取决于连接件本身的强度，构件宽度的大小对连接强度几乎没有影响。Clamex P 系统连接件在木材破坏之前就已被破坏，说明如果应用在传统家具结构上，塑料与金属接合部分强度需要增加，此外滑槽的设计也存在一定问题。因此，下一步有必要对 Clamex P 系统的塑料及塑料与金属挂钩件的连接部位做进一步的加强，使这一新型连接系统能在传统家具中得到更广泛的应用。

5.4.2　面向折叠需求的传统家具结构改良

从望远镜、伞、报纸到百叶窗、婴儿车、家具，折叠是很多日用品功能设计的一个基本原则。折叠方式分为挤压式折叠（如睡袋，具有流动性的填充材料）、普通折叠（如衣服，软材料等）、压折式折叠（折叠沿痕迹进行，比无方向的折叠更整齐）、波纹式折叠（如风箱，并非为减少空间，而是通过密闭性完成某种功能）、组装式折叠（如拼图、儿童玩具）、合页式折叠（如笔记本）、卷折式折叠（如书画）、收缩式折叠（如望远镜）、套叠式折叠（节省空间）、X形折叠等结构类型。

折叠结构是部件之间通过折动结构实现的。折叠的目的是制作节省空间的功能性产品，因此需要对象在展开到闭合过程中减少占有的空间（如帐篷），确切地说是体积必须通过一定的方式重新分配。对象折叠以后尽管看起来占用空间减少，实际上体积并未减少。如报纸经过几次折叠会变得越来越小，实际上报纸本身体积未变，而是它的体积被重新分配，使得实际占用的空间减少，以方便携带。如两个叠椅堆放在一起，他们占的空间较少，但其总体积是不变的。因此，"节省空间"

和"减少体积"指的是占用的实际空间的再分配，体积并未发生变化，只是对空间的使用更高效。

5.4.2.1　传统家具的折叠方式研究

折动机构包括折动点和折动轴，折动轴通过折动点连接在一起。传统家具中的折动结构多为单一的折动点，单一折动结构根据折动轴数量和形式的不同分为两轴、X形、多轴等几种结构。单一折动点折动结构的基本方式是长短两轴（或同轴长两轴）沿某一折动点围绕圆心方向折叠。

（1）X形结构

X形结构指构件以折动点为圆心沿同圆心方向折叠。该结构是胡床和交椅等家具的基本结构，在传统家具中应用较早，使用较为普遍。折动轴的折叠运动除了能够节省使用空间之外，还可以增强家具的灵活性，图5-105为宋人《中兴祯应图》中的竖向靠背交椅，在古代作为郊游等活动家具使用。

（2）合页结构

金属合页的折动轴一般沿预设的方向旋转一定的角度，并能停留在预定的位置上。如图5-106所示的梯椅，其基本功能为一把椅子，折叠后可作为梯子使用，折动轴之间的交点并非固定的折动点，而是起辅助作用的滑动点。

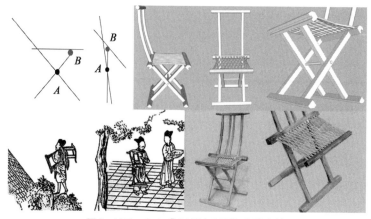

图5-105　宋人《中兴祯应图》中的交椅

梯椅因其功能较为实用而有多种形式，在西方也有相对应的折叠椅。

（3）组装式折叠

组装式折叠与X形胡床相似但原理不同。图5-107所示的凉枕由一块整木雕成两块木板，木板之间通过卡槽形成折叠结构，支起为枕，放平为两块木板。如图5-108所示，案在不使用时可分解成台面和折叠式侧面框架，以节省所占空间。使用时翻出支撑腿，上面盖上案面。另外一种案是腿可以旋转，相对方向上的腿为一组，沿搭接接口旋转折叠，如图5-109所示。此外，还有一种常用组装式折叠的例子是镜子的连接结构，在镜子的翻转中需

要用到折叠和拆装结构的配合，如图5-110所示，边框一边钻圆孔，一边开滑槽，镜子沿滑槽装入后，进行翻转，圆孔起到定位和固定的作用。

（4）多个折动轴

有时沿单一折动点折叠的方式不能满足实际的需要，如图5-111所示脸盆架，是通过多个轴的翻转达到延展桌面的目的。

（5）定位

有一些家具折叠的时候需要有定位的功能，如调节倾斜度、高度或长度等，以供使用者选择。图5-112为清代黑漆描金折叠靠背的工作原理示意图。

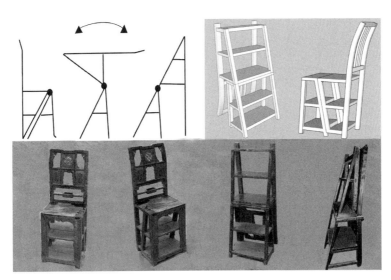

图5-106　梯椅的折叠原理

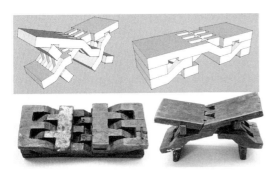

图5-107　折叠凉枕

图5-108　折叠案（1）

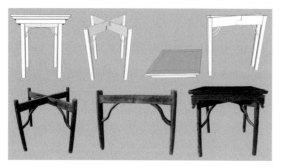

图5-109 折叠案（2）

图5-110 梳妆镜中的折叠结构

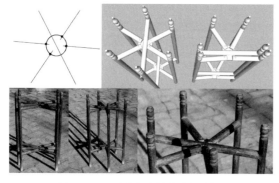

图5-111 脸盆架中的多个折动轴

图5-112 清代黑漆描金折叠靠背中的定位结构

5.4.2.2 传统家具折叠结构的设计应用

现代家具能够根据需要做出动态的调整，折叠的设计思路创造了具有动态美感、多功能性和节省空间的产品。随着新型连接件的出现，会有更多的折叠形式出现。传统家具完全可以借鉴这些新的接合技术，或在基本折动结构的基础上加入辅助结构，或综合应用几种折叠机构，在保留传统家具韵味的基础上进行创新，满足更多的功能需要。

如图5-113所示，博古架的层板经折叠后收入侧面旁板的凹槽中；图5-114是借鉴传统折叠凳的结构方式制作的可折叠躺椅的内部结构，后续可在此基础上加软包。

传统家具中存在着许多巧妙的拆装和折叠结构，这些榫卯结构应该被挖掘、整理，并加以利用。鲁班锁是其中有代表性的结构，具有文化性和趣味性的特点，后续可不断研发以完善其结构设计系统。随着现代连接技术的发展，具有通用性、适应现代部件化生产方式的连接件的开发是研究的重点。应用Clamex P系统改造传统家具结构，可以保持外观不变，使用手动工具就可以迅速实现节点的加工和安装。不足之处是目前Clamex P系统的连接强度偏低。

5.4.3 数控生产条件下传统家具榫卯结构改良

传统家具榫卯结构部件一般以手工或半手工方式生产。近年来，传统行业普遍面临劳动力不足和成本提高的情况，传统家具的生产方式导致产业竞争力下降，发展受到明显的制约；另外，先进制造技术的进步也给制造业带来了新的机遇和挑战，为传统产业的发展注入了新的活力。榫卯结构的加工是传统家具生产的核心内容。榫卯结构生产效率的提升可促

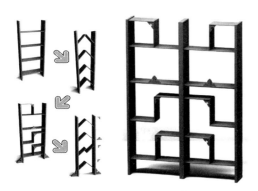

图5-113 可折叠博古架

图5-114 可折叠躺椅的内部结构

进零部件的生产流动速度,从而建立起生产优势。本节将基于数控生产技术,探讨现代生产模式下,榫卯结构中零部件的标准化、模块化与数字化设计。

5.4.3.1 木家具制造发展的3个阶段

木材资源丰富、易获取,且具有良好的加工性能,因此成为工业化时代之前常用和经济的结构材料。随着制造技术的不断进步,木家具的制造经历手工生产、工业生产和数字化生产3个阶段(表5-11)。

表5-11 木家具制造的3个阶段的属性

属性	手工生产	工业化生产	数字化生产
主体	工匠	木工设备	计算机
要素	工具、技艺	材料、能量	材料、能量、信息
掌握知识	材料知识	产品知识	信息处理知识

（1）手工生产

"手工"的含义为通过手动工具对能源、材料和信息进行处理。这种生产方式以定制生产为主,具有产量小、生产周期长的特点。手工生产模式中关键要素体现在工匠的经验智慧和技术水平上。

（2）工业生产

机器是工业化生产的产物,通过使用机器替代重复的人工操作是工业生产的标志。在工业化大生产阶段,机械设备、木工刀具是关键的要素。

（3）数字化生产

数字化生产与工业生产在加工方式上有相似之处。除了机械设备,数字化生产更多整合应用能源、材料和信息,通过使用信息设备代替许多传统加工过程中的人工操作。数字化生产的过程中,信息设备是关键的要素。

5.4.3.2 数控加工技术的工艺过程

数控加工工艺过程是通过计算机控制系统,利用各种刀具联合作业,以改变加工对象的形状、尺寸、表面状态的过程,主要包括程序设计过程和工艺加工过程。

（1）程序设计过程

在数控机床上加工工件,首先要通过CAD系统生成工件的几何形状。通过CAD程序创建和修改工件的基本数据后产生标准部件,使用时根据不同的应用部位调用数据库并改变参数,以调整尺寸和造型。在计算机界面上对工件几何形状的描述有3种不同的表现类型:一是线框,其最简单的表现形式是通过轮廓线、弧度等描述二维或三维的工件;二是表面模型,对实体的各个表面或曲面进行描述;三是实体模型,通过面产生体或者把单个的实体部分,如球体、立方体、柱体或自由形体组合起来,并通过布尔运算产生复杂的实体。

工件的几何数据创建完成后,需要将模型生成带有尺寸以及关于材料和加工工艺说明的技术图纸。实体模型的数据生成图纸后，可以进一步生成几何形体。通过中间数据交换格式（如DXF或IGES），再利用CAM转译成NC码，几何形体的数据完成从CAD系统到CAM程序的传输。经过一系列的转换过程，最终输入到机床进行加工。为了将工件的几何数据传输到CAM系统，在CAD系统下制作工件时，需要考虑几何数据的精确性。如描述直线和圆的相切关系时，直线和圆之间需要精准贴合以产生相切关系；再如无论是建模、填充或者尺寸标注，线在CAM系统中被认为是几何元素，因此重复的或未修剪、未删除的几何线，在生成轮廓时会产生错误。因此，在CAD系统下应尽可能使用不同的层，这样不仅能加速数据的传输，而且能顺利地完成CAM程序中轮廓的生成。

上述数据主要是为了控制几何形态，除此之外还需要有控制生产过程的数据。生产过程的信息包括机器的选择、工件的固定坐标位置、机器操作的定义、刀具主轴自动进给速率的选择、刀具的更换等。后信息处理器对几何和技术数据进行处理，并针对每台特定的设备进行调试，然后通过相应的数控机床加工。以往根据DIN66025标准编制的数控程序，现在越来越多地被CAM程序支持的图形所代替，原因是：CAM系统的作用是产生可操作的、错误率低的数控程序，它不仅避免了冗长的试验运行和调制程序，同时提高了加工过程中的工作安全性。在CAD程序中输入几何数据或直接在CAM程序中创建几何模块后，轮廓被转化为切割线，程序控制选择相应的工具进行加工。

数控程序是包含了一系列的地址格式的指令集。它包含以下类别的信息：一是几何信息，通过空间坐标系控制工件和刀具之间的相对运动；二是技术信息，定义刀具、主轴转速和进给速率等；三是运动信息，定义运动的类型、方向以及进刀、退刀等；四是交换机信息，定义主轴启动、运转方向、更换刀具或夹紧工件等；五是反馈信息，如轮廓切割线或切割半径，或者工件原点的转换等；六是针对重复性的加工过程调用的子程序和循环程序。

（2）工艺加工过程

数控加工中心由钻孔中心和铣床发展而来，综合了钻、锯、铣等功能单元，包含换刀装置和夹紧装置。数控机床的工作台有固定式和移动式两种：固定式工作台通过刀具实现X、Y和Z轴的运动，工作台通过附加轴可翻转；移动式工作台通过工作台的移动实现X和Y轴方向上的运动，通过刀具实现Z轴方向的运动。

固定工件是生产前重要的准备工作，夹紧装置的选择取决于工件的几何形状、加工类型和加工设备。在不妨碍所选择的切割路径的前提下，夹紧装置距离工件越近越好。加工过程中工件不能移动，也就是说，工件和夹紧装置之间的摩擦力要大于加工过程中产生的切削力。常用的夹紧系统可以分为机械装置、真空装置和动力夹紧装置3种。机械夹紧装置是最简单的夹紧系统，常用在截面较小的部件的夹紧上（这种较小的部件靠真空吸盘无法夹住）。真空装置部件的下面吸附固定部件，动力夹紧装置则不能从部件的下面将工件固定在特定位置，需要从其他面固定。部件不同表面的加工需要经过多道工序完成，每次操作后，夹紧装置的位置需要重新调整才能加工下一个表面。因此，夹紧系统的正确使用不仅能保证加工的稳定性和安全性，也能有效地提高生产效率。尤其对小批量、多品种的产品来说，用于定位工件的时间越长，每单位的加工成本就越高。

工件的表面加工质量还取决于所选择的刀具以及通过程序设定的加工参数，如铣削方向、进给速率和主轴转速（每分钟）等。加工参数根据加工对象的材料来确定，如加工实木材料时，需要注意切割方向、切削厚度、加工顺序和切割速度。根据木材的材料特性，在数控机床上加工木材节点时需要考虑以下几点。

一是重新设计木材的节点，以便能使用常规的Φ8铣刀进行加工。考虑到CAD/CAM二维软件中的切割线余量，有必要根据木材节点选择直径更小的铣刀。此外，应尽量使用正螺旋的硬质合金刀具，以减少刀具磨损和木材撕裂，达到最佳的排屑速度，保证切割质量。二是根据木材种类不同，将进给速率相应设定为600~800mm/min。切割深度太大会使刀具沿Z轴边缘滑出，因此需要在CAD文件和SIM文件中设定每个加工循环的切割量。三是通过木质模板或夹紧装置将待加工的工件固定。为防止因夹紧装置的反作用力引起的材料撕裂，夹紧时需要有合适的垫板装置。

5.4.3.3　传统家具结构的数字化设计

生产方式影响相对应的接合方式。传统榫卯结构通过手工工具生产，其加工方式与现代铣床的运行方式不同，因此为适应数控生产，接合部位的形状需要根据刀具运行状态做出改变。图5-115为椅子的后腿与座面框架的连接部位，后腿与大边的交线体现了铣刀的运行轨迹。

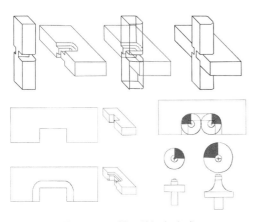

图5-115　铣刀的运行方式

数控技术的应用不仅在家具的设计与制造方面提高了生产效率，而且使家具接合部位的视觉效果和形态感知有所改变。表5-12为经过改良后的榫卯结构类型，包括二维和三维榫卯结构，不同的连接方式体现了不同的加工工艺和加工过程。

（1）二维榫卯的改良

二维榫卯的连接形式包括面板接合、框架接合和箱体接合。其中面板接合主要通过"L"形斜角连接完成；框架接合包括丁字形连接、十字形连接及弧形弯材的连接；箱体连接包括水平连接和垂直相交两种连接方式。二维榫卯的改造主要包括燕尾榫、拼图连接及嵌入榫接等形式，通过搭接、锁扣的原理，辅以胶黏剂完成连接。传统家具榫卯结构的抗拔强度不高，尤其是构件受外力后产生振动，容易引起榫卯的松动。燕尾榫很好地解决了这个问题，燕尾状的榫卯接合面向两侧撑开，利用材料的抗剪切力，增强了构件节点的强度。燕尾搭接有很多的变异形式，如银锭榫、银杏榫、螳螂头榫等接合方式，具有榫肩的燕尾榫使节点有一定的装饰效果。拼图式连接方式同燕尾榫嵌接相似，其技术上的特点非常明显，两个镜像的立体榫头形状，轮廓线型与框架或斜接接口平行，产生了较为平衡的视觉效果。嵌入榫的应用较广，可以用于L形、T形、十字形的连接，也可以用于板件的垂直连接、水平连接。嵌入榫需要承受较高的抗拉强度，因此需要选择合适的材料和纹理。不同于方榫和圆棒榫等隐藏在节点内部的连接方式，互相交错的嵌入榫接合也具有一定的装饰效果。

（2）三维榫卯的改良

三维榫卯的重新设计是对传统家具中的粽角榫、抱肩榫、裹腿做等三维结构进行适当的改造与简化，具体可以通过以下2种途径。

一是三维结构的一体化。榫卯加工的难度在于加工三维榫卯时的基准面不是平面，同时组合成三维榫卯的3个或多个部件中，每个都需要加工出异形的榫头或榫眼。将抱肩榫、粽角榫、裹腿做等三维榫卯结构进行简化，改造成一体化结构，从而将复杂的榫卯接合简单化。如图5-116所示的扶手椅，将局部连接部位设计成三通结构，简化生产过程并实现拆装功能。

表5-12　榫卯结构的数字化改良

榫卯类别 / 连接方法			燕尾榫连接	拼图连接	燕尾榫嵌入
二维榫卯	面板接合				
	木框接合	丁字形连接			
		十字形连接			
		弧形弯材连接			
	箱体接合	水平连接			
		垂直相交			
三维榫卯			抱肩榫	粽角榫	裹腿

二是充分利用数控机床可以加工较为复杂形状零件的优势，通过榫卯之间的相互穿插、卡位完成连接。在不改变结构性能的前提下，数控加工能产生各种新的、装饰性强的榫卯连接方式。图5-117所示是对传统粽角榫进行的一次改良尝试，面板横竖材之间通过揣揣榫相连，并预留方槽，在腿部铣出两榫，插入面板框架预留的方槽。这种结构在充分利用数控加工优势的同时，保留了传统粽角榫中3个零件两两相连、层层制约的优点。

5.4.3.4　对于数控生产条件下传统家具榫卯结构改良的建议

传统家具结构建立在木材接合的基础上，大部分榫卯是在木材构件上直接制作出来的，节点作为加工过程的一部分而被设计和控制，因此，传统家具榫卯结构进行数字化改良具有很好的前景。但同时我们也应该看到，传统家具榫卯结构经过长期发展已经形成较为完善的体系，要对成熟的榫卯结构系统进行重新阐释，设计适合数控生产的新体系，还需要进行

图5-116　体现一体化结构的扶手椅

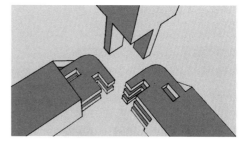

图5-117　通过数控机床改造的粽角榫结构

不断的探索和试验。编者结合改良过程中的经验，认为应该考虑以下几个方面：

一是传统榫卯结构通过手工工具生产，其加工方式与现代木工设备的运行方式不同，因此接合部位的形状需要根据刀具运行方式做出改变。二是木材的各向异性使榫卯结构的设计更为复杂，尤其在节点部位要实现互相勾挂，需要去除相当部分的材料，但材料去除后会导致强度降低。因此，在设计过程中需要重新考虑整体的结构关系，并保证原来结构的稳定性。三是部分传统的榫卯接合方式，尤其是复杂的三维榫卯结构，其零部件较为琐碎，加工基准面较为复杂，需要进行整合和简化。四是传统榫卯体系中也有诸如银锭榫、勾头搭掌榫、螳螂头榫等一系列重要的接合方式，因为传统制作工艺过于复杂，有些工艺很少使用或不再使用，但现在通过CNC可以方便加工，这部分传统榫卯结构需要被挖掘和整理。

5.4.4　传统粽角榫的改良与性能比较

5.4.4.1　传统粽角榫结构改良的原则

粽角榫在制作时为了牢固，一方面开长短榫头，可以有效避榫；另一方面考虑用料尺寸，以免影响结构强度。手工制作时费工，降低了生产效率，延长了生产周期，增加了生产成本。此外，粽角榫还有一个较大的限制，就是3根料的榫卯比较集中，因此用于制作的方木料不能过小，以免结构强度受到影响。

传统家具结构应随时代的变迁和技术手段

的更新而不断优化，粽角榫结构隐藏在家具里面，从外面看不出内部结构，生产企业可以选择不同的工艺方法对粽角榫进行改良，但也有些厂家为了节约生产成本，对粽角榫进行了不科学的改造。如图5-118（a）所示，省略原本腿足上应凿出的两个榫头，只在与板面衔接的腿足上端两侧削出榫肩，然后用胶粘在一起；此外，还有一种用于柜类及架类的制作方法，如图5-118（b）和（c）所示，桌腿上的长短榫不分开，做"L"形榫头贯穿顶板，上面部分留贯通榫或者使用螺丝固定。这两种结构从外形看都是粽角榫，但是由于没有榫卯的扣合力，完全依靠胶的外力，家具的结构强度和耐久性大大降低。

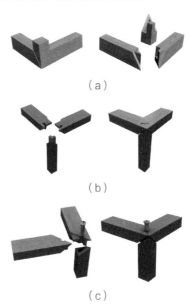

（a）

（b）

（c）

图5-118　传统粽角榫的改良

因此，粽角榫的改良必须依循一定的原则。关惠元先生提出了传统家具结构的改良原则：改良后的粽角榫从外面看没有变化或变化不大，尽量隐藏榫头，保留传统家具的特征；改良后要保证结构的强度，尽可能从连接机制上达到面面互锁的要求；使用机械化设备加工，电动工具安装，保证接合部位严密；榫卯接合与连接件接合配合使用，在提高接合强度、降低接合成本、减小包装体积、节省总成本等方面做出综合优化选择。

5.4.4.2　几种粽角榫结构的改良与力学性能测试

使用几种不同的连接方式对传统粽角榫结构进行改良，测试它们的抗弯强度并分析其破坏模式，以探讨不同工艺条件下粽角榫的接合特点，寻找可能影响粽角榫结构强度的因素，为后续传统粽角榫结构的改良提供参考。

（1）试验准备

使用包括嵌入式燕尾榫、木片栽榫、双圆棒榫、单个圆棒榫（三通结构）、Invis 磁性螺丝在内的 5 种连接方式制作粽角榫试件。每组 6 个试件，木材为水曲柳，含水率为 8%。根据传统粽角榫常用的尺寸要求，制作截面为 45mm×45mm，长度为 250mm 的正方形木方 8 组，胶黏剂使用 Titebond Ⅲ 型。

①嵌入式燕尾榫　选取两组木方，每个木方切出 2 个 45° 角的切面，全部切面放在一起形成"粽角"。制作时先将构件两两拼合，使用开榫机铣出燕尾榫眼后打入塑料燕尾榫片，塑料燕尾榫片一组施胶，一组不施胶，安装方式及尺寸要求如图 5-119 所示。

②栽榫　选取两组木方，用推台锯锯出标准 45° 角的切面，翻转 90° 后，再切出另外一个 45° 角的切面，这样每个粽角榫的 3 个连接件都有一个两面为 45° 的复合斜角；摆放起来每两个连接件形成 90° 的连接，全部切面放在一起形成"粽角"。在每个斜切面的相同位置铣出垂直于斜切面的榫眼。按照单个榫眼深度

的 2 倍深度切割出 3 个栽榫，分别将栽榫插入 3 个榫眼中，先将 2 个相接，然后将第 3 个栽榫插入。栽榫的边缘按榫眼的圆弧倒角，安装时涂上胶黏剂。根据栽榫纹理与腿部纹理平行或垂直分为两组试件，安装方式及尺寸要求如图 5-120 所示。

③圆棒榫　选取 1 组木方，每个木方锯出标准 45° 角的两个切面，摆放起来每两个形成 90° 的连接，全部切面放在一起形成"粽角"。然后在每个切面上钻 2 个 ϕ8mm 的孔，使用 6 个圆棒榫互相连接。安装方式及尺寸要求如图 5-121 所示。

④磁性螺丝连接系统＋圆棒榫　如图 5-123 所示，面板的横竖材接合使用揣揣榫，腿与面板框架的连接使用磁性螺丝系统＋圆棒榫，以实现部件的拆装。如图 5-122 所示，本试验采用的磁性螺丝 Invis 连接系统的主要几何参数如下：外径 12.63mm；内径 11.63mm；螺栓尺寸 29mm，安装尺寸 30mm；预埋螺母外径 13.5mm，安装孔径 14mm；螺距 1.5mm，牙型高度 1.0mm；螺纹为单线右旋梯形螺纹。试件共分 3 组：第一组仅安装 Invis 系统；第二组安装 Invis 系统＋圆棒榫；第三组安装 Invis 系统＋双圆棒榫，圆棒榫接合不施胶。

⑤三通结构　随着数控技术的普遍应用，三通结构的加工将会更加简单。粽角榫可以完全拆分为三通结构＋标准方料，三通结构与标准方料之间采用单个圆棒榫连接，安装方式及尺寸要求如图 5-124 所示。

（2）试验方法

粽角榫多在桌类家具上使用。桌子要经常在地板上拖动，受到水平方向的推力和与地板间的摩擦力。如图 5-125 所示，桌子受到侧向推力后，在弯曲力矩作用下形成悬臂梁结构，因此抗弯承载力是测试连接强度的主要项目。本次试验模拟局部构件的抗弯承载力，方法与前述传统粽角榫的试验一致，试件装配接合后，在力学试验机上进行测

试。如图5-126所示，P表示施加的垂直静载荷，匀速加载至试件产生变形直至破坏，从而获得试件被破坏的强度值并观察其破坏模式。

（3）试验结果及分析

日常生活中桌子的荷载既可以由4条腿平均承担，也可以由2条腿承担。如果由2条腿承担，桌腿和节点承受的力就比较大。根据表5-13GB/T 10357.1—1989《家具力学性能试验桌类强度和耐久性》中的水平静载荷试验项目，如果以第3试验水平计算，每个腿承担的力为225N，则节点处承受的弯矩至少为

225×0.78=175.5N·m，在本试验中表现为结构件承载的抗弯载荷极值至少应为975N。在实际应用中，根据表5-14可知，部件之间有相互的牵制，而非如试验中所测试的单个孤立节点的强度，因此节点位置的实际抗弯强度应该更高。从表5-15中的数据可以看到除磁性螺丝和栽榫（横向）之外，其余连接方式都能够满足桌子抗弯强度的基本要求。

各种接合形式的破坏模式分析如下：

①燕尾榫　燕尾榫连接方式有一定脆性，如图5-127所示，载荷达到极值后，急剧下降，随后缓慢上升，持续较长位移后破坏。破

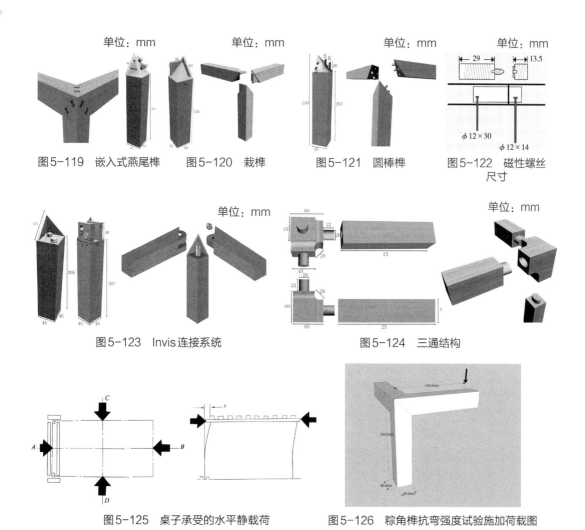

图5-119　嵌入式燕尾榫　　图5-120　栽榫　　图5-121　圆棒榫　　图5-122　磁性螺丝尺寸

图5-123　Invis连接系统　　　图5-124　三通结构

图5-125　桌子承受的水平静载荷　　图5-126　棕角榫抗弯强度试验施加荷载图

表5-13　GB/T 10357.1—1989《家具力学性能试验桌类强度和耐久性》
标准中的水平静载荷试验项目

试验项目	加载要求	试验水平				
		1	2	3	4	5
7.1.2 水平静载荷试验（最大平衡载荷为100kg）	10次	175	300	450	600	900

表5-14　水平静载荷试验对应的预定使用条件

试验水平	家具预定的使用条件
1	不经常使用、小心使用，不可能出现误用的家具，如供陈设古玩、小摆件等的架类家具
2	轻载使用、误用可能性很小的家具，如高级旅馆家具、高级办公室家具等
3	中载使用、比较频繁使用、比较易于出现误用的家具，如一般卧房家具、一般办公家具、旅馆家具等
4	重载使用、频繁使用、经常出现误用的家具，如旅馆门厅家具、饭厅家具和某些公共场所家具
5	使用极频繁，经常超载使用和误用的家具，如候车室家具、影剧院家具等

表5-15　各种粽角榫的抗弯载荷极值比较　　　　　　　　　　单位：N

接合类型		试验1	试验2	试验3	试验4	试验5	试验6
燕尾榫	未施胶	719.68	689.65	731.87	736.62	749.22	690.35
	施胶	1000.56	1100.36	1143.26	1076.72	960.25	975.64
双圆棒榫（施胶）		1565.31	1600.32	1520.12	1528.91	1406.09	1469.36
磁性螺丝	无圆棒榫	125.65	144.23	126.54	106.26	130.64	133.28
	单圆棒榫	220.35	295.63	284.37	269.53	240.61	248.97
	双圆棒榫	296.16	310.62	330.82	269.51	311.40	326.47
木片	竖向	1141.25	1080.32	1100.69	1000.36	962.65	1260.22
	横向	763.76	875.78	953.58	686.40	896.25	913.81
三通结构		937.84	970.24	867.26	768.12	1054.95	896.31

坏模式有顺纹剪切破坏、榫槽角部剪切断裂、桌面长短边接合部位燕尾榫拔出，如图5-128所示。相对其他方式燕尾榫连接的抗弯强度较高，略小于传统粽角榫及双圆棒榫连接方式。此外，塑料燕尾榫施胶与不施胶强度差别较大。原因是塑料施胶后产生一定的膨胀，与木

材的配合更加紧密。

②栽榫　栽榫强度与连接的紧密程度有较大关系，并且竖向栽榫强度明显高于横向栽榫。原因在于：同样条件下，平行纤维方向的栽榫抗拔力大于垂直纤维方向的，如垂直于纤维方向的圆棒榫接合抗拔力只有平行于纤维方向的

60%左右。垂直于纤维方向的孔壁有很大一部分是木材端面，吸收胶黏剂较多，而吸胶后润涨小，与栽榫不易紧密接合，榫接合易在这些部位产生破坏，如图5-129和图5-130所示。

③三通结构　如图5-131所示，曲线图中试件破坏后强度下降，随后又略有上升，并出现锯齿状。原因是随着载荷增大，横向构件下压，当横向构件端部下边抵住纵向构件内侧

面时，圆棒榫抗拔力发挥作用，绕支点产生弯矩。破坏模式如图5-132所示，最后圆棒榫从榫眼中拔出，圆棒榫产生横向裂纹，纵向构件与横向构件接触面发生剪切破坏。

④双圆棒榫　如图5-133所示，双圆棒榫强度较高，这种结构不但可以承受轴向力，还可以承受弯曲和扭转力矩的作用。双圆棒榫结构最初在板式家具中使用，近年来也在框架式

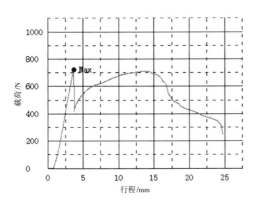

图5-127　棕角榫（燕尾榫接合）抗弯载荷－位移曲线

（a）加载示意图　　（b）顺纹剪切破坏

（c）角部剪切断裂　　（d）榫拔出

图5-128　棕角榫（燕尾榫接合）破坏模式

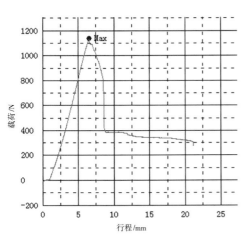

图5-129　棕角榫（栽榫接合）抗弯载荷－位移曲线

（a）加载示意图　　（b）横向棕角榫（栽榫）破坏模式

（c）竖向棕角榫（栽榫）破坏模式

图5-130　棕角榫（栽榫接合）破坏模式

（a）加载示意图

（b）绕支点产生弯矩

（c）榫拔出

（d）榫表面裂纹

图5-132　三通结构（圆棒榫）破坏模式

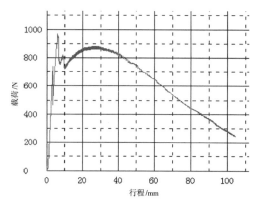

图5-131　三通结构（圆棒榫）
抗弯载荷-位移曲线

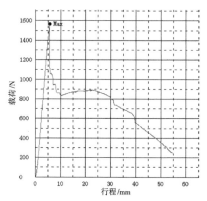

图5-133　粽角榫（双圆棒榫接
合）抗弯载荷-位移曲线

（a）加载示意图

（b）榫断裂

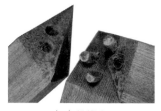
（c）榫拔出

图5-134　粽角榫（双圆棒榫接合）破坏模式

家具中应用，并有代替直角榫的趋势。圆棒榫本身抗弯力矩较小，主要依靠抗拔力产生的力矩。接合破坏时拉伸侧的圆棒榫被拔出，而压缩侧的圆棒榫大部分被折断，如图5-134所示。

⑤磁性螺丝　单独使用磁性螺丝强度较低，磁性螺丝与圆棒榫（不施胶）联合使用后载荷-位移曲线较为平滑，强度有所增加，如图5-135所示。圆棒榫位置不同，其抗弯强度不同。因此适当增大圆棒榫直径和插入深度，

采用强度高的圆棒榫，并经合理布局，可提高圆棒榫刚性效率和抗弯强度效率。粽角榫破坏发生在磁性螺丝与木材连接的部位，目前磁性螺丝系统只针对板式家具设计，螺母部分嵌入较浅，且圆柱外螺纹的螺距较大、牙型高度较小。因螺丝的连接强度与预埋螺母的长度、牙型高度、螺距有关，试验中施加载荷后，螺母部分容易拔出且在圆孔处产生纵裂而磁性螺丝未发生破坏，如图5-136所示。

（4）结论

根据表5-15所列的抗弯载荷极值，各种连接方式的强度大小排序为：双圆棒榫＞栽榫＞燕尾榫＞单圆棒榫（三通结构）＞磁性螺丝。除磁性螺丝和栽榫之外，其余连接方式都能够满足桌子抗弯强度的基本要求。

双圆棒榫接合作为改良传统家具的结构也已在实际生产中得到应用。通过圆棒榫施胶连接，能够在外观不变的前提下保证一定的强度。嵌入型燕尾榫在安装后的表面能看到燕尾榫的端面，因此燕尾榫可以作为一种具有装饰性能的结构使用。栽榫型棕角榫的外观没有方孔或其他孔，能够保持外观不变和一定的强度，安装时注意应沿栽榫纹理方向竖向栽入腿端部的榫眼内。

磁性螺丝在结构拆装方面有一定的优势，但其强度较低。可考虑针对实木接合的特点对Invis系统做进一步改进。此外，为提高强度和方便安装时的定位，可联合圆棒榫（不施胶）使用。试验显示增加圆棒榫后，抗弯强度增大，强度提升与圆棒榫的安装位置有关。现代生产技术条件为传统家具的生产带来了变革的机遇，通过计算机控制生产设备，以及使用参数化的设计工具是今后传统家具生产发展的趋势。

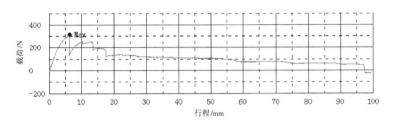

图5-135 棕角榫（磁性螺丝接合）抗弯载荷－位移曲线

（a）加载示意图　　　　　　（b）接口破坏模式

图5-136 棕角榫（磁性螺丝接合）破坏模式

思考题

1. 查阅文献，归纳整理我国传统家具常用的榫卯结构的种类及其主要特点。
2. 查阅文献，归纳整理我国传统木构建筑的种类及其主要结构与构造特点，并试述其对中国传统家具结构的影响。

中国传统家具创新途径及设计实践专论

中国传统家具历史悠久、传承有序、独具一格，是中国传统思想、观念的结晶，具有浓厚的实用价值、技术价值、艺术价值和文化价值。值得强调的是，中国传统家具并不是一个静态、孤立、一成不变的概念，而是在历史中经传统文化的浸染、设计者的巧思和技术上的支持而形成的具有中国传统精神和气质的家具体系。它以中华民族为创作主体，以传统文化为创作根基，并且随着社会的发展而不断发展与传承、创新与流变，呈现出传承性、民族性、地域性、功能性、艺术性、技术性、流变性等多元化特征。

中国传统家具经历了古代长期的辉煌和近代短暂的消隐。步入中国传统文化复兴的当代，她开始重新焕发出久违的生机，并走上了创新之路。当代对中国传统家具的创新，创造出众多新型"传统"家具形式，拓展了传统家具体系，对弘扬中国传统的设计思想，以及促进中国传统家具文化国际化有着重要的意义。

本章梳理了中国传统家具的创新历程——古代的"慢创新"、近代的"冷创新"、当代的"创新热"和海外的"异创新"，并分别对这几个创新阶段作阐述。在此基础上，从造型语言的承袭与展演、功能需求的适应与转变、工艺技术的突破与拓展、文化内涵的融合与凝练4个方面对中国传统家具的创新途径作解读，并通过翔实的设计实践案例对上述创新途径进行了反向验证。

6.1 中国传统家具的创新历程

为了方便论述，本节从历时性的角度将中国传统家具在国内的创新历程划分为古代的"慢创新"、近代的"冷创新"和当代的"创新热"3个阶段；对中国传统家具的海外"创新"进行了梳理和反思，概括为中国传统家具的海外传播与流变，也就是"异创新"。

6.1.1 古代的慢创新

在河姆渡遗址博物馆的一个房间里，有一个规整的长方体土堆静静地坐落于房间的一个角落，这个土堆是考古工作者对原有场景的还原。土堆经夯实而成，高出地面约0.3m，长宽均2.2m，上面铺设有一层厚厚的干草。虽然这个土堆的材质与地面相同，看上去只是建筑地面的抬升，但重要的是，这种抬升促使它成为一个独立的活动空间。与博物馆里其他空间陈列的琳琅满目的陶器或木构件相比，这个土堆极不显眼，但是它却默默地向我们透露着一个重要信息：即7000多年前（或者更早）的先民们已经产生了"家具意识"，这个土堆正是他们为满足某些居家需求而利用当时技术所进行的一种有目的的创造。

此外，河姆渡遗址中也出土了少量的草席残片。据推测，这些草席应是先民们用来遮风挡雨的一部分建筑构件，或是供人披挂、坐卧的用具。与只是建筑地面的凸出或抬升的土堆相比，草席则进一步脱离了建筑的束缚，成为一种灵活独立的个体用具，这是"家具意识"的进一步发展和创造。

从考古学实证研究的角度来看，这个"土堆"和那些"草席"或许可以作为中国传统家具的两种起源形式，是中国传统家具从无到有的初始创新。自此之后，随着社会的发展、技术的进步、制度的完善、思想的开蒙，中华文明日趋成熟，中国传统家具的风格精神在商周时期逐步确立并凸显出来，强烈地彰显出与其他民族、地域、国家迥然不同的民族性和地域性特征。并且，在此后漫长的历史长河中，中国传统家具经历了从形式到内容上的诸多实质性创新，具体可以概括为以下几个方面。

6.1.1.1 品类由少及多

春秋时期的思想家老子提出了"一生二，二生三，三生万物"的哲学理念，西方的进化理论也证明了万事万物由简单到复杂的发展是一种历史必然，中国传统家具也不例外。河姆渡时期的席为坐卧类家具开了先河；商周时期，家具品类中不仅出现了床这种新型坐卧类家具，还出现了承具（几、案、俎）、庋具（箱、禁）、屏具（屏风）和架具（武器架、乐器架、衣架等）这4种新的家具品类；魏晋南北朝时期，佛教文化的盛行使得绳床、须弥座、筌蹄、凳4种高型坐具在僧侣阶层得以小范围流行，并且与少数民族家具——胡床，一起加速了坐具与卧具的分离。至此，中国传统家具的六大品类（坐具、卧具、承具、庋具、屏具和架具）初步确立，并逐渐在宋元时期发展完备。

与此同时，在这六大品类中，又可根据具体功能、形式或使用空间的不同，分别细化出更多小的品类，它们也处于不断发展和创新当中。以承具中的案类家具为例：其源于战国时期的栅足案，形式较为单一，功能较为笼统；至汉时期，案的种类已有食案、书案、奏案、歆案4种；至明清时期，其种类进一步扩展至书案、画案、奏案、歆案、条案、炕案、供案等。

虽然在此期间有不少家具品类由于生活方式、社会规范等原因，或与其他家具融为一体（如席在后期逐渐成为床榻类家具的一部分），或发展演化为其他类型的家具形式（如须弥座、筌蹄逐步演化为坐具中的墩），或直接退出了历史舞台（如俎、禁等）；但总体而言，中国古代传统家具品类是随着历史的推进、时代背景的变换、民族文化的交流、社会需求的丰富而不断地由少及多、由简单到复杂地创新和完善的。

6.1.1.2　形制由低到高

受不同时期的社会制度、生活方式、居住观念等方面的影响，中国传统家具中产生了不同于西方社会的坐具文化，其中最为特殊的是由"席地而坐"到"垂足而坐"的转变。

夏商西周时期的室内家具以席为中心。《周礼·司几筵》中还对席进行了严格的"五席"划分，分别为莞席、藻席、次席、蒲席和熊席，席的种类和数量体现着身份和等级的贵贱。另据《礼记·礼器》记载："天子之席五重，诸侯之席三重，大夫再重。"可见，受制度、礼法的约束，该时期遵循严格的"席地而坐"的社会规范。

春秋战国时期，人们的起居方式仍以"席地而坐"为主，但床的出现使人们的"坐卧"高度得以提升，迈出了中国传统家具由低到高发展的探索性一步。至秦汉时期，胡床由北方少数民族传入中原。虽然当时的社会规范使其仅在小范围内使用，但它奏响了中国传统家具由"席地而坐"到"垂足而坐"的序曲。

魏晋南北朝时期中国传统家具的发展主要体现为两个方面：一是传统低坐家具的发展，二是新型高坐家具的流行。传统低坐家具的发展得益于对前代家具的继承和创新。虽然这一时期的低坐家具在品类、形制、结构和工艺上较前代并未发生根本性的转变，但从当时的壁画中可以发现，此时的床、榻、几、案等家具在高度上较前代有所增加。新型高坐家具的流行主要归因于佛教东渐和民族融合。受此影响，各种高型家具，如胡床、绳床、台座类家具等得以流入中原，并在僧侣和贵族阶层得以流行。它们不仅充实并完善了中国传统家具体系，也冲击了以往席地而坐的传统起居方式，

对中国传统家具由低到高的发展起到了关键作用。

隋唐五代时期是中国传统家具中的高、低型家具并行发展的时期，且高型家具渐成流行之势。中唐以后，室内家具组合以空间的功能来配置家具成为一种趋势，有了成套家具的概念，在延续床榻屏帐案传统组合的基础上，新出现了椅桌的组合，食案与椅、凳的组合，等等。以椅、凳为代表的高型坐具逐渐与以床、榻为代表的低型坐具共同占据了室内的中心地位。宋代是中国家具承前启后的重要发展时期，高型坐具在宋代得以全面普及，几千年来"席地而坐"的习惯被"垂足而坐"所取代。

由最初供人坐卧的席，到后来脱离地面的床、榻，再到胡床、绳床、筌蹄和凳的引入与融合，最终到唐宋时期椅、凳、墩的流行与普及，中国传统坐具由低到高的创新是一个不可否认的历史事实。并且，在传统家具中具有中心地位的坐具，其高度的增加也不断驱使承具、庋具、屏具、架具等在形制上由低到高不断发展变化。

6.1.1.3　腿足结构由面到线

据考古资料显示，夏商周时期家具的突出特点是集"器"和"具"于一身，除部分木制和石制家具外，大部分以青铜家具为主。受材质加工特性的影响，也为了给原始图腾装饰（如饕餮纹、夔纹、螭纹等）的呈现提供更大的空间，这一时期的家具多被整体铸造为板式或箱式形态，呈现出"面"的特征，腿足亦然。

受家具制作思维定式的影响，虽然春秋战国时期的家具材质开始了由青铜到木材的转向，但家具依然采用板式结构，如图6-1（a）所示。一直到隋唐时期，大体量家具，如床、榻等，仍以箱板式腿足为主，只是其结构变成了木方围合壶门牙板的样式。值得探讨的是，春秋战国时期，得益于楚人的浪漫主义思维方式以及木工工具的改良，这时的木制家具腿足

部分开始出现轻盈纤细的新样式。直栅式、曲栅式足开始在几、俎、案类家具中流行，如图6-1（b）所示。直形、弯形的单体线形足也开始出现，如图6-1（c）所示。栅式腿足貌似改变了板式腿部的定式，但如果从其侧面看去，这些纤细的柱状腿足仍沿底部的托泥排列在同一平面上，未抹去板式足的基本特征，可认为是它的演进或改良性创新；单体线型足则为传统家具腿足结构由面到线的创新奏响了序曲。

得益于木工技术的进步和宋人对线性艺术的推崇，腿足结构由面到线的创新最终在宋代得以完成，其中最为明显的莫如椅凳类家具和桌案类家具，如图6-2所示。线形腿足使得家具底部空间更加开放、明朗，同时也使得家具整体显得挺拔、隽永和空灵。

（a）战国漆木俎　　　（b）春秋漆木俎

（c）战国彩绘漆案

图6-1　中国传统家具腿足结构的变化

图6-2　对宋代绘画中家具的复原

6.1.1.4　设计观念由神到人

商至西周时期所盛行的青铜家具，如禁、俎，其上布满了由巫神文化造就的源于世间而又超越世间的青铜纹饰（如饕餮纹、夔纹、螭纹等），加之自身浑厚、坚实的整体器物造型，以及沧桑、深沉的青铜材质，极其强烈地营造出狞厉可畏的神秘感，积淀着一股深沉而又狂暴的、"如火烈烈"的历史力量，反映出此时期在原始巫术、宗教控制下孕育出的粗怖而又原始、敬畏而又炽烈的神秘主义设计观。

春秋战国时期，漆木家具逐渐取代了青铜家具，家具色彩由凝重沉穆的青铜色转变为蓬勃盎然的黑红两色，家具装饰中已较少出现狞厉可畏的饕餮纹，更多地出现了回环往复的雷纹。这一时期的设计观虽然仍显神秘，但在这样的神秘当中似乎已经增添了些许的浪漫与激情。

秦汉时期的家具设计继承了这种浪漫主义的设计观，但在儒家"实践理性主义"思想的影响之下，这一时期的神秘与浪漫之中透露出些许愉快、轻松的现实色彩和人间趣味，从它的形式和功能中可见一斑。从形式上来看，秦汉时期的家具尺度较以往更加宜人，家具装饰中也不再刻画威吓恐怖的猛兽，而是转变为龙、凤、云等更加祥瑞的图案；从功能上来看，这一时期的家具更多地服务于人们的日常生活。由此可见，秦汉时期的家具设计正构筑了一个"从天上到地下，从历史到现实，从马驰牛走、鸟飞鱼跃到凤舞龙潜、人神杂陈的世界"，体现出浪漫而又现实的设计观。

魏晋南北朝时期，长期的动乱促使人们开始对神灵和世人进行反思，进而引发了"人的觉醒"，大唐的开放包容也促使各民族文化得以交融，并进一步使"人"这一个体得以舒驰，两宋的理学与佛道文化共同塑造着人们形成清醒而又超俗的世界观，明清的市民文艺描绘出一幅幅稀松平常而又多姿多彩的市井画面……由此可见，自魏晋以来，人们对自身（即"人"这个主题）的认识逐渐加深，这种世界观、人生观上的转变也自然而然地影响到他们的家具设计观，继而使得家具设计完成了由神秘到现实，由威严到平易，由神圣到世俗，由天地到人间的创新与转变，家具体系更为丰富。

从历史特殊论的角度来看，中国传统家具自诞生以来处于不断创新当中。但与近代和当代传统家具相比，受制于制造技术、礼制规范、民族与地域区隔、信息传播速度等众多因素的影响，古代传统家具主流设计观念的更新迭代往往要历经几百甚至上千年，速度极其缓慢，因此，反映在家具自身品类、形制、结构、装饰、功能等方面的创新速度也相对缓慢。此为中国传统家具之古代慢创新的内涵之一。

创新往往是短时间内的一种爆发，当无数个创新被按照一定的历史顺序安放在一定的历史阶段，这些创新的"即时性"特征便被削弱，其"传承性"特征得以加强，因而这些创新便具有了"发展""变迁"的内涵和意义。由于中国传统文化中儒道互补的文脉内核从未中断，加之中国古代传统家具的创新发生于极为漫长的历史跨度当中，因此，即便它经历了种类上由少及多、形式上由低到高、腿足结构上由面到线、设计观念上由神到人的诸多实质性创新，但这些创新都是在漫长的历史长河中缓慢地、累积式地完成的，其创新的力度感、阶段性、革命性被这种长时期的历史跨度所"稀释"，进而呈现出渐进性、改良性、流动性与传承性特征，饱含"变迁"的意味。此为中国传统家具之古代慢创新的内涵之二。

6.1.2 近代的冷创新

事实上，从原始社会时期的稚嫩、朴拙，到商周时期的神秘、狞厉，再到魏晋时期的理性、通达，直到宋明时期的空灵、文静，中国传统家具的活态流变性特征清楚地说明了它一直处于传承、演变和创新之中。正是基于这些创新，中国传统家具的设计形式才始终保有活力，设计体系才得以不断完善，设计思想才得以不断延伸。但这种自然而然的演变和创新到了清代末期似乎就戛然而止了。西方列强利用"现代"装备在军事上的入侵，以及随之而来的"现代"技术、"现代"文化层面的入侵是导致这种结果的主要原因。

巨大的冲击带来了强烈的反差。仿佛一夜之间，中国已不是昨日的"天朝上国""中央之国"，转而落魄至半殖民地式的"傀儡之国""附属之邦"。昔日那"溥（普）天之下，莫非王土；率土之滨，莫非王臣"的自豪呐喊在"现代化"的枪炮声中、在"现代化"的机器轰鸣声中烟消云散。"怀疑论"悄然四起，"改革派"遍寻良方。一切都在矛盾中剧烈地改变，但一切改变都似乎不那么确定且富有成效。这种文化上摇摆式的"矛盾性"极为强烈地反映在这一时期中国传统家具的设计当中。

近代中国传统家具的典型代表——海派家具，一方面表现出对外来文化的包容性。它有选择地吸收了西方家具中的合理成分，在品类上，增加了大衣柜、抽屉柜、床头柜、梳妆台、沙发、低型茶几、玻璃门柜、写字台、转椅等家具；在功能上，较以往更加宜人、舒适，如沙发可以减轻人的疲劳感，卧室中的大衣柜、高低屏板床、梳妆台等提供了更加合理的挂衣、存衣和梳妆功能，软床垫提供了软硬适中、科学合理的垫性；在材料运用上，局部引入了材性稳定、不易变形开裂的胶合板，简化了拼板工艺，提高了生产效率；在工艺上，也引入了西方流行的硝基漆，较原有大漆的施工工艺和周期显著提升了效率。

另一方面，海派家具也表现出对中国传统家具文化的传承性。虽然海派家具部分吸取了西方先进材料、工艺，但主要材料、结构、工艺仍沿袭中国传统的习惯做法，与纯正的西方家具有较大的差异。因此，当时的海派家具应算是中国传统家具国际化的一种尝试。

海派家具作为一种特定历史和文化情境下的产物，具有重要的历史价值和艺术价值，在中国家具史上也占有极为重要的地位。它既是对中国传统家具进行反思之后的重新审视和改良，也是对中国传统家具依依不舍的留恋和关照。但由于缺乏专业设计，缺乏科学合理的设计理论和方法的指导，加之当时社会环境动乱的影响，海派家具的创新并未达到理想的高度和深度，甚至有不少家具设计只能算作一种初级的、简单的设计创新。不管从中国视角还是从西方视角来看，它的创新更像是一种中西方家具在形制、装饰等方面的生硬结合，或是在功能、品类、工艺、技术等方面简单的"拿来主义"，它没有体现出好的家具设计作品所具有的整体性和贯通性，而是更多地映射出强烈的琐碎感和分离性。

如果说中国传统家具此前的创新是立足于本民族文化，吸收、借鉴其他民族文化而进行的一种积极主动的创新，彰显出较为强烈的文化自信，那么这一阶段海派家具的创新则是出于对西方文化的崇拜和适应，进而对其进行非理性的、消极被动的挪用或模仿，反映出较为明显的文化自卑。这些"生硬的堆砌感"和"琐碎的分离感"，以及"被动地迎合"和"消极地模仿"，构成了中国传统家具近代以来冷创新的基本内涵和基调。

6.1.3 当代的创新热

20世纪30—80年代是中国家具行业的现代化初始阶段，在这一时期，中国家具基本形成了现代化的工业体系，匆匆完成了从"传统"到"现代"的转换，为中国传统家具的创新提供了有利条件。

20世纪80年代，随着轰轰烈烈的改革开放而来的，是国人在思想意识层面的觉醒，一股"文化热"迅速席卷全国。其波及的学科范围之广、涉及的人员数量之多、探讨问题的理论层次之深、争论所跨越的时间周期之长，前所未有。这股文化热使得当时社会各界开始关注和反思"传统"与"现代"之间的矛盾，并逐步使"传统"从过去的打压和束缚下解脱出来，焕发出极强的生命力和吸引力。

在此背景下，传统家具也随着学术研究的不断深入和收藏界的竞相追逐而重新引起社会各界的重视与追捧。更为重要的是，20世纪90年代以来，中国家具界开始对中国传统家具进行现代意义上的创新，即利用现代的技术手段、加工装备，结合现代的设计理论、设计方法对传统家具进行创新。这一阶段，不少对后世影响深远的现代中式家具被研发出来并投入市场，丰富了消费市场的需求。较为成功的设计案例如：1991年广东联邦家私集团公司研发的联邦椅系列家具，如图6-3所示；广东三有家具公司研发的"明韵清风"系列家具，如图6-4所示；等等。这些意义重大的创新是中国家具行业对传统家具在当代中国情境下的深情流露与表达，是对中国传统家具创新的伟大反思与探索，是中国传统家具现代设计的里程碑。自此，一股强劲的中国传统家具"创新热"悄然兴起。

倘若20世纪90年代只是对中国传统家具进行现代化设计和创新的开端，那么21世纪的前10年，这种创新开始席卷整个家具行业，并使得新式传统家具逐渐被演绎成一股炙手可热的流行趋势。从2001年开始，中国各大家具展的获奖作品中从未落下以传统家具为题材进行创新的家具设计作品；与此同时，对传统家具的创新也频繁地出现在国内大大小小的家具设计或产品设计大赛当中。在这期间，具有标志性的事件是"新中式风格"这一概念的诞生。2003年，刘文金教授在首届中国家具产业发展国际研讨会上界定了家具设计领域中"新中式"的概念：一是基于当代审美，对中国传统家具的现代化改造；二是基于中国当代审美现状，对具有中国特色的当代家具的思考。新中式家具的概念一经提出，便迅速在业界传播开来。学术界开始探讨新中式家具的内涵及其设计方法等，产业界开始大张旗鼓地进行新中式家具的研发与设计。这期间，新中式家具的概念不仅得到了广泛普及，而且众多有影响力的家具产品或品牌也在这一阶段诞生，如：浙江省澳珀家具公司的乌金木系列家具，如图6-5所示；北京市荣麟世佳家具公司推出的京瓷系列家具，如图6-6所示；等等。这些家具产品一经推出，便因其新颖的造型、传统而不失现代的韵味迅速占领了众多市场，其设计理念也逐步得到国际和国内的广泛认可。

值得一提的是，这一阶段在对中国传统家具轰轰烈烈的创新背后，也产生了不少问题，如一些设计师对传统家具创新缺乏深入思考，过多地专注于对传统符号进行罗列和堆砌，或是对市场反应较好的家具产品进行模仿和抄袭，抑或是由于设计师本身文化内涵的缺失而设计出与传统家具精神背道而驰的家具产品。这些乱象不仅引起了消费者的不满，也引来学界和业界对中国传统家具当代创新的反思和批判。

2010年以后，随着传统家具消费市场的转变、设计师队伍专业化程度的提高，学界和业界对中国传统家具的设计创新开始进入理性时期。大部分创新在注重形式感的同时，也开始注重对传统文化和精神的表达。这标志着中国传统家具的创新开始步入新的历史阶段。在这一阶段，不仅传统家具创新的深度和广度得以拓展，其创新的理念和方法也更加多元，其影响力开始跨越国内市场，频频登上国际舞台。

此外，这一阶段还涌现出众多小众的年轻化新中式家具品牌，如璞素、吱音、木墨、平仄、失物招领等。它们以年轻设计师为主体，以年轻人的消费观念、审美观念、生活习惯为切入点，立足传统，秉承前卫、时尚的设计理

图6-3 联邦椅系列——单人沙发

图6-4 明韵清风系列——罗汉床

图6-5 乌金木系列——清水椅

图6-6 京瓷系列——客厅家具

图6-7　上海市璞素家居艺术公司作品——摇椅

图6-8　北京市素元木作公司作品——玄关柜

念，设计创作出受年轻群体喜爱的、轻松温暖、活泼怡人的"轻中式"家具产品，如图6-7、图6-8所示。

通过对20世纪80年代以来中国传统家具创新热潮的梳理，不难发现，在全球多元文化交融与碰撞、传统文化复兴、新技术不断涌现、新材料层出不穷、国家与市场积极引导等多元因素的综合影响下，这一阶段的创新较以往表现出诸多不同的特点。

6.1.3.1　创新力度强

在当代对传统家具的创新当中，设计师不仅从明清家具中汲取灵感，还顺着家具史脉往上追溯，力求从宋元、隋唐、魏晋、秦汉甚至先秦时期的家具设计中寻找、提炼设计元素，转而应用于传统家具的创新设计当中，例如，图6-9中的条案与落地灯是编者基于宋代家具而展开的设计创新；设计师们不仅以传统家具为创作原型，还将目光延伸至传统建筑、服装、器物、山水、功夫形象等其他众多的传统事物上，对它们的形式与意象，或挪用、借鉴，或拆分、重构，或凝练、简化，进而创造出与众不同的当代传统家具，如：图6-10所示衣架是编者以传统建筑为原型展开的创新；图6-11是编者以瓷器器形为原型展开的创新。不止于此，一些设计师不仅仅将创新局限于对已存传统形象进行单纯的、符号化的表现，而且开始运用形态语义学、设计艺术学的相关理

论和方法，将传统文化中抽象的、具有典型性的传统精神、意蕴转化为设计语言，进而以家具为载体，将这些设计语言进行具象化表达，如图6-12所示。

如果说以传统的家具、建筑、器物、山水、功夫形象为创作原型而展开的创新是一种由物到物的相对简单的次生创新，那么以传统精神、意蕴、情境为创作理念的创新则是一种由"象"至"形"的纯粹的原生创新。前者具有继承、演变、延伸的性质和意义，而后者则具有开拓、探索、创造的意味和内涵。

借由设计师对创作原型在广度和深度上的不断拓展，加之设计观念、生活方式、科学技术的多方影响，当代中国传统家具的形式、功能、结构、材料、工艺等方面发生了较为明显的变化，其创新力度之强可见一斑。

6.1.3.2　创新频率高

当代以来，全球化不仅带来了经济、科技的飞速发展，也造成了丰富多元的文化交融。当代中国，尤其是21世纪以来的中国，家具市场繁荣兴旺，这不仅体现在家具市场的体量上，还体现在家具市场中设计师因消费者审美观念、消费观念、生活方式的更新迭代而对设计观念、方式的适时调整中。在此期间，由于新中式家具市场的不断膨胀，一些新中式家具企业不断对消费群体进行细分，并根据消费市场审美、流行趋势的快速转变，竟能在一年之

图6-9　条案与落地灯

图6-10　屋影

图6-11　醴陵

图6-12　圆柜

内推出4个不同系列的新中式家具产品。相较于中国传统家具在古代的慢创新，当代以来的传统家具创新可以称得上是"爆发式""井喷式"创新，其创新速度之快、创新周期之短、创新频率之高实属罕见。

6.1.3.3　创新队伍扩大化、专业化

在中国家具工业快速发展的同时，行业对专业人才的需求大大促进了中国家具设计教育的发展。由于中华人民共和国成立后中国高校的调整与分工，专门的家具教育首先出现在中国的林业院校当中，并且这里聚集了一批致力于中国家具产业现代化的专家学者。1981年，中南林学院在全国率先创办了家具设计与制造专科专业；随着《普通高等学校本科专业目录》的调整，家具设计与制造升级为本科专业，并于1987年率先在中南林学院和南京林业大学同时成立；其他林业高校也纷纷响应，相继成立了家具设计与制造本科专业；随后，中央工艺美术学院、无锡轻工大学和相关林业类高校开始在工业设计专业或环境设计专业中招收家具设计研究方向的研究生；从1996开始，南京林业大学、北京林业大学、中南林学院又先后在木材科学与技术学科建立博士点，招收家具与室内设计方向的博士研究生；1999年，教育部又重新调整了全国普通高校本科专业目录，家具设计专业开始以专业方向的形式出现在艺术设计、木材科学与工程、工业设计等专业当中。自20世纪80年代开始，中国现代家具教育经历了从小到大、从弱到强、从国内走向国际的跳跃式发展，初步形成了较为完整的

中国现代家具教育体系，涌现出一批优秀的家具设计专家、学者，培养出众多高质量的家具设计专业学生。

这些专家、学者和学生，连同业内原有的家具企业管理者、技术人员和工匠一起组成了一支强大的家具设计创新队伍。他们不仅对传统家具的历史、文化、理念、形式、技术等进行了广泛而深入的研究，还将国际化的设计理念、科学的设计流程引入到传统家具的创新当中，使得这一时期的传统家具创新达到了前所未有的高度和水平。

6.1.3.4 创新理念多元化

近代以来，随着社会进程的加快，西方学者在人类学领域的研究成果频出，产生了如功能主义、结构主义、符号学、后现代主义、生态主义等诸多具有代表性的文化理论，这些理论渗透至设计领域，逐渐发展成为具有代表性和影响力的设计理念或思潮，并最终体现在设计作品当中，形成了精彩纷呈、多姿多彩的设计风格。如：功能主义理论促使了现代主义设计思潮的兴起，并催生出了风格派、包豪斯学派等设计流派；结构主义理论则直接导致了设计界解构风潮的流行；后现代主义理论在设计界刮起了"反思""批判""戏谑"之风，使得当时的许多设计作品具有"反现代、重文脉"的意味。

当代中国传统家具的创新直接或间接地受到这些多元设计理念的影响，进而产生了形式多样、五彩缤纷的当代传统家具作品。图6-13中，艺术家仲松先生设计的圈椅是以现代主义的设计理念为指导，去除了传统圈椅一切多余的装饰，在保证结构稳固的同时，以最少的、最单纯的线条将圈椅的空灵意蕴表达出来；图6-14中，艺术家邵帆先生对传统圈椅进行解构、拆分之后，又将一现代性极强的座椅安排其间，体现出较为强烈的解构主义和后现代主义的设计理念；图6-15中，澳珀家具创始人朱小杰先生秉承生态主义设计理念，一反传统用材观中对边材和心材区别对待的态度，以及刻意表现木材弦向纹理而隐藏截面纹理的观念，利用乌金木原有的截面形状和截面纹理设计制作出具有浓厚自然气息和传统意蕴的家具作品。

6.1.3.5 创新过程科学化

当代传统家具的创新设计过程一般分为设计准备、设计构思、打样与评价、生产实施4个阶段。设计准备阶段往往需要确定具体的消费群体，并针对该群体的生活方式、审美标准、消费习惯与能力等内容展开详细调查，以便对设计方案进行全面的科学定位。设计构思阶段则需要设计师运用手绘或设计软件对设计方案进行全方位、多角度的精准化、真实化表现；之后组织技术、销售、管理等方面的专业人员对设计方案进行评价，获取修改意见，并

图6-13　仲松设计的圈椅　　图6-14　邵帆家具作品《红漆楸木椅》　　图6-15　朱小杰家具作品《伴侣几》

不断进行设计方案的修改或再设计工作。打样与评价阶段的主要工作是对设计方案进行预生产，之后对家具实物进行结构、造型等方面的评价与检验，并制定相应的产品合格标准，最后才对产品进行批量化的生产。

可见，与传统的家具设计过程相比，当代的传统家具创新设计过程相对复杂、科学和完善。不仅如此，相较于传统的家具设计过程中对经验的严重依赖，当代的传统家具设计更重视科学的数据。例如，设计准备阶段中对审美标准的调查往往需要运用感性工学的相关理论和技术设备（如眼动仪、脑电仪等）来确定某一群体所偏爱的家具外形、色彩、材质、装饰等要素；设计构思阶段对尺寸、舒适度的构思也往往需要人体工程学相关设备（如肌电仪）和数据的支持；利用设计软件对设计方案进行真实、精准的呈现，较以往简单、模糊的手绘图表现也具有无可比拟的优势与科学性。

6.1.4 海外的异创新

由于中国传统家具本身所承载的浓郁厚重的文化价值、艺术价值、历史价值和科技价值，中国传统家具不仅成为中国传统文化的重要载体，也逐步得到其他国家和地区的认可，成为世界家具之林中的一朵奇葩。日本、朝鲜、韩国等国家的传统家具风格无疑是对中国传统家具风格的引入、模仿、继承和创新，东南亚地区带有浓郁热带风情的家具样式中也明显带有中国传统家具的轮廓和影子，甚至在17世纪的西方社会也曾刮起过一阵狂热的"中国风（Chinoiserises）"。这股中国风直接影响到法国的设计风格走向，在一定程度上促进了洛可可风格的诞生，而洛可可风格自诞生之后又在欧洲社会的家具设计风格中产生了普遍的影响。其中，英国王室的家具设计师齐彭代尔深受启发，他在家具设计中结合了英国的哥特式、法国的洛可可式以及中国的一些装饰元素，创造出了一种属于英国的洛可可式家具风

格，而他设计的一系列座椅更成为世界上第一个以设计师的名字命名的家具样式——齐彭代尔式座椅，如图6-16所示。

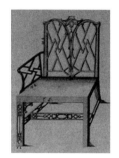

图6-16 齐彭代尔式座椅

如果说在这一阶段西方社会更多是对中国的清式家具及装饰情有独钟，那么在19—20世纪的西方社会里，众多设计师开始将他们的目光转向了更为理性的中国家具风格——宋式和明式。而且这些设计师不仅仅只关注中国家具的装饰元素，他们还开始对宋式或明式家具中简约的形式、精妙的结构以及精细的工艺进行探究，设计出了一系列具有现代主义风格的家具产品。最典型的如荷兰设计师里特维尔德设计的红蓝椅（图6-17），这把椅子在现代家具的发展中具有划时代的意义。据推测，红蓝椅除了在色彩上是对蒙德里安《红蓝黄构图》绘画作品的回应之外，其形式上的设计灵感可能来自中国宋代画家刘松年的《四景山水图》中的椅子式样。

如果说这股中国风最初只是满足了西方社会部分人的猎奇心理，那么在随后的时代里，中国传统家具的设计理念、思想也逐渐引起了西方设计界的重视。由那些简约、精妙的线形零部件所构筑的富有中式意境的宋式和明式家具，不仅体现出中国文人和匠人在产品功能上的取舍与形式上的凝练，更体现出他们对"空灵意蕴"的设计表达以及对"禅"这种哲学思想的设计追求。虽然我们尚不能十分明确地断定密斯·凡德罗的"少即是多"的设计理念与"禅"的精神是否有关，但是我们似乎可以从

图6-17 红蓝椅 图6-18 No.4椅

当时大的时代背景（战争引发的不对等的文化交流）中可以推测：中国的设计思想深深地启发了一些当时的西方设计师，这一点是毫无疑问的，其对西方现代设计的形成和发展起到了一定的促进作用。

这种促进作用在20世纪40年代之后体现得愈加明显和直接。斯堪的纳维亚风格以"温暖而富有人情味"著称，而如果我们将其在中式语境中进行表述，可称之为"人文关怀"，这与我国宋式及明式家具的设计思想不谋而合。众多的案例也为此提供了充足的证据，如《斯堪的纳维亚设计史》杂志在《再看中国椅》这篇文章中明确指出，丹麦设计师汉斯·瓦格纳的No.4椅（图6-18）借鉴了中国圈椅和交椅的设计形式；芬兰设计师阿尔瓦·阿尔托也承认他的家具设计在一定程度上吸收了中国家具的形式和设计思想；北欧当代设计大师约里奥·库卡波罗对中国文化情有独钟，他的不少设计作品在国际化的设计形式背后都透露出一定的中国意匠。

从上文所述中国传统家具对东西方社会的影响当中，我们似乎可以发现，对中国传统家具进行现代意义上的创新仿佛是从国外开始的。事实是否如此呢？以红蓝椅为例，即使我们能够证明其设计灵感源于《四景山水图》中的躺椅样式，我们难道就可以说这是里特维尔德对中国传统家具的创新吗？再以汉斯·瓦格纳的No.4椅为例，即使它非常具有中式形式的特征和意蕴，我们难道就可以说这是汉斯对中国设计哲学和思想的发扬吗？

倘若单纯地从家具这个"事物"的角度来看待此问题，无论谁对中国传统家具进行再设计，我们都可以认为这是一种创新。但如果站在中国立场或西方立场上来看待这个问题，它或许就没那么简单了，因为这涉及地域和民族、立场和目的等诸多因素对创新的影响。从地域和民族的角度来看，不同的地域和民族孕育不同的设计文化和设计体系，里特维尔德和汉斯立足于他们各自民族文化的基础上对中国传统家具进行了一定程度上的借鉴，但其设计作品仍然属于他们各自的民族文化和设计体系。从立场和目的的角度来看，里特维尔德和汉斯也始终是站在本民族的立场上设计出他们所认为能够满足人们各方面需求的家具产品而已。对于他们而言，这只是一次正常的设计活动，他们到底会认为这是对中国传统家具的创新，还是会认为这是对自己设计思想的表达？这些都尚无定论，因此，我们最多只能称其为西方设计思想在吸收了中国文化或元素后的一种西方本土化创新，而不是专门针对中国传统家具进行的创新。这不正和我国古代家具在吸收了异域文化元素之后而产生的自然而然的创新如出一辙吗？

因此，我们姑且将海外其他民族那些由中

国传统家具所引发的家具创新设计称为"异创新"。

6.2　中国传统家具的创新途径探讨

无论是古代的慢创新，还是近代的冷创新；无论是当代的创新热，还是海外的异创新；无论是渐进式、积累式、改良性的"量性创新"，还是突然式、爆发式、革命性的"质性创新"……它们无不在证明这样一个事实：中国传统家具时时刻刻处于创新当中。虽然在每个历史阶段都会有部分群体出于"伤古""怀古"的心绪而不断地"摹古""仿古"或"复古"，但这并不妨碍创新作为中国传统家具主旋律的事实。正是有了创新的推动，中国传统家具的设计形式才始终保有活力，设计体系才得以不断完善，设计思想才得以不断延伸。

唐初书法家孙过庭在其《书谱》中曾言："古不乖时，今不同弊。"意思是学习古人不能违背时代精神，追随时代气息又不能与当时的流弊相混。这句话虽然是他对书法艺术继承与创新问题的看法，但若将其置于中国传统家具的创新语境当中，也同样具有极大的启发性。顺着这个思路，结合家具设计的造型、功能、技术和文化4个切入点，可进一步对中国传统家具的创新途径进行探讨，即：造型语言的承袭与展演、功能需求的适应与转变、工艺技术的突破与拓展、文化内涵的融合与凝练。

6.2.1　造型语言的承袭与展演

万事万物，莫不有型，我们本就生活在一个千姿百态的造型世界当中。造型通常是指物体的外观特征，包括构成形式、色彩、肌理和装饰纹样等要素，具有直观、具体的"物化"特征。正因如此，人们对事物的认知和理解，往往是从它们的造型开始的。不同的体量大小、比例关系、排列布局，不同的色彩搭配、材质肌理、图案装饰，都可以使造型对人产生不同的视觉刺激。这些视觉刺激不仅可以使人产生或美或丑、或喜或忧的心理感受和情感体验，也可使人从中领悟到某种思想、观念和哲理。由此可见，造型不仅具有"物化"特征，也因其承载了人的情感、思想和观念而具有了"人化"特征。

中国传统家具的造型也是如此。正是由于它具有直观具体的"物化"特征，古人在家具设计与制作的过程中才会将他们的艺术审美、生活需求、工艺技术、人文理念通过传统家具的造型表达和呈现出来，进而为家具增添了丰富多元的"人化"色彩。这些"物化"和"人化"特征一起构筑了中国传统家具的"传统性"。然而，我们生活在一个现代的社会，我们的生活方式、审美观念、居住环境和思想意识等与古人不可同日而语。我们必须基于自身的现实条件，将这些古人创造的传统造型转化为我们现代的传统造型，实现中国传统家具造型语言在当代的承袭与展演，进而实现中国传统家具在当代的创新。

当然，我们也可以从功能需求、工艺技术、文化内涵等多条途径对中国传统家具进行各种各样的创新，但最终，这些创新皆须以"造型"这种直观、具体的方式予以呈现。对造型的创新贯穿了中国传统家具创新设计过程的始终，是中国传统家具最直观也是最具先导性和表现力的创新途径。

于中国传统家具的造型创新而言，可通过对其构成形式、色彩、肌理和装饰4个要素的创新来展开。

6.2.1.1　构成形式创新

为与造型中的其他要素有所区分，我们可将构成形式理解为由一定形状与尺度的点、线、面、体通过排列组合所构成的空间形态，它是一种理想化的、无色彩和肌理的、纯粹的形式。构成形式是造型要素中最为核心和本质的要素，有了它，色彩才得以附着，肌理才得以彰显，装饰才得以施展；构成形式又是造型要素中最具标志性的要素，有了它，一个物体的造型风格才得以确立，气质精神才得以洋溢。具体到中国传统家具当中也是如此。以传统圈椅为例，它的基本构成形式包括四根挺拔有力的、由下往上逐渐收分的直线型腿，腿的顶部所承接的一条优美流畅而又韧性十足的弧形椅圈，中间的方形座面承接着位于椅圈中部下方的弧形靠背板。这些基本的构成形式营造出传统圈椅最核心、最直观的"传统性"造型特征。无论我们在其上涂饰何种色彩，附着何种肌理，装饰何种图案，无论我们利用何种工艺技术去制作它，它的"传统性"仍能得以维持。因此，对构成形式的创新是中国传统家具造型创新中最首要也是最本质的创新。

不管何种创新，总会有其出处和来源，中国传统家具构成形式的创新也不例外。它的创新来源可分为两种：一是传统家具的构成形式本身，二是其他具有典型性的传统事物。因此，站在创新来源的角度，可将中国传统家具构成形式的创新归纳为传统家具构成形式的现代化表达和其他传统事物构成形式的家具化表达两个方面。

（1）传统家具构成形式的现代化表达

传统家具构成形式的现代化表达是指以传统家具的构成形式为原型，结合现代的审美趋势、具体的功能需求、相应的加工工艺等，通过凝练、变形、分解、组合的方式对这些原型进行再设计。传统家具构成形式的现代化表达是当代传统家具创新中最为常见的途径。图6-19为平仄家居品牌下的一款圈椅，该圈椅的构成形式秉承极简主义的设计理念，是对传统圈椅充分理解之后的凝练与抽象，它去除了原有圈椅中的装饰和联帮棍构件，使得整体形式具有现代感；图6-20为陈仁毅先生设计的休闲长椅，在该长椅的构成中，作为主要形式特征的扶手及靠背是对传统圈椅上椅圈的变形；图

6-21是温浩先生设计的夫子椅，他以传统官帽椅为原型，对其整体尤其是靠背形式进行变形，使得整件作品极具表现力；图6-22所示家具是对传统家具的构件进行分解之后，又与其他造型元素进行了组合，传递出传统的意蕴。

值得一提的是，虽然明清家具在中国乃至世界家具史上占有重要位置，但它们毕竟不是我国传统家具的全部。因此，我们在对传统家具构成形式的现代化表达过程中不能仅仅局限于以明清家具为原型的创新设计，还应顺着家具史脉往上追溯，力求从宋元、隋唐、魏晋、秦汉甚至先秦时期的家具设计中汲取灵感，转而应用于传统家具构成形式的创新设计当中。图6-23所示的茶桌是以秦汉时期典型的曲栅足案为原型的创新作品；图6-24所示的折背椅则是乔子龙先生根据宋代绘画中折背椅的形式和材质特征而展开的设计创新作品。

（2）其他传统事物构成形式的家具化表达

其实，古人在设计传统家具的过程中，也不仅仅一味地模仿前人的家具作品，他们还会从其他传统事物中提炼相关设计元素，并应用于他们的家具设计当中。古人如此，我们也理应当仁不让地将目光从以往的传统家具不断延伸至传统的建筑、服装、器物、山水、祥云形象等其他众多的传统事物上，对它们的形式、意象或挪用、借鉴，或拆分、重构，或凝练、简化，进而将其融于当代传统家具构成形式的创新当中。图6-25所示条凳是编者以秦汉时期的建筑形象作为其主要构成形式，并将这一时期具有典型性的四象纹、云气纹、瓦当、城墙等元素运用现代的设计方法融入家具设计当中，形成了雄浑、厚重、繁华的视觉形象；马头琴是蒙古族的代表性乐器，图6-26所示家具是由编者将这一民族传统主题进行简化、重构后所设计的座椅和茶几；图6-27为中国台湾设计师邱德光先生设计的祥云椅，他生动地将传统绘画中祥云的线条表现迁移到座椅的靠背及扶手中去，不仅赋予了座椅吉祥的寓意，

图6-19 平仄家居品牌圈椅

图6-20 休闲长椅

图6-21 夫子椅

图6-22 风骨家居品牌的家具作品

图6-23 具有汉风意蕴的茶桌

图6-24 具有宋代家具意蕴的折背椅

图6-25 条凳

图6-26 蒙乐新生系列家具

图6-27 祥云椅

也使得整件作品呈现出流畅、生动之美。

6.2.1.2 色彩创新

中国传统家具的色彩集中体现于漆木家具的髹饰当中，并在明清以前，尤其是秦汉时期曾一度大放异彩。受思想观念、宗教信仰、工艺技术等方面的影响，中国传统漆木家具的色彩体系以黑红两色为主，其他装饰性色彩（如金、银、黄、绿、蓝等）为辅，具有鲜艳生动、丰富多元的特征。由于漆饰工艺复杂，且人们对木材材性的控制愈加完善，明清家具逐渐走向了以材料本色为主的设计路线，多姿多彩的漆木家具逐渐消隐。至今，我们仍然受到明清家具"木本色"的色彩设计观念的影响，很少将色彩创新应用于当代传统家具的设计中，不得不说这是一种缺失和遗憾。

众所周知，色彩是人类社会发展过程中不可或缺的信息语言，它以特殊的物质形式存在并影响着人们生活的方方面面，人类对色彩的需求就如同对空气、阳光和水的需求一样。色彩作为一种造型语言，在不同的视觉艺术中都是极其重要的表现手段，具有强烈的表现力。在当今五彩斑斓的多元文化背景下，在工艺技术突飞猛进的时代浪潮中，在消费群体逐渐年轻化的市场体系中，我们不应一味地满足并停留在理解和坚守古人传统的色彩观念，乃至将传统家具的创新局限于明清家具的时代背景和思想框架之中；而更应顺应时代要求，通过现代的设计理念和方法，创造出属于我们这个时代的关于中国传统家具的色彩想象，弥补以往色彩设计的不足，建立较为丰富、完善、系统、新颖的传统色彩体系，使传统家具在当代焕发出新的生机。

从本质上讲，建立中国传统家具色彩体系的出发点和落脚点是"传统"二字，而非"家具"，"家具"仅仅是"传统"得以呈现的载体，是"传统"的具体化表达。因此，在体系建立的过程中，不能仅仅将目光局限于传统家具当中，更应该将目光延伸至其他丰富多彩的传统事物当中，如青花瓷中的靛蓝，青瓷中的粉青、梅子青、豆青、翡翠、玉石中的绿色、青色和黄色，江南民居中的粉墙黛瓦，等等，无不体现出传统的色彩观念，甚至在现代人的意识里埋下了"传统"的种子，发出了"传统"的新芽，形成了"传统"的印象。将这些具有典型性、代表性、认知度和公信力的传统色彩通过现代的设计手法、加工工艺应用于传统家具的创新设计中，也是中国传统家具创新的一条行之有效的途径。

图6-28中的圈椅与茶几的组合在传统构成形式的基础上，施加了以往传统家具中未曾大面积使用过的青碧色彩，营造出具有当代气质的"传统"意蕴。

6.2.1.3 肌理创新

肌理是指物体表面的组织纹理结构，可分为自然肌理和人造肌理。自然肌理受材料自身构造的支配，可变性较小。人造肌理多是依附于实体上的一层表皮，人们既可以用不同的材料、工艺制作出同一种人造肌理，也可用同一种材料、工艺制作出不同的人造肌理，即人造肌理与材料、工艺之间没有绝对的对应关系，可变性较大。如人们既可以通过一定的技术手段使纸、PVC等多种材料呈现出木材的肌理，也可将它们转化为金属、布料、皮革等多种肌理。

肌理创新与下文将要阐述的材料创新有所不同，此处的肌理创新主要是指对实体形态表面构造的创新。具体而言，前者属于形式性创新，而后者更偏重于技术性创新；前者属于表面的装饰性创新，后者则更偏重于内在的本质性创新。

或许是受制于当时的加工技术，也或许是当时人们的审美观念所致，我国古代传统家具除漆木家具外，大部分家具都以自然材质的自然肌理为主（如木、竹、藤、石等），以求突显材质本身肌理的"原汁原味"。这种"原汁原味"的自然肌理使中国传统家具呈现出一定的天然美，且营造出较强的"传统性"。在充分理解和尊重中国传统家具"自然而然"肌理观的基础上，我们可从以下3个方面对它的肌理进行创新设计。

（1）对传统自然肌理的深加工

尽管传统家具中对自然肌理的运用已经非常成熟，但仍有尚待挖掘的空间。以木质肌理为例，我们既可以利用不同的工艺对古人常用

图6-28　传统家具色彩创新

的木材径切面和弦切面纹理进行深度加工，也可以将古人由于工艺技术和材性控制能力不足等原因而舍弃的木材横切面肌理运用于传统家具的创新设计当中；既可以将木材分解、组合后形成新的肌理并加以运用，也可对这种新的肌理进行不同程度的加工，进而使这种新肌理获得多种表现形式。图6-29所示为通过喷砂工艺对榆木的肌理进行了深度加工，使其呈现出沧桑质朴的肌理感觉。图6-30则是对木材横截面的大胆运用，结合时尚的造型设计，使坐凳呈现出新的视觉特征和传统意蕴。图6-31中的圆角柜柜门肌理极具表现力，它的加工方法是先将木材切削成五边形块材，之后对其进行拼接组合，形成大幅面的板材，总体呈现出极强的工艺特征和肌理效果。图6-32中条凳的座面肌理则是将不同材质的木材薄板压合之后，又通过机械设备将其进行球形铣削

处理，使不同的肌理以同心圆的形式呈现在人们眼前，极具创意。

（2）对传统自然肌理的模拟

传统自然肌理的呈现是建立在对天然材料大量消耗的基础之上的，出于资源节约的目的，可以利用技术手段对这些自然肌理进行人工模拟，以获得不失传统性的人造肌理，并用于当代传统家具的设计中。人工模拟的方式可分为两种：一种是仿真模拟，另一种是意象模拟。

仿真模拟是对传统自然肌理的高度仿真与还原，其中最常用的方式是通过高清扫描仪对传统家具中常用的自然肌理（如木材、竹材、石材等）进行扫描，之后将图案印刷到纸张、PVC或亚克力等贴面材料上，最后再将贴面压贴或吸附于板材之上。这样既可以避免对自然材料的消耗，也可以制作出以往传统家具

图6-29　喷砂工艺处理后的榆木肌理

图6-30　木材横截面的直接运用

图6-31　小块木材拼接后形成的肌理

图6-32　木材多层胶合后的旋切肌理

图6-33　仿真石材肌理的运用　　图6-34　对木材肌理的抽象表达

图6-35　对木材肌理的色彩表现　　图6-36　金属（铜材）与木材肌理的配合应用

难以达到的肌理效果。在古代，受加工技术和结构强度的制约，人们不易将沉重的天然石材用于大幅面的柜门设计当中，而如今我们则可以将石材肌理的人造板材运用于家具的各个部位中，使得这种天然肌理获得最大程度的表现力，如图6-33所示。

意象模拟则是基于对自然肌理的理解基础上的再设计，不注重肌理形式的逼真，更注重肌理意象的相似。在意象模拟中，我们既可以对传统自然肌理通过点、线、面的形式进行抽象表达（图6-34），也可在此基础上对其色彩进行不同程度的处理，或者将获得的模拟图案运用于不同的材质上（图6-35、图6-36）。经意象模拟后所得的肌理虽已不属于自然肌理，但其保留了自然肌理的主要特征，因此，将其运用到传统家具的设计中时仍可彰显出较强的"传统性"，并且由于意象模拟是现代技术的产物，也为当代传统家具的创新增添了现代色彩。

（3）对其他传统肌理的借鉴与模拟

与上文所述的色彩创新思路一样，我们仍可对传统家具之外其他具有代表性的传统事物的肌理（如麻布、竹篾编织、瓦片、龟裂的青瓷肌理等）进行直接的借鉴与间接的模拟，并将其运用于当代传统家具的创新当中。图6-37所示为上下家具品牌以明式靠背椅为原型设计的一款当代的传统餐椅，通体采用碳纤维材质，并在材质表面应用了蛋壳漆涂饰工艺，使其呈现出与哥窑瓷器上的龟裂肌理异曲同工的效果。

6.2.1.4　装饰图案的创新

中国传统家具装饰图案丰富多彩、气象万千，携带着浓厚的历史与文化基因，在丰富中国传统家具的整体造型、构筑中国传统家具的传统气质方面发挥着至关重要的作用。总体而言，古代传统家具装饰图案既有"错彩镂金，雕绘满眼"的繁华，也有"初发芙蓉，自然可爱"的简约，两种类型的装饰图案都能够使传统家具呈现出相应的美学特征。因此，在创新设计中我们并不应该主张一味地简化，也不应一成不变地继承，而应该根据具体的现实条件，如消费群体、加工条件、材料特性等，进行有针对性的创新。具体而言，当代传统家具装饰图案的创新可从题材的拓展、形象的转化、应用位置的改变3个方面展开。

（1）题材的延伸

中国传统家具装饰图案的种类多样而齐全，至明清时期已经形成了动物图案、植物图案、人物图案、风景图案、几何图案和文字图案等。虽然如此，我们仍可从每一种类中选取以往不曾使用的题材进行当代传统家具装饰图案的创新设计。图6-38为邱德光先生设计的风云椅，他对传统少林功夫的一整套动作进行了具象化表达，之后将其运用于椅子靠背及扶手的设计中，形成了风格鲜明的装饰符号，使整件家具极具中国意蕴。

（2）形象的转化

形象的转化是将以往的装饰图案形象，通过现代的设计手法转化为新的形象。对原有图案既可以进行减法处理，如图6-39所示；也

图6-37 上下家具品牌的蛋壳漆餐椅

图6-38 风云椅

图6-39 装饰的减法处理

图6-40 装饰的加法处理

图6-41 牡丹纹的切割

图6-42 云纹的组合　　图6-43 转折处的装饰

图6-44 太极图案的立体化

可以进行加法处理,如图6-40所示。既可以截取原有图案的某个部分以适应某个装饰范围,如图6-41所示;也可以将原有图案进行衔接,以形成一个整体图案,如图6-42所示。既可以将平面图案转化为多个维度的转折拼贴图案,如图6-43所示;也可以对某个图案直接进行立体变形,如图6-44所示,使之成为一件家具或其中的一个构件。总而言之,不管运用何种设计手法,其终极目的是让家具装饰的"传统性"焕发出新的生命力。

（3）应用位置的改变

装饰图案的应用位置对传统家具的整体造型也有重要影响,因此对其应用位置进行适当的改变与调整往往也能让传统家具焕发新的生机。图6-45中的座椅一改前人将装饰重点布置于椅腿与座面交角处的处理方式,而是将如意云头纹装饰调整至椅腿与托泥相交的夹角处,既保留了传统装饰特征,又具有一定的新意。

6.2.2　功能需求的适应与转变

中国古代传统家具不仅可以满足古人坐、卧、凭、倚等支撑人体的需求,也可实现古人挂置、摆放、储藏等物品收纳的需求;不仅能够通过相应的体量大小、数量多少、位置排列实现古人对秩序、规范、身份、地位、尊严和权力的追求,也可通过相应的构成形式、色彩、材质和装饰等满足古人对艺术与人文的向往;不仅可以满足古人休闲、娱乐、炊事和进餐等多样的形而下的世俗化生活需求,也可满足古人供奉祖先、祭祀神灵等一系列的形而上的神圣性信仰需求。

总而言之,中国古代传统家具在不同的时空背景下适应和满足了不同使用者多种多样、千差万别的功能需求。但步入当代,人们在居住空间格局、居住理念、居住秩序、居家物品、起居习惯等方面的需求与古人不可同日而语,传统家具的功能创新必须要根据当代的这些变化和差别进行不同程度的适应与转变。具

体来讲,可从以下3个方面来开展。

6.2.2.1　功能的精细化设计

社会的发展促使人类不断产生新的家具功能需求,并淘汰不合时宜的家具功能需求,以往的传统家具在功能的齐备程度上已很难完全满足当代人的生活和工作需求。如:传统的书桌桌面上很难合理地摆放电脑、打印机、扫描仪等设备,古人在设计之初也绝不会想到如何将电线和插座合理地安排于书桌中;传统的衣柜中也只适合存储传统的衣物,而不能很好地存储如今的外套、T恤、衬衫、领带、裤子、裙子、帽子等衣物,也不能完整地存储如今的行李箱、手提包等物品,更不会像如今的衣柜一样可以根据需要增设熨衣板、伸缩挂衣架等辅助机构;我们很难将电视机、电冰箱、洗手盆、燃气灶、吸油烟机、电烤箱等家用设备安放于古代的传统家具之中,也很难为进门换鞋、挂衣、放置手头物品,出门前整理仪容等新的生活方式寻找到合适的传统家具载体。因此,我们必须立足实际,对我们日常生活、工作中有关家具的功能需求进行最大程度上的全面统计,之后将这些功能需求进行精细化分类,再融入传统家具的创新设计中。功能的精细化设计是传统家具功能创新中最基础、最首要的环节。

图6-46为浙江澳珀家具公司的朱小杰先生设计的具有传统意蕴的衣柜,除了对造型进行创新之外,他还对其功能进行了精细的推敲。其中最为精彩的功能创新无疑是"冰箱门"的设置,使得一些小型衣物,如袜子、内衣、衬衫等,得以分门别类地存储于其上的透明抽屉中。

6.2.2.2　功能的合理化设计

对传统家具功能进行精细化设计之后,接下来需要探讨的是如何将这些功能合理地融入当代传统家具当中,即功能的合理化设计问题。功能的合理化设计致力于达成两项指标:一是使人体各个部位能够得到合理的支撑,避

免对人的身体造成不适或损伤；二是使物品能够合理地存储于家具之中，避免产生空间浪费或不足的情况。

第一项指标的达成依赖于对人体姿势、尺度以及支撑人体所用材料的合理把握。体质特征、思想观念、生活方式等方面作为影响人的起居习惯，乃至人体姿势和尺度的重要因素，是当代传统家具功能合理化设计的重要突破点。例如，我们可以根据当代人的身高、臂长等数据对传统座椅的座面、扶手、靠背等尺度进行科学改良；我们也需要根据不同的场合，适当地摒弃某些坐具中受等级和权力观念影响而形成的某些"夸张尺度"，尽可能地增加"宜人尺度"，避免出现由家具尺度导致的"正襟危坐"的现象；我们也可以针对今人对古人席地而坐的生活方式的向往，对人们席地而坐的相关姿势、尺度进行创新设计，使之既能满足这种生活方式，又可满足当代人对舒适的需求，如图6-47所示。此外，古代传统家具多用木、竹、藤、石等材料，这些天然材料硬度较高、舒适度较差，引入现代常用的海绵、乳胶等软性材料也是达成本项指标的重要手段。

第二项指标的达成依赖于对物品收纳尺度的精确测量。需要说明的是，物品的收纳尺度并不等同于物品的原有尺度，它是指物品在被挂置、摆放或存储到家具之上或家具之中时的最终尺度。如人们有时会将衣物折叠之后才存储于衣柜中，折叠后的尺度才是这件衣物的收纳尺度。可见，只有在清楚地了解物品本身的存储方式之后再对其进行精确测量，才能得出相应的收纳尺度，并最终将其合理地融入家具设计中，避免空间浪费与不足现象的发生。图6-46中，朱小杰先生将衣柜叠衣区的柜门设计成冰箱门的形式，体现了他对衣物收纳尺度的准确把握。

图6-45 云头纹用于腿足底部

图6-46 衣柜

图6-47 低坐圈椅

6.2.2.3 功能的流畅化设计

功能的流畅化设计是指基于功能的精细化与合理化设计，根据人的生活方式和行为习惯，或将某一功能进行最简洁的设计，或将不同功能的空间位置进行合理设置，减少不必要的操作流程，实现不同功能之间的快速衔接，形成流畅的功能秩序，提高使用效率，使人们的生活更加便捷。

功能的流畅化设计是建立在设计者对产品某一主要功能及其辅助功能充分理解的基础之上的，辅助功能应始终设置在主要功能周边的空间位置，并且它们的空间位置不能超出人体正常的尺度范围，以免对人的行为造成不便，降低使用效率。举个简单的例子，如果一个人有了书法创作的欲望，那么他肯定希望能够在第一时间铺好宣纸，研好墨汁，拿到毛笔，快速地将自己脑海中的书法形象表现在纸面上。而要流畅地实现这一综合性的功能需求，就必须将提供书写平台的书桌、具有存储功能的书柜和具有支撑人体功能的座椅这三者设置在距离自己较近的位置，以免东奔西跑地将这些书写工具准备好之后，创作冲动已烟消云散。

将功能的流畅化设计理念引入传统家具的功能创新中，可以创造出具有人文关怀的当代传统家具作品。图6-48中的茶桌是在充分理解了人们饮茶背后的一系列需求之后，将茶具和茶叶的拿放、烧水、给水、冲泡、排水等功能进行了集成式的一体化设计，使得人们在饮茶时避免了"东寻西找"现象的出现，进而使整个饮茶秩序极为便捷、流畅。

如果说功能的精细化设计使得传统家具成为一种"有用品"，那么功能的合理化设计则可使传统家具成为一种"适用品"，而功能的流畅化设计则进一步使传统家具具备了"好用品"的特质。以上3个环节层层递进，缺一不可。

图6-48　多功能茶桌

6.2.3　生产技术的突破与拓展

古人在进行家具设计与制作的过程中创造了科学合理、丰富多元的生产技术。很难想象，如果没有古人对各种各样的木、竹、藤、石等材料的材性及加工工艺的合理掌握与控制，何以将传统家具加工出不同的造型，焕发出天然的美感；如果没有古人对决定家具稳定性的榫卯结构的千百次推敲，何以使得那么多纵横交错的家具构件得以坚实稳固地连接；如果没有古人对不同装饰工艺和生产工具的精巧构思和合理运用，何以使得丰富多彩的涂饰、镶嵌、雕刻、描绘得以附着和施展。这些成熟、完备的生产技术为传统家具设计者的想象力提供了强大的技术支持，是中国传统家具得以呈现的基础和途径。

但以往传统家具的生产多以手工制作为主，对人力具有较强的依赖性。这使其不仅在一定程度上增加了人的身体负荷，也限制了其标准化、规模化的生产，呈现出劳动强度高、生产效率低的特点。因此，在能够传承和发扬传统家具技术美学特征的前提下，对生产技术进行突破与拓展，对当代传统家具的设计与制造具有重大意义。具体可从材料创新、结构创新和生产工艺创新3个方面来开展。

6.2.3.1 材料创新

材料是设计的灵魂，没有材料，设计无从谈起。历史上，中国古代传统家具用材以木材为主，竹、藤、石、金属等其他材料为辅；其中木材又可分为硬木与柴木，硬木如黄花梨、紫檀、红酸枝、鸡翅木等，柴木有榆木、榉木、松木、楸木等。总体而言，中国古人在制作家具时大多就地取材，使古代传统家具的用材呈现出多元化的特征。

只有理解了古人这种多元化的用材观念，我们才不至于单纯地对那些传统材质进行洋洋自得的模仿，才能在材料极大丰富的当代，针对不同的群体，结合不同材料的相关特性与现实条件，选择、改进或研发不同的材料来进行当代传统家具的设计与制造，做到"用材自觉"。用材自觉要求我们将材料视作一种客观的"物"，认识到其本身并无高低贵贱之分。对于设计师而言，重要的不是材料本身，而是基于对材料本身特性的了解，利用不同的生产工艺将其合理地运用到设计中去。

如：针对钟情于红木材质的高端消费群体，我们依然可以将红木作为主要材质运用于家具设计当中；而针对红木资源匮乏的现实条件，则可利用技术手段研发相应的人造板材，以便于节约代用，同时也可在一定程度上满足消费能力不足而又追求红木效果的消费群体。再如，我们也可以秉承"为大众而设计"和"生态主义"的理念，针对材性较差但可再生性较强的木材，如松木、杉木、杨木等材料在材色、尺寸稳定性、硬度、气干密度、顺纹抗压强度等方面的不足，进行染色、增重、炭化等改性处理，使其能够符合当代传统家具的相关力学指标，并符合当代审美，如图6-49所示。再如，我们可以将一些非木质材料，如玻璃、亚克力、金属、塑料、布艺、皮革、线绳等以不同的设计方式应用于当代传统家具的设计当中，以满足不同群体的个性化、多样化需求，如图6-50和图6-51所示。

总而言之，对当代传统家具材料的创新包含两方面的内容：一是材料种类及其相应加工方法的拓展，包括对新材料及其生产工艺的研发与利用、对以往未用材料及其生产工艺的创新利用等；二是对传统材料的再创新，包括对传统材料的应用创新和对传统材料性能及加工工艺缺陷的改进及创新。

6.2.3.2 结构创新

中国传统家具的结构形式以榫卯结构为主，具有科学合理、安全稳固、结构严谨、实用美观的特质。榫卯结构形成的支撑和连接，为中国传统家具实现形式上的凝练、功能上的取舍、意蕴上的表达以及精神上的追求奠定了坚实的基础。

虽然中国传统家具榫卯结构具有诸多优势，但随着现代工业生产方式的转变，大规模定制、标准化、批量化生产的普及，传统榫卯

图6-49 炭化木佛龛

图6-50 金属圈椅

图6-51 扇舞屏风

结构受制于自身结构的复杂性，开始暴露出诸多不足。主要体现为：一是传统的榫卯结构（如棕角榫、抱肩榫、插肩榫等）只能依赖手工的方式进行加工制作，无法适应现代化的加工设备，进而导致无法大规模、批量化生产加工，生产效率相对低下；二是传统榫卯结构不易实现在终端现场灵活组装，导致其包装、运输成本增加。以上不足都在一定程度上给家具企业在生产成本和生产管理等方面带来了压力，制约着家具企业向现代化和自动化方向发展。因此，对传统家具榫卯结构进行优化设计，实现其生产过程的机械化甚至自动化，以及终端现场的可拆装化，具有极为重要的现实意义。

（1）生产过程的机械化或自动化

为解决这一问题，我们需要在对生产标准化理念充分理解、对影响榫卯结构力学性能的因素（如结构构造、用材、胶黏剂等）充分研究、对加工设备充分了解的基础上，对传统家具榫卯结构的内部构造进行优化设计，以使其能够实现机械化或自动化加工。具体分为两个步骤：首先，在保证结构安全性的前提下减少榫头的数量，如将传统榫卯结构中的双榫、多榫结构用合理的单榫来代替，以降低机械化生产的难度，提高生产效率；其次，在对设备运行原理及刀具尺寸和形状充分尊重的基础上，结合标准化理念，规范榫卯结构各部位的尺寸、形状、方向和位置，使其在标准化的基础上实现结构部件的通用化、机械化或自动化加工。图6-52所示的新型棕角榫主要依据数控开榫机的刀具形状、直径及刀路走向进行设计，其榫头数量减少至3个，形状呈一字形和L形；所有开槽处的间距都与刀具直径相同，刀具只需沿着既定的L形路径加工至一定深度即可；各个斜肩也可通过对刀具方向的控制一次成型。此新型棕角榫不仅安全稳固，而且保留了传统棕角榫的形式特征和精神特质；最重要的是，它可以实现自动化加工，其3个部件

的加工时间（除制作准备时间外）共计195 s，与传统棕角榫相比，有极为显著的优势。

（2）自身结构的可拆装化

若要实现榫卯结构的可拆装化，须采用分体式设计思路，即将榫头与木构件分别作为单独的部分进行设计和加工。虽然分体式设计思路较早地出现于传统家具榫卯结构中，但受制于当时的生产技术、生活方式、设计思想与理念，这些榫卯形式多用于一些相对次要的部位，未能形成一种普遍的主流设计思路而广泛用于传统家具整体的框架结构中。即便如此，这种灵活的分体式设计思路仍然具有重要意义，我们可以延用这一思路，结合西方家具结构中出现的新型圆棒榫、椭圆榫和五金连接件对传统家具榫卯结构进行优化设计，使其在标准化的基础上实现结构部件的通用化、机械化或自动化加工，甚至实现部件组装过程中的拆装化，以及包装、运输过程中的平板化。图6-53所示的新型分体式棕角榫的制作步骤为：首先将3根木构件分别向两个角度进行45°斜切，然后在每个切面上钻2个直径为8mm的孔，最后用12个圆棒榫互相连接。此分体式棕角榫较上述一体式棕角榫在结构上更加简单，工序也大幅度减少，它既可通过简单的锯机配合打孔机进行全方位的机械化加工，也可通过数控设备进行完全的自动化加工，加工时间可大幅缩短，生产效率可明显提高。不足之处是此结构对胶黏剂的黏合强度要求相对较高。

（3）自身结构的美观化

中国传统家具榫卯结构不仅安全稳固，其外观形式也经传统思想、观念的长期孕育，经古代匠人的反复推敲，从而传递出别具一格的传统美学特征。这种传统美主要体现为：精湛的技艺所创造出的严谨精致的工艺美感；自然流畅的衔接所营造出的纹理通顺、浑然一体的形式美感；此外，一些榫卯结构，如蝴蝶榫、燕尾榫的外观样式呈现出和谐悦目的装饰美特

征。正因如此，传统榫卯结构逐渐成为传统家具整体美的营造过程中不可或缺的重要元素，并最终化作传统家具中一种识别性、象征性极强的传统艺术符号。因此，在保证传统家具榫卯结构力学性能的前提下，也可对其外观形式进行多样化设计。只有这样，榫卯结构的传统美感才能得以彰显，传统家具的意蕴才能得以延续，传统家具的精神才能得以传承。

图6-54所示的茶几，设计师将其几腿和几面的连接结构进行了符号化表达，既保证了结构安全稳固的力学性能，也使结构在几面上形成了一种视觉符号，增强了茶几的工艺美感。图6-55中的条凳借鉴了传统木构桥梁中的贯木拱结构（以梁木穿插别压形成拱形，不用钉铆，完全靠它本身的强材料度、摩擦力和直径的大小、所成的角度、水平距离等巧妙搭接，结构简单却坚固异常），这种结构不仅能有力地承托凳面、连接椅腿，而且其各个线形构件之间的穿插使结构本身形成了一个具有纵横交错韵律感的造型。

6.2.3.3 生产工艺的现代化

生产工艺是指利用各类生产工具、技术对各种原材料、半成品进行加工或处理，最终使之成为成品的方法与过程。生产工艺的现代化其实就是生产工具、技术、方法、过程的现代化。中国传统家具的生产方式以手工制作为主，生产效率低下，远不能适应大规模生产的需要。现代生产技术条件是中国传统家具工艺现代化的技术基础，同时也是工艺现代化实现的必要条件。可从如下几个方面着手。

（1）高效能生产

这里的高效能生产不同于现代设计意义上的大规模、高产量、高消费和高利润，它强调生产系统的高效能，包括生态环境资源的高效利用、产品使用功能的高效开发、生产过程的高效益等方面。

（2）人性化生产

所谓人性化生产方式，即一种强调生产者

图6-52 新型一体式棕角榫

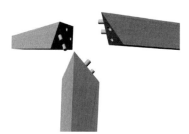

图6-53 新型分体式棕角榫

图6-54 茶几的结构美化

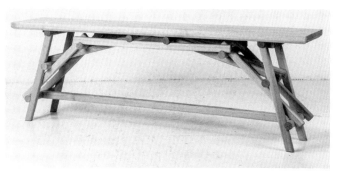

图6-55 贯木拱结构条凳

的感受、强调生产过程中个性的生产方式。其特征表现在：一是柔性生产技术的广泛运用。通过快速改造和重组不同企业、不同工艺过程等资源，可以在很短的时间内构成一个新的生产系统，以适应"瞬息万变、无法预测"的市场。二是大规模定制模式的应用。大规模定制是在现代生产条件下充分反映消费者个性的一种有效的生产模式，通俗的理解就是大规模定制下的小批量、通用设计基础之上的吸收消费者个体设计的一种生产模式。这是对大工业时代下大批量生产方式的革命，它建立在柔性生产系统、数字化技术、虚拟设计等高新技术基础之上。三是高新技术条件下的手工艺生产概念。技术的进步否定了简单的手工艺生产，但是技术的再进步却可以让生产者和消费者在更高的层面上找回手工艺时代的美好感觉。高技术条件下的手工艺生产可以使生产者摆脱单调

枯燥的重复劳动，找回劳动的真正乐趣；同时又可以充分发挥劳动者的主观能动性，减少大工业时代的高失业社会现象。

生产工艺的现代化实现了家具生产方式向高度机械化、自动化、专业化和协作化，以及产品结构的全面标准化、系列化、规格化和部件化方向的发展，简化了设计的"物化"过程，缩短了实现设计的"物化"时间。虽然生产工艺具有如此重要的意义和作用，但我们必须保持清醒的头脑，认清"生产工艺是实现家具设计与制造的'技术保证'"这一现实。这个"技术"是客观的，关键在于我们如何利用与发挥这一"技术"。于当代传统家具的创新而言，我们可以利用现代化生产工艺去生产具有传统工艺特征的家具。如：通过现代化的静电喷涂工艺完全可以模拟出传统的漆饰工艺效果，如图6-56所示；通过现代化的雕刻设备

图6-56　喷漆工艺的柜子

图6-57　实木弯曲工艺的椅子

图6-58　一体成型工艺的椅子

图6-59　金属冲压成型工艺的椅、几

也可在一定程度上实现传统的雕刻效果；通过实木弯曲工艺可以实现传统家具中的曲线造型，如图6-57所示。当然，我们也可以通过这些现代化生产工艺赋予家具现代化的"传统性"工艺特征。如：通过模塑工艺可以实现家具的一体成型，如图6-58所示；通过冲压工艺可以使金属材料形成镂刻装饰，如图6-59所示。

6.2.4　文化内涵的融合与凝练

文化对人类造物活动的影响深入而显著，不同的文化孕育出不同的哲学观念、审美观念、伦理观念、道德观念、技术观念等，人们在这些观念的驱使和指导下塑造出不同的物质文化形态。于中国传统家具而言也是如此。以儒家思想中"礼"的观念对中国古代传统家具的影响为例，"礼"不仅影响着不同场合、不同阶层中同一类家具的体量大小，也影响着陈设时家具的数量多少；"礼"不仅规定了传统家具的分类体系，也潜移默化地塑造了相应的形制规范，如椅类家具根据场合与坐者身份、地位的不同，可分为宝座、交椅、圈椅、官帽椅、玫瑰椅等；"礼"不仅通过不同的材质、工艺、形态赋予了传统家具纹饰以权力与等级的象征，还通过对传统家具的排列组合体现出传统家具摆放位置中所蕴含的规范与秩序。虽然"礼"是一种抽象的、不可见的传统观念，但它对中国古代传统家具的塑造却是显而易见且无处不在的。

由此可见，中国传统文化不仅在共时性角度对传统家具的形制、体量、数量、陈设等各个方面产生了重大影响，也从历时性角度使传统家具在不同时期呈现出不同的时代性特征。传统文化内涵是传统家具发生、发展，并呈现出不同形式、色彩、装饰、功能、结构、材质，但却始终保有传统性（即传统精神、意蕴）的根本原因。因此，从传统的文化内涵出发对传统家具进行创新才是最根本也是最具影响力的创新途径。

而要实现这一途径，则需要我们秉承着开放、包容的态度，正确处理传统文化与当代文化的关系，在继承传统文化的基础上，也要融合当代先进文化，以形成既具有传统特征又具有时代特征的当代传统文化，此为"文化内涵的融合"。之后，利用形态语义学的方法将抽象的当代传统文化设计转化为具体的传统家具形式，此为"文化内涵的凝练"。

6.2.4.1　文化内涵的融合

（1）传统文化的选择性传承

任何传统文化，当它走向新时代的时候，也是无法脱离历史的。离开连续性的文化传统不是新文化的重建，而意味着传统文化主体的消亡。任何抛弃自身传统文化而变换成另一种新文化的愿望都只是"空中楼阁"。本节所述"文化内涵的融合"，其前提正是对传统文化的传承。

然而，传承并不意味着抱残守缺、照抄照搬、全盘吸收，而是要求我们坚持"取其精华、去其糟粕"的原则，对传统文化进行辩证、客观的选择性传承。对传统文化中消极的部分，如"三纲五常""长幼尊卑""三从四德"的等级与伦理观念，我们应该坚决摒弃。对传统文化中积极的部分则应该主动学习、理解与传承。例如：《周易·象传》中"天行健，君子以自强不息"所体现的刚健有为的精神，不仅承载着古人朴素的唯物主义宇宙观，也体现出古人坚韧、包容的人生观，是中国传统精神的典范；儒、道两家共同提倡的"天人合一"的哲学观，充分体现了人与自然和谐统一的思想，也散发出自然而然、浑然天成的审美观；"质胜文则野，文胜质则史。文质彬彬，然后君子"，要求人们文质如一，洋溢着浓烈的人格美学的同时，也在后世中演变为形式与精神相统一的造物美学；庄禅思想最初作为一种追求人格独立与精神自由的思想观念，逐渐衍生出静雅空灵、自然质朴的造物审美观；等等。

这些传统的思想观念、审美观念在几千年的历史长河中历久弥新，甚至与当代所主张的"生态主义""绿色主义""功能主义""现代主义"等思想观念相吻合，正是我们在进行传统家具创新设计过程中所应该吸收转化的。

（2）当代文化的合理性融合

任何传统文化，不管它们目前处于怎么样的水平，都不能偏离整个人类文明演化的历史大道，应该与时俱进，这是不可抗拒的历史潮流。因此，在当代传统文化的构建过程中，也要不断吸收、融合其他民族、地域的优秀文化。本节所述"文化内涵的融合"，其过程和目的正是对传统与当代文化进行有机融合之后，构建出既具有传统特征又具有时代特征的当代传统文化。

中国传统文化曾经在历史的长河中独树一帜，演绎并维持了长期的辉煌。但在当今文化多元化、全球化背景下，在不同民族、地域的文化交流与碰撞之中，也在某些方面显示出一定的不足。因此，我们应该秉承开放包容的态度，积极吸收和融合全球文化中的积极成分，如科学、民主、平等的思想观念，实证主义的技术观念，等等，以弥补中国传统文化的不足，使中国传统文化更加多元、科学、健康、完善，构建出更具时代特征的当代传统文化。这对促进和指导中国传统家具的当代创新意义重大。

如：平等思想的融入使得当代设计师改变了以往为帝王、贵族等少数人群而设计的思想观念，形成了当今声势浩大且极具人文关怀的"为大众设计"的设计理念；经过近百年的磨合，西方先进的技术理念已深入到传统家具文化当中，改变了以往手工制作的生产模式，使得当代传统家具在生产效率、规模上大幅提升；科学思想的深度融合使得当代传统家具在尺度设计上更加有据可依，也使其在使用过程中更加舒适宜人。

6.2.4.2　文化内涵的凝练

于中国传统家具的创新而言，文化内涵的凝练是指在深刻理解当代传统文化的基础上，通过形态语义学的相关理论方法，将某些抽象的当代传统文化语义（传统思想、精神、意蕴等）凝练并转化为具象的家具造型（形式、色彩、装饰、材质等）的过程，是传统文化的家具化表达。如图6-60所示的放慵摇椅，其设计师陈燕飞先生并未将设计出发点定位于某种传统造型或元素，而是以"空灵""禅意""悠然"的传统意蕴为设计主旨，并将其凝练、转化为灵动而又优雅的纤细线条，以及具有传统特征的材质（黑檀）与工艺（藤编工艺），最终凝传统文化于设计之中。此外，这款产品还专注于优化产品的使用功能与用户的使用感受，为使产品造型达到最佳舒适度，这把摇椅历经一年多的实践研究才得以成功面世，在一定程度上也反映出一定的人文关怀。

图6-60　放慵摇椅

上文中对中国传统家具的4条创新途径作了较为详细的阐述，其中中国传统家具构成形式、色彩、肌理、装饰等造型语言的承袭与展演是中国传统家具最直接也是最具表现力的途径，对功能需求的适应与转变是保证中国传统家具"能用""适用"和"好用"的关键，对生产技术的更新与拓展则是中国传统家具创新的动力，对文化内涵的融合与凝练则是使中国传统家具创新更加多元且始终保有传统精神和意蕴的根本途径。

值得一提的是，以上4条创新途径是在当代话语体系之下的一种拆解式阐述。事实上，这4条途径并不是孤立存在的，而是互为一体、不可分离的。如：我们在进行造型创新时必然要综合考虑到功能分布是否合理，加工技术能否支持，某种造型能否呈现出我们所要传达的文化意蕴和氛围；我们在进行功能创新的同时，必然要考虑到这种布局是否符合某些人群的生活方式或行为习惯，是否需要某种结构来支撑这种功能布局；等等。因此，我们在对传统家具创新的过程中应从整体的视角去把握和运用上述4条创新途径，而不是沉迷于其中某一途径，而忽略其他途径的重要性。只有如此，我们才能设计并制作出更加科学、合理的当代中国传统家具。

6.3 中国传统家具创新设计实践与分析

上一节着重从造型、功能、工艺技术和文化内涵4个方面对中国传统家具的创新途径进行了探讨；本节将结合一些实际设计案例和概念设计案例对这些创新途径进行全面分析，以验证其合理性和可行性。

6.3.1 以造型为主的创新设计实践

6.3.1.1 以官帽符号为原型的卧床的创新设计——官帽床

官帽椅是传统家具中极为典型的一类坐具，因其形式端庄、气韵生动而为世人所熟知。如图6-61所示，方案的概念设计在很大程度上正是借鉴了官帽椅中具有较强标志性的靠背造型，并对此造型进行了方向上的改变、尺度上的调整以及比例上的夸张，形成了高低错落、均衡有致的新的床靠背形式。此外，编者试图将床划分为休息区和休闲区两个部分，这也是对床的功能的探索。

总体而言，这个方案属于对传统家具思考后的一次具有尝试、探索和反思性质的概念性设计。

6.3.1.2 以瓷器器型为原型的博古架创新设计——瓷韵博古架

瓷器是一种极具典型性的中国传统器物，经过千年的发展，其本身凝聚和承载着极为浓厚的传统韵味。如图6-62所示，此博古架的设计原型取自传统瓷器中形式优雅的梅瓶。方案的设计步骤为：首先，提取梅瓶的整体轮廓；然后，将整体轮廓分解为3个独立的部分，并运用均衡的形式美法则对3个部分的大致体量、位置和形状进行推敲，之后进行组合；最后，分别对3个独立部分的内部空间进行平面分割，以实现其展示物品的功能。

此博古架设计的重点在于前两个步骤，即对梅瓶的曲线轮廓及3个独立部分的构成形式进行反复推敲与对比，只有这样，才能实现博古架外轮廓的流畅优美、婉约生动，以及3个

图6-61 官帽床

图6-62 瓷韵博古架

独立部分在大小、位置、形状上的高低错落与完美契合，最终使得该博古架在形式上呈现出高低错落的节奏与韵律，展现较为和谐的均衡美，并传达出悠然闲适的诗意气质。

简而言之，瓷韵博古架的设计过程是一个"解构—重构"的过程，由此，一种全新的且具有一定传统气韵的博古架形式被创造出来。

6.3.1.3 以传统建筑为原型的沙发创新设计——江南沙发

无论是在造型、结构、材料方面，还是在设计理念、思想、精神方面，中国传统建筑与家具都有着诸多相似与相通之处。如图6-63所示，方案是对江南一带建筑形式的模仿与借鉴。沙发的帽头部分以重组竹作为主要结构材，以弯曲、有节的圆竹模拟屋顶上的瓦片，是对建筑屋顶的模仿与简化；4根柱子（腿足）由上下共8根横梁（横枨）连接，且结合之处都装饰有如意云头纹牙板，增添了装饰性和一定的吉祥寓意；靠背部分则完全是对江南园林建筑中优美的"美人靠"形式的借鉴，弯曲的

弧度不仅增加了沙发的美感，也在一定程度上提升了沙发的舒适度；线脚是古典家具中常用的元素之一，在主要木构件上起灯草线，丰富沙发细节的同时，也为沙发增添了工艺和装饰美感；在结构方面，主要沿用了传统木构榫卯的接合方式，使其安全、牢固。

总体而言，此方案的设计过程是将建筑形式进行家具化表达的过程，即将建筑的形制与家具的尺度、比例、功能等相结合，通过对建筑形制进行部分的挪用、适当的变形、合理的增删，以求满足人们相应的使用和审美功能。本方案体量较大，自成一景，适于摆放在酒店大堂、会所及别墅等大型空间中。

6.3.1.4 以铜钱为原型的书柜创新设计——铜钱书柜

世人劝学，经常用的一句话就是"书中自有黄金屋，书中自有颜如玉"，这句话不只被古代读书人奉为经典，也鼓励着不少现代学子努力向上。图6-64所示的设计或多或少地受到了这句话的启发，进而将铜钱元素与书柜的引申意义融合起来。

（a）整体外观

（b）整体框架

（c）腿足与顶部横枨处的结构

（d）腿足与底部横枨处的结构

图6-63　江南沙发

　　此方案在两个柜门高度方向上三分之二处（此处为人的视线高度，容易形成视觉焦点）分别设置了两个半圆形洞口，当柜门关闭时会形成一个整圆形态；同时，在与圆形洞口位置相对应的内部柜体上设置方形格子，使之形成外圆内方的铜钱形态。铜钱的造型不仅具有一定的装饰美感，也可营造出藏与露、虚与实的对比，进而避免书柜出现呆闷之感。在书柜腿足的设计上，编者刻意提升其高度，且由下往上呈收分趋势，进而营造出纤细、轻盈、上升之感。

　　此外，铜钱书柜还可与两侧的瘦高型书架搭配使用，甚至，如果在空间允许的情况下，这种组合可以无限延伸。

图6-64　铜钱书柜

6.3.1.5　以鸟笼为原型的展示架创新设计——吱音展架

鸟笼的历史源远流长，早在南宋初，就有一位制作鸟笼的能手叫詹成，其制作的鸟笼"四面皆花板，纤悉俱备，其细若缕，而且玲珑活动，求之数百年，无复此一人矣！"明清以来，鸟笼的制作更加精细，而且慢慢因地制宜，形成了"北圆南方"两大流派。鸟笼主要由板顶、笼架、笼条、笼门、笼底等部件组成，均匀分布的竖向笼条与圆形的笼架纵横交织，形成了优美而有节奏的形式美感，传达出宁静、空灵而又悠然的美学意蕴。

如图6-65所示，吱音展架的设计源于对传统鸟笼造型的模仿，出于展架自身功能的需要，对鸟笼的各个部件又进行了一定程度的简化、变形。如为了防止鸟飞出笼外，传统鸟笼笼身部分的笼条排列较为致密；而在本方案的设计中，为更加方便地拿取物品，也为了更加全面地展示物品，将笼身的笼条删减至7根，并使其均匀地环绕于圆形的笼架周围。又如，由于展架本身并不用像传统鸟笼那般悬挂于某处，因此，鸟笼的笼钩部件在此

方案中被设计成为一个仅具有装饰性的环形部件。

该展架选用竹胶板和玻璃两种材料加工而成。竹胶板具有较好的弯曲性能，便于达到本方案中笼条的优美造型；而将玻璃作为展架的层板，不仅可以形成通透的视觉效果，也可营造出悠远宁静的空间氛围，以及自然空灵的精神意蕴。

此外，展架的笼条与圆形笼架之间采用木螺钉结合，属于简单易操作的拆装式结构。这样不仅能够保证消费者用简单的工具自行组装，也可降低产品的包装、运输成本。由此看来，方案的结构设计也具有一定的创新性。

6.3.1.6　以青瓷色彩为基础的书柜创新设计——方圆书柜

色彩作为一种造型语言，具有极其强烈的表现力，它不仅能够对人的视觉产生一定的刺激和引导，也能够对人的心理情感产生重要影响。自明清以来，中国传统家具逐渐走向了以木材本色为主的设计路线，色彩艳丽、生动的漆木家具受制于工艺的复杂性而逐渐消

图6-65　吱音展架

隐。直至今日，我们仍然受到明清家具色彩设计观念的影响，很少将色彩创新应用于当代传统家具的设计当中，不得不说这是一种缺失和遗憾。

图6-66所示方圆书柜的设计正是对色彩创新的一种尝试。编者对两个形式相同的书柜进行了不同的表面处理。（a）图的书柜采用明清家具常用的木材材质。由于木材在大众脑海中业已形成了传统印象，因此，在很多人看来，（a）图的书柜体现出相对明显的古雅意蕴。而（b）图则提取了传统青瓷中具有代表性的粉青色，并将之应用于书柜的设计中。正是这种色彩的迁移，打破了我们对粉青色应用对象的刻板印象，因此，（b）图中的书柜呈现出具有新颖气质的"传统"意蕴。

（a）

（b）

图6-66　方圆书柜设计

可见，传统家具的色彩创新并不一定局限于以往的"传统家具"当中，也可以从其他传统事物的色彩中汲取营养。只有如此，才能使色彩创新获得更大的突破，才能使传统家具焕发出更多的生机。

6.3.1.7　以肌理为主的创新设计——年轮椅

在木制品的生产过程中，不可避免地会产生大量的边角余料，而目前，针对这些边角余料我们并没有很好的处理方式。图6-67中方案的设计出发点正在于此。该方案在整体形式上借鉴了明式灯挂椅的造型，并在原有造型基础上进行了较大程度的改良。其中，椅子的座面部分是此次改良的重点。其设计步骤可分为两个阶段：一是选取若干不同材质、不同大小、不同切面的小块木材，将它们加工成一个个带有弧度的零部件；二是将这些零部件拼接起来，进而形成环环相套的圆形板材。最终，座面不仅具有年轮的视觉效果，也因这些大小、纹理和材质均不同的零部件的组合而形成了一种全新的肌理与质感。

图6-67　年轮椅

6.3.1.8　装饰创新——竹衣书案

装饰创新是中国传统家具创新途径中的重要一环，其对于突显中国传统家具的传统风格、营造传统气质起着至关重要的作用。如图6-68所示，竹衣书案所彰显的新的传统性，除了得益于对传统翘头案整体造型的借鉴、模拟与凝练之外，也得益于对具有传统性的装饰图案的创新运用。这种创新体现在3个方面：一是对传统装饰图案题材的拓展，即选取前人未曾涉及的太阳花作为装饰原型，并进一步将花卉作全新的图案化设计，使之成为基础装饰素材；二是对装饰工艺的创新运用，即将装饰素材印染至布料之上，之后将布料胶合至特定形状的板材上，并通过粘贴的方式将其固定在特定的装饰部位；三是对装饰位置的创新，即将装饰图案设置在书案最为明显的4个转角处。

此外，书案的创新还体现在对竹材和木材的混合使用上（以碳化木作为主要结构材，以竹制薄板作为表面材料），不仅保证了书案本身的结构性能，也丰富了书案的视觉效果和工艺美感。

6.3.1.9 装饰创新——青花矮柜

假设将图6-69青花矮柜中的所有装饰部件通通去除，我们可以毫不犹豫地认为它就是一件现代家具。正是由于笔者在抽屉、门板等部位综合运用了多种中式装饰图案，才使得本方案传达出较为新颖的传统韵味。因此，装饰在引导家具风格精神方面的重要作用可见一斑。

从装饰材料和工艺方面来讲，青花矮柜包含3种类型的装饰：一是布艺粘贴装饰，即运用传统装裱工艺，将饰有青花图案及扇面图案的麻布装裱于柜门和下方抽屉上，形成表面装饰；二是铜质五金件装饰（见中部抽屉）；三是木制雕刻彩绘装饰，如矮柜上方的两个狭长抽屉分别雕刻有走兽、飞禽、树木和花卉等图案，其造型饱满圆润、笨拙可爱，流露出浓浓的稚趣与乡情。

（a）竹衣书案整体效果　　　　（b）竹衣书案腿部转角

图6-68　竹衣书案

图6-69　青花矮柜

总体而言，青花矮柜的传统性是由这些丰富多彩的装饰图案营造出来的。并且，由于在以往的传统家具中未曾出现过将布艺材料作为家具表面装饰的先例，也未曾将青花和扇面图案应用于家具设计当中，因此，青花矮柜虽然在风格上趋于传统，却也在很大程度上透露出一种新的意味。

6.3.1.10 装饰创新——水墨江南衣柜

吴冠中先生曾在江南水乡的描绘与表现中倾注了饱满的热情和大量的心血，他笔下的江南处处透露着极简，往往用寥寥数笔，便勾勒出氤氲缭绕、悠然宁静、诗意袅袅的绝妙意境。图6-70中的水墨江南衣柜的设计在很大程度上受此启发，将江南民居的典型特征——黑瓦白墙，进行造型上的概括与凝练，最终以极简的点、线、面的形式表现出来，形成了本方案的一个基础装饰符号；不仅如此，编者在此基础上，对此符号进行了三维处理，赋予其拉手的功能；之后，再将此建筑符号进行数量上的拓展和位置上的经营，使之形成两种不同空间层次的建筑群落效果；最后，将两种建筑群落的符号设置于衣柜的白色门板之上，像是将黑色的水墨描绘于白色的宣纸之上，以营造出水墨江南的空灵意蕴。

水墨江南衣柜的设计重点在于对五金件造型的设计与布局，这也是目前板式柜类家具的一种非常简便、有效的装饰方式。

6.3.2 以功能为主的创新设计实践

6.3.2.1 功能的拓展——书桌

图6-71所示方案的设计思路可以理解为对传统家具中的桌类家具在功能上作加法，意在结合现代学习办公的需求，在方案中增加了贮存功能和放置办公设备的功能。具体来说，增加了贮存物品的抽屉、放置电脑键盘的抽屉，设置了放置电脑主机的结构空间，增大了桌面的规格尺寸，并通过构件造型、雕刻装饰渲染传统意蕴。

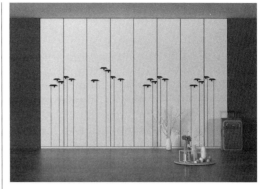

（a）水墨江南衣柜整体效果

（b）水墨江南衣柜的拉手装饰

图6-70　水墨江南衣柜

图6-71　书桌

6.3.2.2 功能的组合与叠加——单元体的梦

在图6-72的方案中，单元体1和单元体

图6-72　单元体的梦（由左至右分别为单元体1、2、3）

2为前后通透、上下左右嵌装玻璃格子，在视觉上较为通透、简约；单元体3则是一个独立的抽屉。单元体1和2的角牙以及单元体3的抽屉面板的中心位置雕刻有朵云纹图案，烘托出淡淡的中式味道。以上3个单元体既可以单独使用，也可以灵活组合。单元体1、2、3的长宽高尺寸分别为450mm×300mm×300mm、300mm×300mm×450mm、450mm×300mm×150mm，既可以满足人们对家庭常规物品（如书籍、器皿等）的存储需求，又符合人们就座时的尺度要求。在单元体2的顶面上添加一个坐垫，即可形成一个坐凳，如图6-73（a）所示。3个单元体在高度上的落差为150mm的倍数，如此则能够保证它们可严丝合缝地组合出多种家具形态，以满足不同的功能需求。例如，在图6-73（b）中，将两个单元体2进行竖向组合则可形成一个具有展示功能的花架形态，在图6-73（d）中，将若干个3种不同形态的单元体进行组合，则可形成图6-73中具有强大存储功能的博古架形态。

整体观之，图6-72和图6-73中方案的设计秉承了模块化理念，重点对3个基本单元体进行了尺度上的推敲，使之可组可分，幻化无穷，具备了形式自由多变、功能出人意料的特点，同时还使其本身的趣味性彰显出来。

图6-74所示方案与图6-72、图6-73的设计思路类似。在该方案中，电视柜有6个标准单元，在实际使用过程中，以使用功能、使用空间、受众需求等因素为原则，通过组合与叠加，最大化地满足个体的需要。在这个方案中，构件造型、装饰图案、金属饰件、木材材色共同表现了传统意蕴。这种设计思路也可对生产提供强有力的支撑，便于批量化、标准化生产，有利于提高生产效率、提高原材料的利用率。

6.3.2.3　功能的流畅化创新设计——换鞋凳

在现代生活中，我们习惯了回到家中就换上拖鞋、脱掉外套，使自己放松下来，这是都市生活中的一种普遍现象。图6-75中的换鞋凳从这种生活方式及行为习惯出发，注重对自然形态的仿生以及对多种功能的融合，将山丘和树枝的形态抽象、简化、组合，进而使人"坐"在山丘上，并可将衣物"挂"在"树枝"上，实现"坐"与"挂"的功能融合，也保证人们在使用这两种功能时的流畅化。

椅座部分选用实木多层板，以彰显方案本身的层叠感及韵律感，叠垒完备之后用螺钉加以固定；树枝形态部分则采用原木材料和榫卯结构。另外，椅座最上部的座面板可挖出圆洞，之后研磨出斜面，使木材本身的纹理更加丰富。

（a）单元体1上部　（b）两个单元　　　（c）若干个单元体组合成矮架
　增加坐垫　　　　体2上下叠加

（d）若干个单元体组合成博古架

图6-73　单元体的梦组合家具

6.3.3　以技术为主的创新设计实践

6.3.3.1　结构和工艺的创新——芭蕉屏风

芭蕉在中国传统文化中具有独特的文化意蕴，且经过古代文人、画家、园林设计者、匠人等群体从不同的角度的艺术创作，其形成了浓厚而富有诗意的传统意蕴。

图6-76中的芭蕉屏风在外观上是基于仿生设计理念对芭蕉叶形态的模仿与简化，编者将芭蕉叶以曲线为主的自然有机形态进行单纯化、直线化处理，将其简化为一个狭长而规则的六边形形态；并结合模块化设计理念，将这个六边形叶片以叶茎和叶脉为分割线进行平面分割，最终分解为若干边角倒圆的平行四边形模块和三角形模块；将不同数量的平行四边形和三角形沿着叶茎（屏风的竖向龙骨）两侧进行竖向组合，可以得到不同高度的芭蕉叶形态，以丰富方案最后的组合效果。

图6-74 古韵新生——电视柜

图6-75 换鞋凳

方案的造型确定之后，接着考虑结构与造型协调的问题——采用何种结构固定、支持和连接以上造型。在图6-76中可以清晰地看到，在底座部分，编者首先，将屏风中部的竖向龙骨一分为二，并对两根龙骨的底端进行90°弯曲处理；之后，将底座沿中线开槽，嵌入弯曲

成型的横向龙骨部分；最后，将龙骨与底座用木螺钉进行加固。平行四边形模块、三角形模块以及竖向龙骨之间亦采用木螺钉接合方式。最有特色的当属平行四边形与三角形模块的内部结构设计：首先，通过弯曲工艺将竹条弯曲为平行四边形和三角形的外框；其次，在其两种形状内部分别设置两条横枨；之后，将布料装裱于平行四边形和三角形的轻质薄板上，以嵌入相应的外框当中，营造出一定的装饰效果；最后，将经常出现在鞋子、包等物品中的魔术贴固定于横枨与薄板的对应位置之上，这样一来，使用者只需一个粘贴步骤便可完成薄板的组装，非常便于使用者在后期对布料进行更换和清洁。

其实，无论是对造型的推敲，还是对结构的设计，都是为了实现以下三大目标：一是批量化、大规模生产。如设计者摒弃了复杂的

（a）整体外观

（b）底座与龙骨的接合方式

（c）边框之间的接合方式

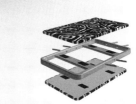

（d）单个边框构件

图6-76　芭蕉屏风

曲线，而以直线为主进行形态的塑造，便于机械化或自动化加工；又如设计者以模块化理念为基础，尽可能地将模块简化为两种——平行四边形和三角形模块，简化了造型的同时，也在很大程度上简化了工艺流程，提高了生产效率。二是现场组装与后期拆卸。方案采用了木螺钉和魔术贴两种可拆装的接合方式，这两种接合方式具有可反复组装与拆卸操作简单的特点，无论是专业技术人员，还是普通的使用者，都可以通过简单的工具进行现场组装与拆卸。与此同时，木螺钉和魔术贴这两种可拆装的接合方式也能够实现方案的第三个目标——平板化包装与运输，以降低产品的包装与运输成本。

6.3.3.2　基于竹材弯曲工艺的设计——屋影衣架

图6-77所示屋影衣架的设计构思与传统建筑有关，但其与图6-63中江南沙发的设计构思略有不同。屋影衣架模仿的并不是建筑的三维架构，而是将建筑的立面造型抽象为二维造型，并着重对屋顶的构成形式在弯曲弧度上进行了变形与夸张处理，最后将衣架以极简、洗练的轮廓线条表现出来，使整体造型更显空灵。

方案中除了对造型进行深入的设计之外，对材料的选择、工艺的施加以及结构的推敲也进行了全面的思考，这是方案得以实施的基础。最终，编者选用原竹竹条为主要材料，其中内部轮廓为厚度16mm的原色竹条，起主要的支撑作用；外部轮廓为厚度12mm的深色竹条，使建筑轮廓更加明显、突出，有一定的书法意象。竹条本身具有良好的弯曲性能，两块竹条经热压弯曲、胶合之后结为一体，通过五金连接件与石材底座相结合。衣架中部为两根直径10mm的金属杆，与两侧的竹条通过二合一五金件相贯连接，既可以增加挂置衣物的功能，又可以起到固定和连接的作用。

最后，为使衣架的组合更有层次感，将衣架设置为3个不同高度，三者组合可以形成错落有致、韵律优美的视觉效果。

6.3.3.3　基于包装扁平化的设计——梯田凳

图6-78所示梯田凳的造型设计取象于南方的梯田，座面部分以不同大小、不同形状、不同材质、不同色彩的板材进行有序叠加，从而模仿梯田那种蜿蜒流畅的自然有机效果，并营造出一定的层叠感和韵律感；为使梯田形态更加突出，编者有意弱化了凳腿的设计，仅用简单的3条腿支撑。材料方面，凳面选用实木多层板或密度板（喷漆），凳腿选用实木材料。结构方面，座面部分用膨胀螺丝连接，凳腿与座面用6个膨胀螺丝和凳腿的圆榫连接，便于使用者现场组装。包装方面，包装箱外形为常用的长方体造型，尺寸为510mm×460mm×140mm，材料也选择常用的蜂窝纸板，并印刷有产品的标志、名称、尺寸、重量；包装箱内部材料为常用的白色泡沫，分为上、中、下3个部分，下部用来存放凳腿，中部存放座面和膨胀螺丝，上部为盖子，3个部分叠加在一起正好可以严丝合缝地放入包装箱。此外，编者还将梯田凳进行了系列化延伸设计，如对其进行了多种色彩的搭配，又将其延伸为双人梯田凳，如图6-79所示。

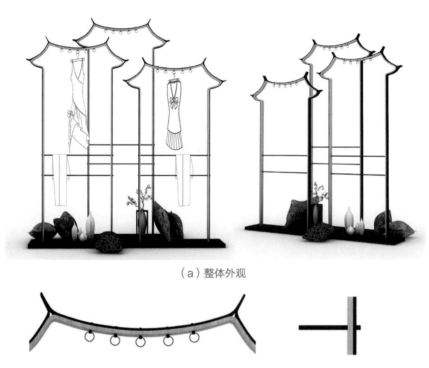

（a）整体外观

（b）顶部挂衣环与中部金属杆细节

图6-77　屋影衣架

（a）整体外观

（b）多种色彩的梯田凳

（c）4个主要部件

（d）内部泡沫包装

（e）外部纸箱包装

图6-78 梯田凳

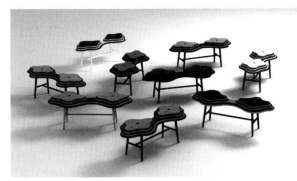

图6-79 双人梯田凳

图6-80 可拆装扶手椅

6.3.3.4 基于结构可拆装化的设计——可拆装扶手椅

图6-80的可拆装扶手椅通过搭脑、织物、脚型及木材材质传递出传统家具的意蕴。在结构设计中，搭脑与靠背直角榫连接，二者组成的构件呈平面状；椅圈以斜角榫连接，整体呈平面状；座面框以斜角榫连接，整体呈平面状；前腿与后腿之间通过倒刺螺栓连接，后腿与扶手通过倒刺螺栓连接；靠背与座面框通过直角榫连接。总体结构设计满足平板包装的需要，便于运输。

6.3.4 以文化内涵为主的创新设计实践

6.3.4.1 自强不息，厚德载物——擎天书柜

《象传》曰："天行健，君子以自强不息；地势坤，君子以厚德载物。"其意为：天（即自然）的运动刚强劲健，君子处世应像天一样，自我力求进步，刚毅坚卓，发愤图强，永不停息；大地的气势厚实和顺，君子应增厚美德，容载万物。"自强不息，厚德载物"不仅

承载着古人朴素的唯物主义宇宙观，也体现出古人坚韧、包容的人生观，是中国传统精神的典范。这也正是擎天书柜设计的初衷与理念，如图6-81所示。

为体现这一理念，编者将擎天书柜设计为中间高、两边低的3个部分，并使之呈现出对称的布局，再加上稍显夸张的高大尺度，使书架整体上呈现出雄伟挺拔、庄严肃穆之感。书柜3个部分的腿足内侧由下往上逐渐向外倾斜，在增强了视觉效果和稳定感的同时，也为书柜的整体造型增添了较强的积聚感、承托感和力量感，营造出一种顶天立地的气势。书柜上方3个帽头的两端借鉴并挪用了传统建筑中向上斜翘的飞檐，极具向外、向上扩张的力量，这不正体现出古人对天的敬畏与向往，以及"虽不能却奋而向上图之"的无畏精神吗？书柜以材色较深的红酸枝为主材，以凸显其厚重、沉穆之感；在书柜门板处施加米白色绒皮材质，以求形成对比的同时，也避免了呆板、沉闷之感。

整体观之，擎天书柜通过挺拔、积聚、承托、扩张等造型语言表达出奋发向上、积极进取、谦虚包容的传统思想，有力地诠释了"自强不息，厚德载物"的传统精神。此外，编者将传统园林及建筑中常用的月洞门引入书柜柜门的设计中，使之与柜体中设置的方形格子形成了外圆内方的传统形式，为书柜增添了"框景"式的形式美感，并为方案实现藏与露、虚与实的对比奠定了基础。

6.3.4.2 以汉字为原型的设计——书体椅

"小篆"是汉字古文字阶段的分界点。秦始皇统一六国以后，以秦国文字的正体为标准，在"大篆"和"史籀"的基础上对山东六国的文字进行了系统的整理，并以此结束了战国时期各个诸侯国文字异形的局面。"小篆"便是秦朝文字的正体，为了追求书体美观，有时使平直的笔画变得婉转，有时则又使原先佶屈的笔画变得平直。"小篆"逐渐形成了字体规整均匀、笔道圆润顺畅的特点，同时，汉字的象形意味越来越弱。

图6-81　擎天书柜

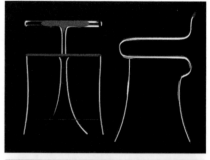

图6-82　书体椅

图6-83 彝迹——卧床

图6-82的书体椅于传统书法中汲取设计思想，设计元素源自小篆字体中的"天""人"二字——"天""尺"。在小篆字体的笔意间融入现代人体工程学思想，将字体结构与家具结构相融合，既抽象出字体的神韵，又保证必需的使用功能；既可使人在坐的过程中萌发对传统文化的思考，又可为使用空间营造一定的文化氛围。在造型上，力求简洁流畅、清新典雅；在结构上，主要部件用螺钉连接，易拆装，方便运输。

6.3.4.3 彝迹——卧床

众所周知，牛作为彝族的传统图腾已具有几千年的历史，直到现在，牛的形象仍然是彝族传统文化的重要代表。图6-83所示方案的设计思路正源于此。编者以床靠背为主要设计部位，并汲取牛角为主要设计元素，将其夸张为粗壮劲挺、斜翘有力的线条来作为床靠背的搭脑，使方案极具民族识别性。方案整体采用原木材质，仅在前腿和横枨处髹以彝族传统所崇尚的黑色，力求达到传统与现代的融合。

6.3.4.4 轮回书架

《说文》中写道："圆，全也。"《吕览审时》中写道："圆乃丰满也。"圆在中国几千年的历史长河中被赋予了极其丰富又深厚的文化内涵。圆是圆满，是圆融，是完备，是周全；圆承载着人们对完美、精湛的无止境的追求，也体现出万事万物周而复始的循环往复、轮回与更新，更象征着人们对万物通达、和谐的一种希冀与憧憬。同时，作为一种图形，圆在视觉上具有明显的亲和力与表现力。图6-84中轮回书架的设计正建立在对"圆"文化的理解基础之上的。

轮回书架的收纳部分由一大一小2个同心圆组成。编者将外圆划分为12个大小相同的格子，用以存放书籍。之所以将外圆划分为12格，是由于12在中国传统文化中具有轮回与循环的寓意，如十二生肖、十二月份、十二时辰、十二地支等，都在一定程度上代表着一个周而复始的周期。内圆部分被平分为两格，用来存储装饰品；内圆以传统性较强的折扇（纸质部分可拆卸、更换）作为门板，提供了一种新的、带有趣味性的折叠式开门方式，同时，折扇扇面具有较强的装饰性，也为本方案增添了审美意趣。书架的腿足由下到上逐渐内收，体现出明显的承托感与力量感；腿足上部两侧装饰有大面积的云头纹牙板，营造出极强的传统装饰效果。4根腿足的下部由4根横枨相贯连接，有利于增强书架结构的安全性与牢固性；4根横枨之间打槽嵌板，其上可放置相应的物品。

总体而言，轮回书架打破了传统书架以方为主的固有形态，其以圆入形，营造出"转动"的视觉效果；同时，方案不失对细节的推敲，如圆形边框的外沿保留了传统的"混面起边线"式的线脚装饰，在突出传统性的同时，也使得圆形边框在视觉上更加纤细、有韵味。

图6-84　轮回书架

思考题

1. 中国传统家具的创新途径有哪些？
2. 试述传统与现代、民族化与国际化之间的关系。
3. 试述你对中国传统家具要保持"有克制地创新"观点的认识和看法。
4. 请你从中国传统家具的造型特征入手，结合现代家具设计理论，尝试坐具类家具系列设计。
5. 请你从某少数民族艺术入手，结合现代家具设计理论，尝试民族文化在床类家具设计中的应用与表现。

参考文献

阿木尔巴图, 2005. 蒙古族图案 [M]. 呼和浩特: 内蒙古大学出版社.

阿木尔巴图, 2007. 蒙古族工艺美术 [M]. 呼和浩特: 内蒙古大学出版社.

白庚胜, 2001. 色彩与纳西族民俗 [M]. 北京: 社会科学出版社.

宾慧中, 2011. 中国白族传统民居营造技艺 [M]. 上海: 同济大学出版社.

曹鸣, 2019. 论宋代文人"素"审美在宋代家具中的表现研究 [J]. 家具与室内装饰, (1): 20−21.

陈于书, 2014. 家具史 [M]. 北京: 中国轻工业出版社.

程孝良, 2007. 论儒家思想对中国古建筑的影响 [D]. 成都: 成都理工大学.

崔敏, 2006. 西洋文化对清代家具影响的研究 [D]. 长沙: 中南林业科技大学.

大成, 2007. 民国家具价值汇典 [M]. 北京: 紫禁城出版社.

戴志中, 杨宇振, 2003. 中国西南地域建筑文化 [M]. 武汉: 湖北教育出版社.

董成雄, 2016. 中国优秀传统文化的系统解读和传承建构 [D]. 厦门: 华侨大学.

董玉库, 1984. 家具史 [M]. 哈尔滨: 东北林业大学出版社.

董玉库, 彭亮, 2019. 世界家具艺术史 [M]. 天津: 百花文艺出版社.

额博, 2011. 蒙古人写真集 [M]. 呼和浩特: 内蒙古人民出版社.

方海, 2007. 现代家具设计中的中国主义 [M]. 北京: 中国建筑工业出版社.

傅熹年, 2015. 社会人文因素对中国古代建筑形成和发展影响 [M]. 北京: 中国建筑工业出版社.

甘沁宇, 吴贵凉, 2013. 论明代家具设计中的造物思想 [J]. 现代装饰(理论), (6): 207.

郭雨桥, 2010. 细说蒙古包 [M]. 北京: 东方出版社.

海凌超, 徐峰, 2010. 家具用材鉴赏: 红木与名贵硬木 [M]. 北京: 化学工业出版社.

韩宝花, 2007. 阿拉善蒙古族民俗风情荟萃 [M]. 内蒙古人民出版社.

和少英, 2011. 纳西族文化史 [M]. 昆明: 云南人民出版社/云南大学出版社.

贺鹏, 2017. 复苏与再生: 新中式家具设计 [D]. 南京: 南京艺术学院.

胡德生, 2009. 你应该知道的200件彩绘家具 [M]. 北京: 紫禁城出版社.

胡德生, 2009. 你应该知道的200件镶嵌家具 [M]. 北京: 紫禁城出版社.

胡蝶, 2016. 探究唐代家具之月牙凳 [J]. 家具与室内装饰, (7): 16−17.

胡光华, 2007. 中国设计史 [M]. 北京: 中国建筑工业出版社

胡景初, 方海, 彭亮, 2005. 世界现代家具发展史 [M]. 北京: 中央编译出版社.

胡文彦, 1992. 魏晋南北朝时期佛教对家具的影响 [J]. 故宫博物院院刊, 2: 61−63.

胡文彦, 于淑岩, 2002. 中国家具文化 [M]. 石家庄: 河北美术出版社.

扈秀笠, 2003. 西风东渐: 雅俗共赏 [D]. 北京: 中央美术学院.

黄成, 2007. 髹饰录图说 [M]. 杨明, 注. 长北, 校勘, 译注, 解说. 济南: 山东画报出版社.

黄玫玮, 2013. 温州近代圈椅演变研究: 基于实际案例的对比分析 [J]. 装饰, (6): 74−75.

黄正建, 1990. 唐代的椅子与绳床 [J]. 文物, (7): 86−88.

贾薇, 2014. 魏晋南北朝何以流行高足家具 [J]. 紫禁城,

(S1): 42-50.

姜维群, 2014. 民国家具鉴藏必读[M]. 北京: 北京联合出版社.

康海飞, 2009. 明清家具图集2[M]. 北京: 中国建筑工业出版社.

李江晓, 余肖红, 2007. 古典家具装饰图案[M]. 北京: 中国建筑工业出版社.

李军, 2015. 蒙古族家具研究[M]. 北京: 中国林业出版社.

李泽厚, 2015. 美的历程[M]. 香港: 生活·读书·新知三联书店.

李宗山, 2001. 中国家具史图说[M]. 武汉: 湖北美术出版社.

梁思成, 2016. 古拙[M]. 林洙, 编. 北京: 中国青年出版社.

刘文金, 唐立华, 2017. 当代家具设计理论研究[M]. 北京: 中国林业出版社.

路玉章, 2011. 晋作古典家具[M]. 太原: 三晋出版社.

罗伯特·比尔, 2007. 藏传佛教象征符号与器物图解[M]. 向红笳, 译. 北京: 中国藏学出版社.

吕军, 2010. 藏式家具[M]. 长沙: 湖南美术出版社.

木雅·曲吉建才, 2009. 西藏民居[M]. 北京: 中国建筑工业出版社.

倪建林, 2000. 中国佛教装饰[M]. 南宁: 广西美术出版社.

潘曦, 2015. 纳西族乡土建筑建造范式[M]. 北京: 清华大学出版社.

彭会会, 2016. 明代家具辉煌成就的原因探析[J]. 家具与室内装饰, (7): 26-27.

秦佳, 2019. 中国古代家具源流概说[J]. 收藏家, (2): 45-52.

尚刚, 1999. 元代工艺美术史[M]. 沈阳: 辽宁万有图书发行有限公司.

邵晓峰, 2010. 中国宋代家具[M]. 南京: 东南大学出版社

盛春亮, 2015. 明式家具成因研究[D]. 长沙: 中南林业科技大学.

孙机, 2010. 汉代家具(上)[J]. 紫禁城, (7): 60-65.

孙机, 2010. 汉代家具(下)[J]. 紫禁城, (8): 62-69.

覃文权, 2007. 中国室内空间屏风的研究[D]. 长沙: 中南林业科技大学.

唐昱, 1995. 独领风骚的唐代家具[J]. 家具, (4): 22-23.

王骞, 2015. 汉代与魏晋南北朝时期的家具在绘画中的体现[J]. 艺术设计研究, (3): 59-62.

王平, 2008. 色彩构成[M]. 武汉: 华中科技大学出版社.

王世襄, 2003. 明式家具珍赏[M]. 北京: 文物出版社.

王世襄, 2008. 明式家具研究[M]. 北京: 生活·读书·新知三联书店.

王瑛, 2000. 建筑趋同与多元的文化分析[D]. 西安: 西安建筑科技大学.

乌日切夫, 杨·巴雅尔, 2009. 蒙古族家具[M]. 北京: 民族出版社.

吴川, 王世浩, 牛晓霆, 2017. 明式椅类家具结构形制探微[J]. 美与时代, (3): 53-56.

熊承芬, 1996. 稀世国宝王齐翰《勘书图》[J]. 南京史志, (3): 46-47.

熊隽, 2015. 唐代家具及其文化价值研究[D]. 武汉: 华中师范大学.

徐士福, 2019. 洛可可风格在清代广式家具设计中的应用研究[J]. 家具与室内装饰, (1): 32-33.

许美琪, 2012. 海派家具的形成与特点(上)[J]. 家具与室内装饰, (5): 20-21.

许美琪, 2012. 海派家具的形成与特点(下)[J]. 家具与室内装饰, (6): 26-28.

许美琪, 2018. 中国当代家具文化的重建及其价值目标[J]. 家具, 39(1): 1-5.

薛坤, 2018. 传统家具榫卯结构研究[M]. 北京: 中国林业出版社.

薛明扬, 2003. 中国传统文化概论[M]. 上海: 复旦大学出版社.

扬之水, 2002. 隐几和养和[J]. 收藏家, (12): 28-32.

扬之水, 2007. 关于椸、禁、案的定名[J]. 中国历史文物, (4): 49-55.

扬之水, 2010. 古典的记忆: 两周家具概说(上)[J]. 紫禁城, (5): 50-57.

扬之水, 2010. 古典的记忆: 两周家具概说(下)[J]. 紫禁

城, (6): 54-63.

扬之水, 2012. 唐宋时代的床和桌 [J]. 艺术设计研究, (2): 64-72.

扬之水, 2014. 交椅与栲栳样交椅 [J]. 南方文物, (4): 166-167.

扬之水, 2015. 唐宋家具寻微 [M]. 北京: 人民美术出版社

扬州博物馆, 1980. 江苏邗江蔡庄五代墓清理简报 [J]. 文物, (8): 41-51.

杨泓, 2010. 考古所见魏晋南北朝家具 (上)[J]. 紫禁城, (10): 94-99.

杨泓, 2010. 考古所见魏晋南北朝家具 (中)[J]. 紫禁城, (12): 54-67.

杨泓, 2011. 考古所见魏晋南北朝家具 (下)[J]. 紫禁城, (1): 60-65.

杨泓, 2018. 束禾集 [M]. 北京: 中国社会科学出版社.

叶劲松, 2008. 论中国古代方圆造物观 [J]. 湖北经济学院学报 (人文社会科学版), (5): 27-28.

叶朗, 1985. 中国美学史大纲 [M]. 上海: 上海人民出版社.

岳阳市文物考古研究所, 2006. 湖南岳阳桃花山唐墓 [J]. 文物, (11): 48-61.

翟睿, 2008. 秦汉时期室内设计的基本特征 [J]. 艺术教育, (10): 118-119.

张福昌, 2016. 中华民族传统家具大典: 综合卷 [M]. 北京: 清华大学出版社.

张辉, 2017. 明式家具图案研究 [M]. 北京: 故宫出版社.

张绮曼, 郑曙旸, 1991. 室内设计资料集 [M]. 北京: 中国建筑工业出版社.

张十庆, 2006. 关于胡床、绳床与曲录 [J]. 中国室内设计与装修, (6): 118-119.

张颖泉, 2013. 西方设计流派对民国家具风格的影响 [D]. 南京: 南京林业大学.

赵克理, 2004. 中国传统家具的文化情态 [J]. 南京艺术学院学报 (美术与设计版), (3): 68-70.

赵一东, 2013. 北方游牧民族家具文化研究 [M]. 呼和浩特: 内蒙古大学出版社.

钟畅, 2007. 新中式家具的研究 [D]. 长沙: 中南林业科技大学.

周京南, 2002. 皇权思想的图腾: 一组清代宫廷宝座 [J]. 收藏界, (10): 18-21.

周世荣, 1960. 长沙赤峰山 3、4 号墓 [J]. 文物, (3): 49-54.

朱汉民, 2019. 宋儒《中庸》学的学术渊源与思想发展 [J]. 北京大学学报 (哲学社会科学版), (7): 21-26.

朱家溍, 2014. 清代宫廷陈设 [J]. 艺术品, (9): 22-27.

朱云, 2018. 广东传统家具文化的设计特征探析: 以广式家具为例 [J]. 林产工业, (3): 50-53.

参考文献